最优控制

曾祥远　编著

清華大學出版社
北　京

内 容 简 介

本书结合最优控制发展史系统阐述了最优控制的基础理论，辅以学术前沿问题和代表性例题，加之关键词英文，便于读者系统学习本书内容。

全书共计6章：第1章在大的历史背景下概述了最优控制发展史，给出了最优控制问题的典型例题及其数学描述；第2章简要介绍了函数极值理论及其约束极值问题，特别阐述了乘子法与KKT定理；第3章～第5章详细讨论了最优控制的基础理论，包括变分法、极小值原理和动态规划，上述分析均以连续控制系统为主；第6章以线性二次型最优控制问题为例，详细叙述了极小值原理和动态规划方法的应用。之后，针对离散系统最优控制问题介绍了基础理论的应用，以航天器轨道优化设计实例回顾了本书主要内容。

本书可作为高等院校理工科高年级本科生或研究生教材，同时可供自动化、力学、管理学等相关领域科研和工程技术人员参考。

图书在版编目(CIP)数据

最优控制/曾祥远编著.—北京：清华大学出版社，2022.9(2023.12重印)
ISBN 978-7-302-60390-0

Ⅰ.①最… Ⅱ.①曾… Ⅲ.①最佳控制 Ⅳ.①O232

中国版本图书馆CIP数据核字(2022)第047612号

责任编辑：佟丽霞
封面设计：常雪影
责任校对：欧 洋
责任印制：沈 露

出版发行：清华大学出版社
网 址：https://www.tup.com.cn，https://www.wqxuetang.com
地 址：北京清华大学学研大厦A座 **邮 编**：100084
社 总 机：010-83470000 **邮 购**：010-62786544
投稿与读者服务：010-62776969，c-service@tup.tsinghua.edu.cn
质量反馈：010-62772015，zhiliang@tup.tsinghua.edu.cn
印 装 者：三河市东方印刷有限公司
经 销：全国新华书店
开 本：170mm×240mm **印 张**：13.5 **字 数**：272千字
版 次：2022年9月第1版 **印 次**：2023年12月第2次印刷
定 价：42.00元

产品编号：089661-01

导言 INTRODUCTION

闲云潭影日悠悠，物换星移几度秋。公元14世纪至19世纪，欧洲文艺复兴运动结束了黑暗的中世纪，地理大发现和工业革命使得欧洲百花齐放，资本主义正式兴起。不过，同期处在明清两朝的中国却长期停滞不前，一如“守株待兔”的农夫，在闭关锁国的半截树桩旁一等就是五百年。

1654年5月4日，顺治皇帝的第三位阿哥顺利降生，取名玄烨。他还有一个更为响亮的名号——康熙。同年12月27日，远在欧洲瑞士第二大名城巴塞尔的商人尼古拉斯得了第一个儿子，他为儿子取名雅各布，希望他子承父业，将这个由安特卫普迁居的家族发扬光大。瑞士于1648年独立建国，巴塞尔坐落于瑞士的西北角，紧挨着法国和德国，著名的莱茵河穿城而过。如果由此一路向南，越过白雪皑皑的阿尔卑斯山，不远处便是文艺复兴的发祥地意大利。

康熙元年1662年，尼古拉斯的第二个儿子尼科拉斯出生。1667年8月6日，44岁的尼古拉斯有了第三个儿子，喜出望外的他为儿子取名约翰。当年8月25日，年仅14岁(虚岁)的康熙帝正式亲政，在太和殿大赦天下。康熙二十六年(1687年)，太皇太后孝庄离他而去，同龄的雅各布两次游历欧洲后回到家乡，成为巴塞尔大学的数学教授。也正是这一年，英国物理学家艾萨克·牛顿的经典力学巨著《自然哲学的数学原理》正式出版。

老尼古拉斯眼看着自己的儿子一个个投身数学而倍感失望，满脑子都是家道中落的忧伤。当年的他不会知晓，未来他的家族将因子孙在数学力学方面的巨大成就而名满天下，众多方程和定理都将以其家族姓氏冠名。你猜得没错，老尼古拉斯的姓氏正是“伯努利”。

1695年，时年28岁的约翰·伯努利取得荷兰格罗宁根大学数学教授职位，工作得非常努力。第二年6月，他以“新问题——向数学家们征解”为题，在《教师学报》上向数学界发出挑战，此即著名的“最速降线问题”。数学领域公开挑战的传统兴起于16世纪的意大利，在17世纪末至18世纪初的欧洲数学界非常流行，数学家在解决了一个困难问题后暂不公布解法，而是公开问题来要求其他数学家在规定期限内解答，由此展示个人才能。最终，在规定的时间内共有5位给出了旋轮线的正确解答，他们分别是约翰本人、他的哥哥雅各布、他的学生洛必达，以及微积分创始人莱布尼茨和牛顿。特别地，在当时几何与微积分盛行的年代，雅各布的解法中开始闪现出变分法的思想火花。

星星之火，可以燎原。雅各布的火花不久便点燃了约翰一位学生的数学激情。作为对弟弟约翰挑战的回应，哥哥雅各布于1697年以“等周问题”公开向弟弟发起挑战，“兄弟打赌”的学术竞争愈演愈烈，直至1705年雅各布去世，约翰重回巴塞尔接替了哥哥数学教授的职位。1720年，巴塞尔大学迎来了建校以来年龄最小的大学生——雷昂哈德·欧拉。没错，他就是享誉世界的数学宗师欧拉，13岁考入巴塞尔大学，得到了约翰·伯努利教授的特殊指导，19岁公开发表了第一篇科学研究论文。在研究过程中，欧拉逐渐对“等周问题”产生了兴趣，在伯努利兄弟研究的基础上，他开始致力于寻求更为一般性的解法和理论。

受俄国持续动乱的影响，欧拉于1741年离开圣彼得堡前往柏林科学院就职。1744年4月15日，欧拉的师兄莫培督向法国科学院提交了“论各种似乎不协调自然定律的一致性”论文，提出了符合牛顿力学的最小作用量原理。同一年，欧拉完善了自己在圣彼得堡的工作，《寻求具有极大或极小特性曲线或解最广义等周问题的技巧》(简称《技巧》)一书正式出版，书中首次精确地阐述了动力学中的第一个变分原理——最小作用量原理，由此开启了变分法在力学乃至整个物理学中广泛应用的大幕。作为欧拉分析学系列著作中的第一部，《技巧》被公认为变分法发展史上的一座里程碑，标志着变分法作为一门独立的数学分支正式诞生。

“变分”一词源于1733年欧拉发表的《变分原理》，而直到1766年他才将这门数学分支正式定名为“变分法”。1766年，右眼早已失明的欧拉再次回到圣彼得堡科学院，不久后其左眼也几乎失明。作为数学史上最多产的数学家，他依然笔耕不辍地工作着，并于当年正式出版《变分法基础》(曾于1756年9月在柏林科学院宣读过)。然而，书中有关变分问题的求解方法不再是欧拉基于微积分的几何法，取而代之的是一个全新的符号和一整套新算法。

究竟发生了什么，让年近花甲的大数学家欧拉放弃了自己的解法？这要从一位19岁年轻人的来信说起。是的，19岁，欧拉仿佛看到了曾经的自己……未来，这个年轻人的名字将响彻整个世界！

前言 PREFACE

最优控制也称现代最优控制，是在经典控制理论基础上，于 20 世纪中后期航空航天大发展的背景下应运而生的，是处理确定性系统优化问题强有力的数学方法，已在国民经济、科学研究和工业实践等多个领域产生了广泛应用。21 世纪的科技大发展以及人工智能的崛起，使得现代最优控制也逐渐成为经典内容，关于最优控制的教材和专著已经摆满了图书馆的一栏。那么，为何还要编著此教材呢？笔者将撰写初衷归结为以下三点。

第一，教育的初心和目的。教育是百年大计，是面向未来的，高等教育要努力培养德才兼备和具有创新思维的人才。什么才是面向未来的教育？又如何塑造德才兼备和培养创新思维呢？这些宏大的教育命题摆在一位高校教师面前时，自然而然会聚焦到学生身上。是的，学生，他们是八九点钟的太阳，他们是学习的中心。《教育未来简史》的封底有句话，我很认同：数字化技术深刻地变革了人类生活，今天的年轻人看待世界的视角和融入世界的方式与以往大不一样。相比新中国成立后以及改革开放初期的学生，当今时代学生大不相同。他们有着连续的学习阶段和良好的英文能力，能够在互联网方便地获取各类知识信息，课堂稍显乏味他们便会拿起智能手机开小差，去朋友圈点赞或搜索美食与八卦。

“以学生为中心”的教育理念不断深入人心，面对百年未有之大变局，面对日新月异的社会，作为教师，当然要思考教育和教学，以使今日学子能够获得未来发展的能力。一门课程所能传达的最为核心的，当属课程内蕴的思想。本书难以达成此境界，但确是笔者的第一次尝试，希望借书中内容窥大师思想之一斑。如果学生能像这些大师一样思考，未来可期！此外，互联网内容一般较为零散，本书在参考国内外众多优秀教材和专著基础上，结合学术前沿问题，重新梳理了教学内容，配合常见术语的英文，便于系统性学习并建立英文阅读基础。书中注重挖掘问题的发展历史和科学典故，避免枯燥的数学推导，有助于读者自学。

第二，课程教学的基础。教书育人，教材先行。好的教材能够与课堂教学融为一体，为教师授课的主导作用提供有力支撑。“最优控制课程”是控制和力学类研究生或高年级本科生的重要课程之一，一般以本科阶段微积分/线性代数/自动控制原理等课程为基础。不过各高校本科阶段学习内容不一，导致研究生阶段学生的基础各不相同。本书是在笔者授课基础上总结而成，如函数极值部分是为没有最优控制基础学生而准备的，而各章实际问题则是希望学生能摆脱只会解题的情况，学以致用。基础较好的学生则可深入书中的证明，进一步锻炼自己严谨的数学思维和逻辑。人生美好的是相遇，难得的是重逢。若你此前不了解最优控制，那么期待你在书中与变分法、极小值原理、动态规划方法以及那些大师相遇，并于最后一章的典型系统最优控制与TA们重逢。

第三，教师个人成长的需求。如果说学习一门课程最好的方式是讲授这门课，那么，掌握并深入理解这门课程莫过于写书。写书虽耗费大量精力但却令人愉悦，好比在海边沙滩跑步，除了欣赏美景外偶尔还能捡到几个漂亮的贝壳。例如，当行笔至拉格朗日(Lagrange)变分法时免不了为他19岁大胆的创新而拍案叫绝，这不正是大学生的年龄吗？当写到双目失明的庞特里亚金(Pontryagin)年近50转战极小值原理时，又会被他身残志坚的科研奋斗而感动。这些看起来与期末考试，甚至公式推导毫不相干的科研典故，很有可能在将来的某一天，激励从事教学科研的我们，还有学习最优控制的你们，面对科研难题时能勇往直前！

本书得到了北京理工大学教育教学改革项目和“十四五”规划教材的支持。感谢北京理工大学夏元清教授、伍清河教授、廖晓钟教授和邓志红教授在教学方面的支持和帮助。出版之际，感谢清华大学出版社佟丽霞编辑的辛勤工作，感谢研究生张永隆、温童歌、李姿雯的文字校对。特别感谢妻子任彦锦律师的大力支持，居家办公时期营造了良好的环境，感谢父母家人多年来坚定不移的支持。

限于作者水平和个人航天动力学研究方向，书中学术前沿实例均围绕深空探测展开，也希望借此吸引更多人投身于航天动力学研究和祖国航天建设。书中错误或不妥之处在所难免，恳请批评指正。

作者于北京理工大学

2021年7月1日

目录 CONTENTS

第1章 最优控制概览

> 历史是一面镜子，它照亮现实，也照亮未来。
>
> ——赵鑫珊(1938—)《哲学与当代世界》

内容提要

本章由最优控制典型应用——月球软着陆问题起笔，介绍中国“嫦娥四号”探测器实现人类首次月球背面软着陆、开启人类月球探测新篇章的事迹，成功引出最优控制问题。从变分法起笔，结合历史大背景概览最优控制的发展，为课程的学习提供全局视角，进而激发学习兴趣和学习热情。最后，给出最优控制问题的典型示例及其数学描述，简述本书主要内容与章节安排。

公元2019年，北京时间1月3日10时26分，北京航天飞行控制中心响起热烈的掌声。中国“嫦娥”系列型号总指挥叶培建院士走到张熇的身后，拍了拍她的肩膀说道：“辛苦了，不容易。”作为项目执行总监，张熇再也难掩激动的泪水。中国航天人，他们创造了历史，实现了人类探测器首次月球背面软着陆，开启了人类月球探测的新篇章。当天10时15分，接到地面指令后，“嫦娥四号”探测器从距离月面15 km处开始实施动力下降，7500 N变推力发动机开机。约690 s后，“嫦娥四号”探测器自主着陆在月球背面南极——艾特肯盆地的冯·卡门撞击坑。1月11日下午，“嫦娥四号”着陆器与“玉兔二号”巡视器在“鹊桥”中继星的支持下顺利完成互拍，标志着“嫦娥四号”任务圆满成功，中国探月工程取得“五战五捷”！

实际上，自1957年10月4日苏联成功发射世界上第一颗人造卫星以来的半个多世纪，人类已开展了上百次月球探测。不过截至2019年10月，

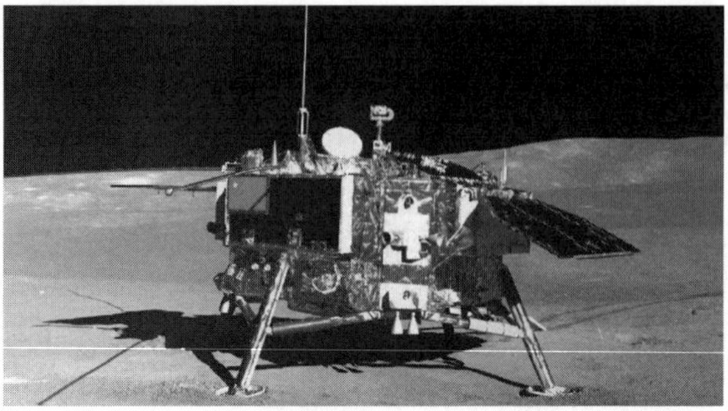

图 1.1 “玉兔二号”拍摄的“嫦娥四号”着陆器①

世界上实现月球软着陆的国家仅有苏联、美国和中国，可见其难度之大。月球与地球的平均距离 38 万公里，受限于通信时延（光速通信延时也将超过 1 s）着陆过程需要探测器自主完成。月球又缺少大气，着陆器无法依靠降落伞等方式着陆，目前做法是依靠探测器自身推进系统的反推作用力实现软着陆。整个着陆过程要求着陆器快速调整姿态，缓冲发动机工作直至着陆器接触月面时速度降为零，且避开地面撞击坑等危险地形。为了完成上述任务，“嫦娥四号”采用了一台 7500 N 变推力发动机实施动力下降，自着陆器距离月面 15 km 处的 1700 m/s 降低至月面时的零值。在这 690 s 下降过程中，受限于着陆器的星载燃料，缓冲发动机该如何工作，才能在实现软着陆时使得燃料消耗最少呢？

例 1.1　月球软着陆燃料最优控制问题。

为讨论问题方便，此处仅关注月面软着陆的垂直下降段，假设着陆器已调整好姿态使得着陆器轴线垂直于预定着陆点月面，如图 1.2 所示。忽略姿态变化的影响，将着陆器视为质量 m 的质点，在距离月面 h_0 高度范围内月球引力加速度为常值 g，初始 t_0 时刻着陆器速度和质量分别为 v_0 和 m_0，发动机推力 $u(t)$ 最大幅值为 $u_{\max}$，发动机燃料消耗率取为常量 k。则着陆器下降过程的动力学方程为

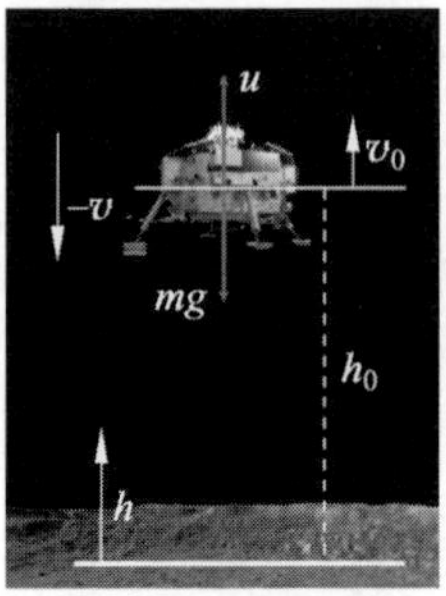

图 1.2　登月舱软着陆

$$
\begin{cases}
\dot{h}(t)=\dfrac{\mathrm{d}h(t)}{\mathrm{d}t}=v(t)\\
\dot{v}(t)=\dfrac{\mathrm{d}v(t)}{\mathrm{d}t}=\dfrac{u(t)}{m(t)}-g\\
\dot{m}(t)=-ku(t)
\end{cases}
\tag{1.1}
$$

式中 $h(t)$ 为着陆器在 t 时刻距离月面的高度，$v(t)$ 为速度。软着陆要求着陆器在有限的时间 t_f 时刻到达月面且

① https://spacenews.com/change-4-spacecraft-enter-lunar-nighttime-china-planning-future-missions-cooperation/

速度为零,在此过程中燃料消耗最少。

初始时刻,着陆器系统满足初值条件

$$[h(t_0),\quad v(t_0),\quad m(t_0)]^{\mathrm{T}}=[h_0,\quad v_0,\quad m_0]^{\mathrm{T}} \tag{1.2}$$

在着陆终端时刻 t_{f} 满足终端条件

$$[h(t_{\mathrm{f}}),\quad v(t_{\mathrm{f}})]^{\mathrm{T}}=[0,\quad 0]^{\mathrm{T}} \tag{1.3}$$

同时,在整个下降过程中需满足发动机推力幅值限制

$$0\leqslant u(t)\leqslant u_{\max} \tag{1.4}$$

注意推进系统质量变化率 $\dot{m}(t)$ 为负,燃料消耗最少可用性能指标 J 表示为

$$\min J=\int_{t_0}^{t_{\mathrm{f}}}-\dot{m}(t)\mathrm{d}t=-m(t_{\mathrm{f}})+m(t_0) \tag{1.5}$$

式中 $\min J$ 表示 J 取最小值。至此,该问题可简洁表述如下:在式(1.4)的系统推力约束下,欲使着陆器由初始状态 $[h(t_0),v(t_0),m(t_0)]^{\mathrm{T}}$ 转移至终端状态 $[h(t_{\mathrm{f}}),v(t_{\mathrm{f}})]^{\mathrm{T}}$,求解发动机推力作用规律 $u(t)$,最小化性能指标 J 使得系统的燃料消耗最少(等价于终端时刻系统剩余燃料 $m(t_{\mathrm{f}})$ 最多)。

正是在求解类似优化问题过程中,逐渐形成了最优控制理论。维基百科(Wikipedia)称:“Optimal control theory① is a branch of applied mathematics that deals with finding a control law for a dynamical system over a period of time such that an objective function is optimized.”(最优控制理论是应用数学的一个分支,致力于寻找动力系统一段时间内使得目标函数达到最优的控制规律。)那么,最优控制是如何求解月球软着陆问题的呢?

古人不见今时月,今月曾经照古人。为了回答月球软着陆问题,书中将首先回溯最优控制的发展脉络。

1.1　引言

爱因斯坦(Albert Einstein,1879—1955,1921 年诺贝尔物理学奖获得者)关于科学认知有句名言:“宇宙中最不可理解之事,乃是宇宙是可以被理解的”(The most incomprehensible thing about the world is that it is comprehensible)。宇宙虽然能够被理解,人类对它的认知却是一个艰难而曲折的过程,每一个点滴的积累和进步,都在不断考验着人类的耐心和洞见。人类科学探索的历程如同无尽的远征,为了能够在征途中“站在巨人的肩膀上”,有必要偶尔回望那过去的征途,尤其历史大背景角度下的审视,以期对各个发展阶段和科学问题能有更加全面的认识。

公元 1687 年,清康熙二十六年,无论对于中国还是世界都是重要的一年。身历四朝、在康熙除鳌削藩等重大事件中襄助朝政的孝庄文皇后去世,卒年七十五

① https://en.wikipedia.org/wiki/Optimal_control

岁。是年，英国科学家牛顿(Isaac Newton，1643—1727)发表《自然哲学的数学原理》一书，作为科学著作的里程碑，对人类科学发展乃至整个人类文明都产生了深刻而深远的影响。不过，西方先进的科技要等到 200 多年后才真正开始缓慢传入中国，期间 1840 年开始的鸦片战争让战败的中国付出了沉重的代价。自那时起，国人才逐渐意识到知识和科技的力量，由此开启了长达百年的图强救国之路。此役英国轻松获胜得益于 18 世纪 60 年代开始的第一次工业革命，其重要标志是蒸汽机的大规模使用，革新了人类此前数千年的能源转换方式。自动控制理论的发展史则一般回溯至蒸汽机离心调速器的设计与改进。

自离心调速器的发明至 20 世纪 50 年代经典控制理论趋于成熟，大概经过 160 年的发展，期间涌现出劳斯(Edward John Routh，1831—1907)、赫尔维茨(Adolf Hurwitz，1859—1919)、李雅普诺夫(Aleksandr Mikhailovich Lyapunov，1857—1918)、奈奎斯特(Harry Nyquist，1889—1976)、伯德(Hendrik Wade Bode，1905—1982)等一批在《自动控制原理》[1]中耳熟能详的学者[2]。不过，目前公认的第一篇控制理论的论文要追溯到 1868 年，是伟大的数学物理学家麦克斯韦(James Clerk Maxwell，1831—1879)关于调速器反馈机制的研究工作[3](On Governors. Proceedings of the Royal Society，1868，16：270—283)。同时，上文所谈的控制理论(Control theory)和 1948 年维纳(Norbert Wiener，1894—1964)出版的《控制论：或关于在动物和机器中控制和通信的科学》[4](Cybernetics：On Control and Communication in the Animal and the Machine)并非同一概念，后者提供了控制问题和通信问题统一考虑的框架。

目前经典控制在工业生产中依然有着广泛应用，它的核心概念“反馈控制”(feedback control)早已深入人心。其特点是采用基于传递函数的频域分析法，主要研究单输入单输出线性定常控制系统的控制器设计，所设计的控制器主要关注静态和动态性能的优劣，而未考虑能量消耗的问题。20 世纪 50—60 年代随着航天事业和计算机的发展，逐渐发展出以线性代数理论和状态空间分析法为基础的现代控制理论[5]，研究内容涵盖线性系统理论、最优控制理论、滤波与系统辨识理论。其中，最优控制正是本书的主题，它能够处理多输入多输出系统，在控制策略分析中考虑了系统的能量消耗，成功应用于航空航天等领域。

国内外最优控制的相关书籍和教材[6-19]已不少，有偏向于数学理论推导的，有注重理论分析与算例仿真相结合的，无论哪一类都会包含变分法、极大值原理(又称极小值原理)、动态规划三个核心知识点，而离散系统最优控制和线性二次型最优控制等章节安排会稍有不同。为了记录和传播最优控制的“基因”，严格的数学推导和大量的计算例题几乎占据了教材的全部，而发现和创造这些知识的学者大都被隐藏了起来，即便有也不过寥寥数语。翻越这些书籍仿佛置身于最优控制的大厦，让人感受到一开始它便如此的典雅与精致。我们知道实际情况并非如此，人类认知的过程复杂而曲折，从变分法的创立到极大值原理和动态规划的提出，最优控制大厦的落成历经 300 多年[20]，在其一砖一瓦的构建中不乏欧拉和拉格朗日这样的科学大家。那么，变分法究竟从何而来？为何要提出极大值原理？动态规划方法又是如何创建的？在接下来的章节中，你将找到这些问题的答案，此外还会邂逅发展历程中那些熠熠生辉的学者，正是他们的智慧和耐心使我们相约最优控制！

1.2　变分法简史

1.2.1　最速降线问题

被誉为“近代科学之父”的伽利略(Galileo Galilei，1564—1642)曾讨论过这样一个最短时间问题：不在铅垂线上的两点间，什么形状的曲线使得坠落的物体用时最短。他给的答案是连接两点的圆弧。在他倡导的科学研究新范式下，科学的春风开始吹拂 17 世纪的欧洲，一大批科学家如雨后春笋般涌现出来。伴随着人类对光的研究，特别是折射定律的研究，1662 年“业余数学家之王”费马①(Pierre de Fermat，1601—1665)提出了光总是沿着耗时最短路径传播的“费马原理”(Fermat principle)[21]，这或许是以往人类“最小观念”的第一次科学表达，由此奏响了变分法诞生的序曲[22]。17 世纪费马等创立的解析几何为研究曲线提供了一般工具并拓展了人们对曲线的认识，牛顿和莱布尼茨(Gottfried Wilhelm Leibniz，1646—1716)发明的微积分为探讨曲线提供了必要的数学方法，这些基本工具和数学思想为变分法的诞生提供了有力支撑。

伽利略 (1564—1642)　费马 (1601—1665)　牛顿 (1643—1727)　莱布尼茨 (1646—1716)

针对变分法(calculus of variations)，维基百科基于柯朗(Richard Courant，1888—1972，美国科学院院士)和希尔伯特(David Hilbert，1862—1943)名著《数学物理方法》(*Methods of Mathematical Physics*，I)描述如下：The calculus of variations is a field of mathematical analysis that uses variations，which are small

① 费马为法国律师和业余数学家，以费马大定理(Fermat's last theorem)闻名于世，其猜想内容归结为“当整数 $n>2$ 时，关于 x,y,z 的方程 $x^n+y^n=z^n$ 没有正整数解”。该猜想于 1637 年左右提出，他在书中问题的空白处写到“关于此，我确信已发现了一种美妙的证法，可惜这里空白的地方太小，写不下”。这个困惑人类 300 多年的猜想最终于 1995 年由英国数学家、牛津大学教授怀尔斯(Andrew Wiles，1953—　)完成证明。

changes in functions and functionals, to find maxima and minima of functionals: mappings from a set of functions to the real numbers①。即变分法是研究求解泛函极值及其相应极值函数问题的数学分支。此处出现的新概念泛函(functional)和泛函极值详见本书第 3 章。实际上,变分法与微分方程、黎曼几何和拓扑学等许多数学分支均有密切联系,在力学、光学、电子工程、经济学[23]等多个领域均有重要应用。

被公认为 20 世纪最伟大的数学家希尔伯特,1900 年在巴黎国际数学家代表大会上发表著名演讲"数学问题"[24],他在演讲中指出:"只要一门科学分支能提出大量的问题,它就充满着生命力;而问题缺乏则预示着这门科学独立发展的衰亡或中止"。针对最速降线问题,他专门有一段论述:"我只提醒大家注意伯努利(Johann Bernoulli)提出的'最速降线问题'。在公开宣布这一问题时,伯努利说:经验告诉我们,正是摆在面前的那些困难而有用的问题,引导着有才智的人们为丰富人类的知识而奋斗。……变分学的起源应归功于这个伯努利问题和相类似的一些问题。"目前,促进变分法诞生的第一个问题②公认为是伯努利兄弟打赌的最速降线问题(brachistochrone curve problem)。除了与哥哥雅各布·伯努利(Jacob Bernoulli, 1654—1705)学术竞争等因素外,约翰·伯努利(Johann Bernoulli, 1667—1748)意识到了最速降线问题的挑战性与新颖性,最终以"新问题——向数学家们征解"为题,于 1696 年 6 月在《教师学报》(Acta Eruditorm)上公开发出挑战。请读者特别注意约翰画像手中图纸上的曲线。

雅各布·伯努利
(1654—1705)

约翰·伯努利
(1667—1748)

例 1.2　最速降线问题(brachistochrone curve problem)。

已知垂直平面上不在同一垂线上的两点 A、B,欲求一条路径,使质点 M 仅在自身重力作用下(即忽略摩擦)沿此路径由 A 点下滑至 B 点所用时间最短。

为讨论方便,取 $A(0,0)$ 为原点,建立如图 1.3 所示的平面直角坐标系,设 B

---

① https://en.wikipedia.org/wiki/Calculus_of_variations#cite_note-2

② 牛顿 1685 年年底提出"最小阻力问题",于《自然哲学的数学原理》中正式出版。该问题在变分法早期未产生重大影响的原因,参见本章参考文献[22]。

点坐标为(x_1, y_1)，质点 M 的质量为 m。最速降线问题归结为：在连接 AB 两点的所有曲线中，寻求一条光滑曲线 $y(x)$，使得质量为 m 的质点 M 以零初始速度由 $A(0,0)$滑行至 $B(x_1, y_1)$所需的时间最短。

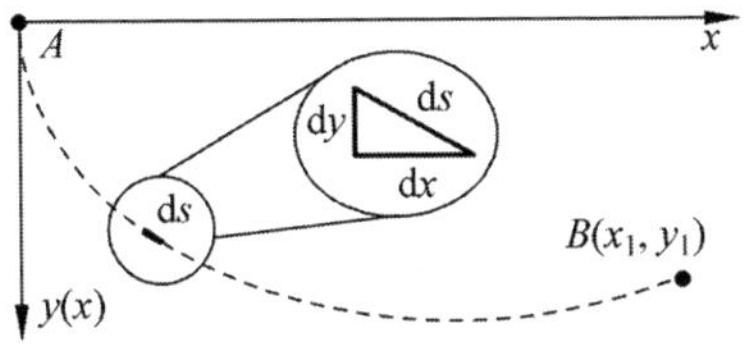

图 1.3　最速降线问题

所求曲线 $y(x)$经过 A、B 两点，故曲线在端点处满足如下条件：

$$\begin{cases} y(0)=0 \\ y(x_1)=y_1 \end{cases} \tag{1.6}$$

假设质点滑行至曲线上(x, y)处的速度为 v，由能量守恒定律可得 $mgy=mv^2/2$，式中当地重力加速度 g 为一常值。由此得到质点通过点(x, y)处时的速度 $v=\sqrt{2gy}$，以此速度通过该点处单位弧长（或称充分小弧长）$\mathrm{d}s=\sqrt{(\mathrm{d}x)^2+(\mathrm{d}y)^2}=\sqrt{1+(\mathrm{d}y/\mathrm{d}x)^2}\,\mathrm{d}x$ 所需的时间可表示为

$$\frac{\mathrm{d}s}{v}=\frac{\sqrt{1+(\mathrm{d}y/\mathrm{d}x)^2}\,\mathrm{d}x}{\sqrt{2gy}}$$

式中“d”为微分算子。质点静止从 A 点出发沿任意曲线 $y(x)$滑行至 B 点所需时间 $T[y(x)]$应为如下积分：

$$T[y(x)]=\int_0^{x_1}\frac{\mathrm{d}s}{v}=\int_0^{x_1}\frac{\sqrt{1+(\mathrm{d}y/\mathrm{d}x)^2}}{\sqrt{2gy}}\mathrm{d}x \tag{1.7}$$

至此，应用所学微积分和物理知识已经建立了最速降线问题的数学模型，即对于给定的起始点 A 和终止点 B，求解使得滑行时间 $T[y(x)]$取最小值的曲线 $y(x)$。观察式(1.7)，可以发现该问题与之前微积分中极大极小值问题有着本质的区别，不再是求解普通函数的极值，而是在无数条曲线中寻求某一曲线（即函数），使得沿此曲线的积分量取极值。因此，最速降线问题是求解函数之函数极值的问题。

上例就是数学史上著名的最速降线问题，又称捷线问题或最速滑行问题[25]。听从老师莱布尼茨的建议，1697 年元旦约翰·伯努利在格罗宁根①(Groningen)发表公告，将问题求解期限延长至复活节。最终，约翰·伯努利、雅各布·伯努利、法国数学家洛必达(Marquis de L'Hospital，1661—1704)、莱布尼茨和牛顿都独立给

---

①　约翰·伯努利于 1695—1705 年任荷兰格罗宁根大学数学教授。格罗宁根大学(University of Groningen)创建于 1614 年，位于荷兰北部，是欧洲最古老的大学之一，目前为世界百强名校。

出了正确的解答。除洛必达和莱布尼茨外,其他三人解法发表在 1697 年 5 月号《教师学报》上。

最速降线问题的求解及其答案将在本书第 3 章详细讨论,此处不再展开。在五人当时给出的求解方法中,作为哥哥的雅各布·伯努利解法中体现了局部变分的思想,较其他几位基于曲线几何性质和微积分思想的解答更为独特和新颖[22]。为此,后世数学家认为最速降线挑战中雅各布·伯努利技高一筹,他的局部变分思想和求解方法为解决更复杂的变分问题奠定了基础,在早期变分法发展中迈出重要一步,并对约翰·伯努利和欧拉等人产生了深刻影响。

1.2.2 等周问题

科学的发展离不开历史的洪流。17 世纪至 18 世纪初的百年里,世界上同期出现了三位极具影响力的帝王,分别是法国波旁王朝路易十四(Louis XIV,1638—1715,1643—1715 在位)、中国清代康熙皇帝(爱新觉罗·玄烨,1654—1722,1661—1722 年在位)、俄国罗曼诺夫王朝彼得一世(Peter Ⅰ,1672—1725,1682—1725 在位,后世尊称“彼得大帝”)。他们均建立了强大的帝国,并为帝国的强盛奠定了基础。时间的指针回拨至 1697 年,是年 2 月彼得大帝派出代表团赴西欧学习,自己则乔装成一位工人随队出访。3 月,康熙皇帝第三次亲自出征,成功剿灭绰罗斯·噶尔丹。5 月,法国和西班牙签署《勒斯维克条约》,结束了长达九年的“大同盟之战”,奠定了法国今日的疆域。

在法国和西班牙忙着签署条约之际,刚刚结束最速降线打赌的伯努利两兄弟赌约再次升级。据记载,此次的赌约导致兄弟两人由学术竞争演变为充满敌意的争吵,并一直持续到哥哥雅各布 1705 年去世。那么,究竟是什么问题导致兄弟如此争执呢?

原来,1697 年 5 月号《教师学报》上雅各布·伯努利给出最速降线解法后又提出了三个问题:变动端点的最速降线问题(详见书中 3.3 节)、变密度介质中质点运动的路线问题、等周问题(isoperimetric problem)。特别地,雅各布就第三个问题向弟弟约翰公开提出挑战,并写道:如果他弟弟 3 个月内接受挑战并于年底前给出正确答案,那么一位不愿透露姓名的绅士愿意给他提供 50 金币的奖金。若年底前没有人解出,他将公布自己的解答。

此次打赌的等周问题复兴了古典等周问题,对变分法的产生和发展起了重要推动作用,在数学发展史中亦占有重要地位,直至今日依然有学者在研究其变种。中国微分几何学派创始人苏步青①先生曾言:“等周问题是人类理性文明中,既精

① 苏步青(1902—2003),中国浙江人,中国科学院院士、数学家、教育家,中国微分几何学派创始人,被誉为“东方国度上灿烂的数学明星”。

要又美妙的一个古典几何问题。"据传说，等周问题源于古希腊时期狄多(Dido)女王建立迦太基城(Carthage)，因此亦称"狄多等周问题"(the Dido isoperimetric problem 或 the classical Dido problem)[26]。传说在北非地中海岸边，女王向当地国王购买了"一块牛皮之地"栖身，为获得尽可能大的占地面积，将牛皮切成细条后连成一条长绳，沿海岸围出一个半圆形的区域。为方便讨论，将小范围内海岸线抽象为一条直线，如图 1.4 所示，据此建立问题的数学模型。

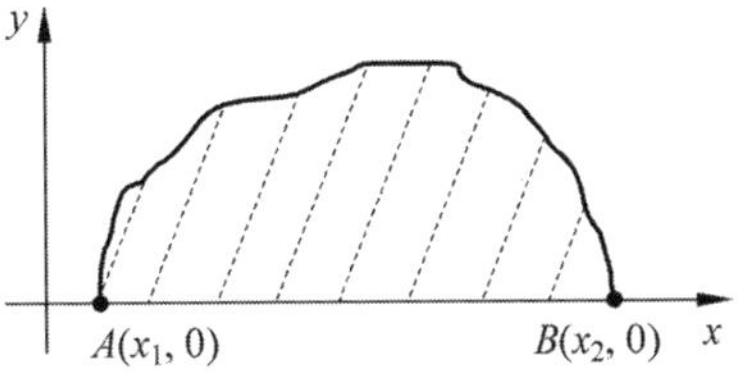

图 1.4　等周问题

例 1.3　等周问题(isoperimetric problem)。

在 x 轴上给定两点 $A(x_1,0)$ 和 $B(x_2,0)$，在连接 AB 两点、长度固定为 L 的所有曲线中寻求一条曲线 $y(x)$，使得该曲线与 x 轴所围成的面积最大。

问题中所求曲线 $y(x)$ 经过 A、B 两点，故曲线在端点处满足条件：

$$\begin{cases} y(x_1)=0 \\ y(x_2)=0 \end{cases} \tag{1.8}$$

曲线 $y(x)$ 与 x 轴围成的面积可表示为

$$S[y(x)]=\int_{x_1}^{x_2} y(x)\mathrm{d}x \tag{1.9}$$

同时，曲线需要满足长度为 L 的约束条件，曲线上任取弧长微元 $\mathrm{d}s$，则有

$$\int_{x_1}^{x_2}\mathrm{d}s=\int_{x_1}^{x_2}\sqrt{1+(\mathrm{d}y/\mathrm{d}x)^2}\,\mathrm{d}x=L \tag{1.10}$$

至此，等周问题可以归结为寻求一条经过固定两点的曲线 $y(x)$，能够最大化式(1.9)中面积 $S[y(x)]$。该问题与例 1.2 中最速降线问题最大的不同，在于增加了式(1.10)的积分型等式约束。

由于没有认识到等周问题中积分约束带来的变化，约翰·伯努利当时给出了错误的解答。1700 年 6 月号《教师学报》上哥哥雅各布简单介绍了他的解法与正确答案，并于 1701 年 5 月在该期刊进一步给出了等周问题的详细解答。最终，1718 年约翰·伯努利基于雅各布 1701 年论文的思想以更直观简单的方式求解了等周问题。应用变分法求解等周问题时，还要引入拉格朗日乘子(Lagrange multiplier 或 Lagrangian multiplier)，详细求解过程将在 3.4 节给出。毫无疑问，伯努利兄弟打赌的问题及其开拓性的工作，为变分法的诞生奠定了基础，终将在 18 世纪结出累累硕果。

1.2.3 一般变分问题

欧拉
(1707—1783)

中国现代文学家鲁迅①在短篇小说《故乡》中有句名言:“其实地上本没有路,走的人多了,也便成了路。”这句话拿来形容变分法的创立同样适用。1744 年,已在柏林科学院工作的欧拉(Leonhard Euler,1707—1783),发表了世界上第一部有关变分法的专著——《寻求具有极大或极小特性曲线或解最广义等周问题的技巧》(下简称《技巧》)。《技巧》一书是欧拉青年时期关于变分问题十几年科研工作的系统性总结,将变分法从对一些具体问题的讨论转变为非常一般的问题的讨论[27],标志着“变分法”作为一门独立的数学分支的初步形成,被后世公认为变分法发展史上的一座里程碑!《技巧》的出版为他个人带来了极大的荣誉,使得欧拉被认为是 18 世纪在世最伟大的数学家[28]。这些科研成果和荣誉的获得,除了欧拉的个人天赋和努力外,还要归功于约翰·伯努利对他的特殊指导和学术引导。

1707 年,康熙四十六年(中国农历丁亥),英格兰和苏格兰的议会在伦敦合并,正式合并组建大不列颠王国(Kingdom of Great Britain,1707—1800)。时年 53 岁的康熙皇帝第六次南巡,与康熙同龄的雅各布·伯努利已于两年前去世,弟弟约翰·伯努利回到家乡巴塞尔接替了他数学教授的职位。这一年的 4 月 15 日,牧师保罗·欧拉喜得贵子,为他取名 Leonhard。1720 年,年仅 13 岁的欧拉入读巴塞尔大学,成为当时瑞士全国年龄最小的大学生。入学后,欧拉获得了跟随约翰·伯努利学习数学的机会。1726 年,欧拉完成了他的博士学位论文,并公开发表了个人第一篇科研论文,此时刚刚 19 岁。1727 年 3 月牛顿以 85 岁高龄逝世,安葬于泰晤士河畔的威斯敏斯特教堂(Westminster Abbey,又译“西敏寺”),同年 5 月,欧拉在约翰·伯努利次子丹尼尔·伯努利②(Daniel Bernoulli,1700—1782)的邀请下抵达俄国。

1728 年,约翰·伯努利向欧拉提出了“寻求一般曲面上两点之间的最短线”问题,这一问题实际自 1697 年约翰便开始关注,在 30 多年的断续研究中得到了多类特殊曲面的测地线,不过并未用到变分法。作为欧拉关于变分法研究的第一个机会,他成功得到了一般曲面上测地线的微分方程,成果发表于 1732 年《圣彼得堡科学院汇刊》,由此开启了通往变分法的大门。受这一问题的启发,欧拉关于变分法

---

① 鲁迅(1881—1936),中国现代文学的奠基人,著名文学家。原名周树人,“鲁迅”是他 1918 年发表《狂人日记》时的笔名。代表作有小说集《呐喊》《彷徨》和散文集《朝花夕拾》等。

② 丹尼尔·伯努利(1700—1782),出生于荷兰格罗宁根,瑞士数学家、物理学家,伯努利家族中最杰出的一位,以 1726 年提出流体力学中的“伯努利原理”(Bernoulli's principle)而闻名于世。1726 年欧拉接到丹尼尔的邀请,次年抵达俄国圣彼得堡科学院担任丹尼尔的助手,开启了长达 40 多年的合作研究。1733 年丹尼尔回到瑞士巴塞尔,欧拉开始主持圣彼得堡科学院数学部工作直至 1741 年迁往柏林。

的研究不再像前人一样寻求一个个具体问题的解答，而是尝试探讨一般问题并给出普遍方法。1744 年，法国数学家莫培督(Pierre Louis Maupertuis，1698—1759)提出了符合牛顿力学的最小作用量原理[29]，加强了人们对“最小”观念的认知。这一年出版的《技巧》中，欧拉概括出了一般形式的基本变分问题(basic calculus of variations problem/simplest variational problem，又称最简变分问题)：对于某一给定微分形式的函数，寻求使得某个定积分取得极大或极小值的极值函数(或称极值曲线)。下面以现代变分法中常用的形式给出这一问题的具体描述。

例 1.4　基本变分问题(basic calculus of variations problem)。

求解二次可微函数向量 $\boldsymbol{y}(x)$：$[x_0, x_1] \in \mathbb{R}^n$，使得泛函(暂时仍忽略泛函定义，即下面积分型表达式)

$$J = \int_{x_0}^{x_1} L[x, \boldsymbol{y}(x), \dot{\boldsymbol{y}}(x)]\mathrm{d}x \tag{1.11}$$

达到极值，并满足边值条件

$$\begin{cases} \boldsymbol{y}(x_0) = \boldsymbol{y}_0 \\ \boldsymbol{y}(x_1) = \boldsymbol{y}_1 \end{cases} \tag{1.12}$$

其中$\mathbb{R}^n$ 表示 n 维实数集，$\dot{\boldsymbol{y}}(x) = \mathrm{d}\boldsymbol{y}/\mathrm{d}x$。式(1.11)中 $L[x, \boldsymbol{y}(x), \dot{\boldsymbol{y}}(x)] \in \mathbb{R}^n$ 对 x、$\boldsymbol{y}(x)$、$\dot{\boldsymbol{y}}(x)$存在二阶偏导数，x_0、x_1 为给定常数且 $x_1 > x_0$，$\boldsymbol{y}_0$、$\boldsymbol{y}_1$ 为常值向量。

例 1.4 中问题现在也被称为“边值条件固定的 Lagrange 问题”[17]，欧拉成功求解了这一问题并得到了最优解的必要条件，不过他的解法在后世看来是一种“几何-解析法”，美国数学史家莫里斯·克莱因(Morris Kline，1908—1992)曾评价到“欧拉在这本书中的工作是繁琐的，因为他用了几何考虑”[27]。实际上，这与欧拉所处的时代密切相关。作为向现代数学过渡的重要时期，数学史界通常称 18 世纪为“分析时代”，而 18 世纪 40—50 年代则是当时数学家们由“几何分析”转向“代数分析”的关键节点，欧拉有关变分法的研究无疑受到了影响并进一步推动了这样的变革。对此，欧拉本人也深有体会，并在《技巧》中表达了自己的思考：需要有一种能摆脱几何论证的方法。欧拉的这一期待仅仅十年后便成为了现实，不过他应该未曾料想到破解难题的人将与他比肩而立。

1755 年 8 月 12 日，一位年仅 19 岁的意大利青年用拉丁文给当时最伟大的数学家欧拉写信，阐述了他求解积分极值问题的纯分析方法——δ 方法，并称之为变分方法(the method of variation)。该方法通过引入新的符号 δ 及其运算法则，彻底革新了过去半个多世纪的变分求解方法，由此早期变分法开始跨入“拉格朗日时代”[30]。没错，这就是使欧拉放弃自己解法的年轻人，后世称其为约瑟夫·拉格朗日①(Joseph-Louis Lagrange，1736—1813)。他们被公认为是 18 世纪最伟大的两

① 拉格朗日为意大利裔法国籍数学家、力学家、天文学家，生前曾用过 De la Grange 和 La Grange 等姓氏，去世后法兰西研究院给他的颂词中，正式采用 Joseph-Louis Lagrange 称呼。

拉格朗日
(1736—1813)

位数学家，因变分法相识，不过遗憾的是二人一生中从未谋面。1755 年 9 月 6 日，Euler 给拉格朗日回信，高度赞扬了他的方法，第二年 9 月欧拉还在柏林科学院宣读的变分法论文中介绍了拉格朗日的工作[31]。欧拉此研究最终发表于 1766 年《变分法基础》[32]，书中他采用了拉格朗日的方法，并将这门数学分支正式命名为“变分法”。从此，拉格朗日的变分方法成为古典变分的标准解法，由此他 19 岁即被任命为都灵①皇家炮兵学校的数学教授[33]。

拉格朗日关于变分法第一篇论文公开发表于 1760—1761 年的《都灵论丛》，题为“论确定不定积分公式的极大和极小的一个新方法”[34]。论文采用 δ 方法研究了参数表示的变分问题，并探究了可变端点的最速降线问题和极小曲面问题(minimum surface problem)[35]，由此开启了多重积分极值问题的研究。1776 年，Euler 再次回到圣彼得堡科学院，经达朗贝尔(Jean le Rond d'Alembert，1717—1783)的推荐，拉格朗日接替 Euler 担任柏林科学院物理数学部主任。

同一年的英国，发明家瓦特(James Watt，1736—1819)制造出第一台有实用价值的蒸汽机，人类即将进入“蒸汽时代”。英国经济学家亚当·斯密(Adam Smith，1723—1790)出版了传世名著《国民财富的性质和原因的研究》(又译《国富论》)。有意思的是，他们二人还是格拉斯哥大学的同事。不过这些成果对于英国科学研究衰退的大势仍于事无补，17—18 世纪英国曾毫无争议地作为世界科学中心(之前是文艺复兴的意大利)，随着胡克、牛顿等英国老一辈科学家相继去世，欧洲大陆上 Euler、达朗贝尔、拉格朗日等科学家的涌现，到了 18 世纪末法国已经在欧洲独领风骚，成为新的世界科学中心[36]。在变分法之后的发展中，我们还会看到这一中心的转移，先是 20 世纪初由法国东移至德国，之后由于第二次世界大战的原因又转移至美国，直至今日。下一个世界科学中心又会出现在哪里呢？不过当时的美国肯定无暇顾及科学中心的问题，因为他们正忙于同英国的独立战争(1775—1783 年，1776 年 7 月 4 日，起草《独立宣言》宣告美国诞生)。

1783 年，英国承认其位于北美洲南部的十三州殖民地独立，世界未来的科学中心——美利坚合众国正式成立。与美国人民独立的喜悦截然相反，这一年很可能是拉格朗日人生最艰难的一年，去年已基本成稿的《分析力学》至今无人资助出版，他心爱的妻子、好友达朗贝尔、导师欧拉相继去世。经受了这些变故后，1787 年他离开生活工作 20 年的柏林去往巴黎，正式成为巴黎科学院的一员。这一年，法国数学家勒让德(Adrien-Marie Legendre，1752—1833)在最小曲面研究的启发

① 此时的都灵为撒丁王国(1720—1861)首都，在此基础上后来实现意大利统一。该城市世界闻名的尤文图斯足球俱乐部(Juventus Football Club S. P. A)成立于意大利统一后的 1897 年 11 月 1 日。

下，给出了勒让德变换(Legendre transformation)，该变换将在下一个世纪发挥重要的作用。

1788 年，《分析力学》[37]正式出版，这是继牛顿后的又一部经典力学著作。书中首次提出乘子法则(multiplier rule)，运用变分原理和分析方法构建了优美和谐的力学体系。这一年，推崇"学术自由，教研并重"的威廉·冯·洪堡[38](Wilhelm von Humboldt，1767—1835)正在哥廷根大学读书，而有"数学王子"美誉的高斯(Johann Carl Friedrich Gauss，1777—1855)还是一位 11 岁的男孩。即便如此，拉格朗日在柏林科学院 20 年的工作，为德国日后成为世界科学中心打下了坚实的基础。反观此时的中国，乾隆皇帝(爱新觉罗·弘历，1711—1799，1736—1795 年在位，1788 年为乾隆五十三年)还在大兴文字狱和焚毁书籍，彻底中断了中西文化交流，再次错过全球化的浪潮，现在读来依然令人扼腕叹息。

1813 年，拉格朗日与世长辞。在巴黎 26 年工作中，他进一步研究了变分法的基础，用乘子法则统一了变分问题，成功构建了变分法的形式体系，使得变分法真正成为了一个独立的数学分支。他与拉普拉斯(Pierre-Simon Laplace，1749—1827)等人进一步推进了力学和天体力学的发展，培养了柯西(Augustin Louis Cauchy，1789—1857)等新一代数学家，被当时的法兰西皇帝拿破仑(Napoléon Bonaparte，1769—1821)赞誉为"数学领域高耸的金字塔"[39](Lagrange is the lofty pyramid of mathematical sciences)。

1.2.4 强极值问题

18 世纪可谓数学与经典力学相结合的黄金时代，19 世纪数学由古典成功进入现代，单复变函数、偏微分方程、常微分方程和变分法等均有了更大的拓展[31]。其中，最小作用量原理依然是变分法发展的最大引擎，推动物理发展的依然是力学和天文学。在正式讨论 19 世纪的变分法之前，我们不妨把视线的范围稍微放宽一点。1801 年 1 月 1 日，意大利天文学家皮亚齐(Giuseppe Piazzi，1746—1826)发现了人类历史上第一颗小天体谷神星(1 Ceres，2006 年被国际天文联合会重新归类为矮行星)，进一步促进了天文学和天体力学的发展[40]。英国物理学家托马斯·杨(Thomas Young，1773—1829)做出了双缝干涉实验，成功跻身光学波动说奠基人之一，他的这一实验也重新点燃了已沉寂百年的光学"波动说"(1690 年惠更斯出版《光论》)与"微粒说"(1704 年牛顿出版《光学》)之争[41]。拿破仑的老师拉普拉斯已执掌巴黎科学院，继续着《天体力学》的撰写工作，1789 年开始的法国大革命对他和拉格朗日的研究并未造成太大影响。1809 年，英国生物学家达尔文(Charles Robert Darwin，1809—1882)和美国总统林肯(Abraham Lincoln，1809—1865)于 2 月 12 日同一天出生，他们都将在人类文明进程中镌刻下深深的印记。

1818 年巴黎科学院发布关于"光的衍射"征文竞赛，拉普拉斯和泊松(Simeon-Denis Poisson，1781—1840)担任评委。31 岁的法国工程师菲涅尔(Augustin-Jean

Fresnel,1788—1827)基于波动光学的论文受到了泊松的反驳,泊松指出：根据菲涅尔的理论,圆盘衍射时其阴影中心会出现亮斑,他认为这是十分荒谬的。结果实验恰恰证实了泊松的预言——圆盘阴影中心出现了一个亮斑,这个“乌龙”发现最终被人们称为泊松亮斑(Poisson bright spot)。19 世纪变分法中第一个值得注意的新论点正是来自于泊松[31],他引入了现今称作拉格朗日函数的表达式 $L=T-V$,式中 T 是广义坐标表示的动能,V 为势能。

1834 年,英国数学力学家哈密顿[42](William Rowan Hamilton,1805—1865)在前人研究基础上重新表述了最小作用量原理,现在也被称为哈密顿原理(Hamilton′s principle)或哈密顿最小作用量原理(Hamilton′s principle of least action)。这一原理是动力学中一条适用于完整系统十分重要的变分原理,郎道①《力学》开篇便是该原理的表述[43]。在同一时期做出重要贡献的还有德国数学家雅可比(Carl Gustav Jacob Jacobi,1804—1851),他深入研究了哈密顿典型方程,通过引入广义坐标变换得到一阶偏微分方程,称为哈密顿-雅可比方程,从而为 20 世纪最优控制中连续系统最优控制的核心方程奠定了基础。与此同时,雅可比于 1837 年还进一步强化了勒让德条件,通过讨论二阶变分来确定一阶变分为极大或极小[31]。他当时的结果虽然还不够完善,但使人们清晰地看到变分法该方面的研究不能简单以微积分的极值理论为指导。

1840 年,英国的坚船利炮开启了中国的近代史,在魏源“师夷长技以制夷”新思想影响下,国人逐渐开启了救亡图存运动。1854 年,世界最后一位数学全才庞加莱(Jules Henri Poincaré,1854—1912)在法国出生,第二年高斯去世,1857 年柯西去世,世界科学中心已转移至德国[36]。两年后,海峡对岸的英国,生物学家达尔文出版《物种起源》(*On the Origin of Species by Means of Natural Selection, or the Preservation of Favoured Races in the Struggle for Life*),引起了整个人类思想的巨大革命。1860 年,英法联军不远万里入侵北京并将圆明园付之一炬。事后雨果写道：“在历史的面前,这两个强盗,一个叫法兰西,一个叫英吉利”。第二年太平洋彼岸的美国爆发了南北独立战争,美利坚开始崛起。1871 年,铁血宰相俾斯麦成功统一德意志诸邦。1873 年英国物理学家麦克斯韦发表《电磁通论》,此时的英国可谓达到维多利亚时代的巅峰。1879 年,对 20 世纪产生重要影响的爱因斯坦、斯大林、陈独秀等均在这一年出生[44]。1886 年,德国数学家梅耶(Adolph Mayer,1839—1908)首次给出了拉格朗日乘子法的证明,最终由希尔伯特等人完善。

这一时期,德国数学界群星闪耀。中学教师出身的现代分析学之父魏尔斯特拉斯(Karl Weierstrass,1815—1897)成功将变分法建立在单实变量函数理论的基

① 郎道(Lev Davidovich Landau,1908—1968),苏联人,号称世界上最后一位全能物理学家,1962 年获诺贝尔物理学奖。

魏尔斯特拉斯
(1815—1897)

础之上，成为变分法发展的又一座里程碑[45]。他创立了数学中的 ε-δ 语言，第一次给出了一个处处连续但处处不可导的函数，在严格推理基础上重新审视微积分。这些工作经过他的学生 Oskar Bolza (1857—1942)等得到广泛传播。魏尔斯特拉斯的一个重要论点是：截至当时，从欧拉至雅可比等人所给出的极值判别准则是有局限的，变分中所考查的比较函数集不完善。此类变分被 Adolf Kneser (1862—1930)称为弱变分。为此，魏尔斯特拉斯研究了被积函数为不连续可微曲线的基本变分问题，得到了著名的 Weierstrass-Erdmann 条件，之后进一步拓展研究得到了 Weierstrass 条件。

同一时代变分法的发展中，除了魏尔斯特拉斯的工作外，还有比利时物理学家 Joseph Plateau 研究的极小曲面问题。Plateau 指出，如果人们把具有闭曲线形状的金属丝浸泡到甘油溶液或肥皂水中，金属丝取出后张成的薄膜是使得表面积最小的曲面形状。这一古典变分问题未来还会不断发展并开花结果。例如，美国奥斯汀大学数学教授 Karen Uhlenbeck(1924—　)因其有关极小曲面的研究获得了 2019 年阿贝尔数学奖①，也是第一位女性获奖者。阿贝尔委员会主席 Hans Munthekaas 评价她的工作：Her theories have revolutionized our understanding of minimal surfaces, such as those formed by soap bubbles, and more general minimization problems in higher dimensions。

世纪之交的 1900 年，中国是农历庚子年(清光绪二十六年)，当年的学术报告中有两个被载入科学史册而广为人知。这年春天义和团围攻东交民巷使馆区，拉开了八国联军侵华的序幕。此时的欧洲则一片繁华，法国巴黎在 4 月份刚举办完世界博览会。4 月 27 日，海峡对岸的英国皇家研究所，76 岁的物理学家开尔文勋爵(Lord Kelvin, William Thomson, 1824—1907)发表了颇具展望意味的著名演讲——《在热和光动力理论上空的十九世纪的乌云》[41]。正是这两朵著名的“乌云”，在 20 世纪催生了相对论和量子力学。8 月，第二届国际数学家大会在巴黎召开，庞加莱任大会主席，希尔伯特在会上发表了题为“数学问题”的著名演讲。值得一提的是，一个旨在奖励学者开创性贡献的基金会于 6 月份获得了瑞典政府的批准——诺贝尔基金会。

在“数学问题”的演讲中，希尔伯特多次提到变分法，其 23 个问题中的第 19、

① 阿贝尔数学奖(The Abel Prize)，简称阿贝尔奖，是挪威政府为纪念挪威数学家 Niels Henrik Abel (1802—1829)诞辰 200 周年于 2003 年设立的一项数学奖。与“菲尔兹奖”(Fields Medal)和“沃尔夫奖”并称数学界三大奖。

20、23 问题①与变分法直接相关[24]。他在第 23 问题中毫不讳言的指出："我想简单地介绍一下在本演讲中已经反复提到过的一个数学分支——这个分支，尽管最近由于 Weierstrass 的工作而取得巨大的进展，却并没有受到我认为的应有的评价——我指的是变分法。"希尔伯特的演讲唤起了人们对变分法的高度关注，在 Constantin Carathéodory（1873—1950）、Oskar Bolza、Gilbert Ames Bliss（1876—1951）等数学家不断努力下，古典变分法终于走向成熟。其中，Carathéodory 于 1904 年在哥廷根大学取得博士学位，博士论文正是关于欧拉-拉格朗日（Euler-Lagrange）方程的研究。20 世纪 20 年代，他成功证明了哈密顿-雅可比（Hamilton-Jacobi）方程是变分问题最优解的充分条件。此时德国的哥廷根学派[46-47]也在希尔伯特的带领下到达全盛时期，自高斯以来几代数学家的努力，终使哥廷根大学（University of Göttingen）成为当时科学的圣地。

1.3 最优控制简史

1.3.1 最优控制的发展

2016 年 7 月 2 日，控制巨匠卡尔曼（Rudolf Kálmán，1930—2016）与世长辞，现代控制的黄金一代彻底远去。卡尔曼滤波（Kalman filtering）是他的代表性工作，与庞特里亚金（Lev Pontryagin，1908—1988）等提出的极大值原理，以及贝尔曼（Richard Bellman，1920—1984）等提出的动态规划通常合称现代控制理论的三大基石[12]。卡尔曼滤波属于最优估值理论，极大值原理与动态规划属于最优控制理论，后面二者与上一节介绍的古典变分法共同构成最优控制的核心理论。相对于极大值原理等可以处理容许控制为闭集的情况，经典变分理论只能解决控制无约束问题，因此现在一般称其为古典变分法（或经典变分法）。实际上，极大值原理等最优控制方法（又称现代变分法）正是工程实践中处理控制受约束的优化问题时，由古典变分法发展而来的。其早期研究主要受人类航天探索的刺激，可以回溯至 1919 年戈达德（Robert H. Goddard，1882—1945）提出的火箭燃料优化问题[48]。

1919 年的中国，在北京大学图书馆馆长李大钊（1889—1927）等人的倡导下新思潮不断涌动。3 月份，作为北京大学图书馆图书管理员的毛泽东（1893—1976）带着新思想离开了北京，历经三十年的艰难探索再次回到北京时成功建立了新中国。当然，当年巴黎和会上第一次世界大战的战胜国把德国在山东权益给了日本，导致国内"五四运动"的爆发。此外，广受科学界关注的是当年 5 月 29 日的日全食，通过地面观测最终证实了广义相对论（general relativity）关于光线偏转的预言，爱因斯坦名扬世界。

1919 年，Smithsonian Institution（史密森学会）正式出版了 Goddard 于 1916

① 问题 19：正则变分问题的解是否一定解析；问题 20：一般边值问题；问题 23：变分法的进一步发展。

年提交的报告[48]——*A Method to Reach Extreme Altitude*(《到达超高空的方法》)。这份报告与苏联科学家齐奥尔科夫斯基(Konstantin Tsiolkovsky,1857—1935)的 *The Exploration of Cosmic Space by Means of Reaction Devices* 共同开创了人类早期火箭技术探索的先河。在经费不足、外界质疑、自身又体弱多病的条件下,Goddard 坚持火箭技术实验和科研工作,成功发射了第一枚液体燃料火箭。他励志的话语也被广为传颂:The dream of yesterday is the hope of today and the reality of tomorrow。他在 1919 年报告中给出了火箭飞行过程中的质量变化微分方程,明确了待求解问题:在给定火箭初始质量和初始速度的情况下,求解火箭上升过程中最优推进策略,使得达到指定飞行速度的情况下燃料消耗最少。在讨论该问题时,他明确指出:The procedure necessary for this determination presents a new and unsolved problem in the Calculus of Variations。

1927 年德国数学家 Georg Hamel(1877—1954,希尔伯特的学生)重新整理并研究了 Goddard 燃料优化问题。他的一大贡献是在问题描述中,引入了关于状态变量和控制变量的微分方程,即现在被称为“状态方程”或“状态微分方程”的表达式,将最优控制的研究又向前推进了一步。上述研究 Hamel 用德文发表的 2 页论文过于简短且有不合理的空气密度分布假设,为此,我国著名科学家钱学森先生(1911—2009)于 1951 年在 Journal of the American Rocket Society 期刊发表论文 *Optimum Thrust Programming for a Sounding Rocket*[49],进一步研究了这个问题。文中给出了详细的建模过程,并明确了控制变量的约束,针对空气阻力与火箭飞行速度为二次关系和线性关系两类具体情况求得了最优解。当时钱学森的身份是加州理工学院喷气推进中心主任和 Goddard 讲席讲授(Robert H. Goddard Professor, Daniel and Florence Guggenheim Jet Propulsion Center, California Institute of Technology),华人科学家终于在世界科学的舞台上崭露头角。1955 年钱学森回到中国,为祖国的“两弹一星”和载人航天事业等做出了杰出贡献。

钱学森
(1911—2009)

1947 年,第二次世界大战刚结束两年,以美国和苏联为首的两大阵营正式开始了长达 44 年的冷战。冷战伊始,美苏双方都遇到了时间最短相关的优化问题,并组织数学家开始攻关。美国在这方面的代表性研究成果来自于兰德公司(Research And Development, RAND)。总部位于美国西海岸加州 Santa Monica 的兰德公司创建于 1948 年,组建之初便召集了 Magnus Hestenes(1906—1991)和贝尔曼等学者。其中,Hestenes 在研究最短时间拦截问题时,将系统哈密顿函数(Hamiltonian)表示为 $H[x,u,\lambda,t]$ 的形式,严格区分了状态变量 x(state variable)和控制变量 u(control variable),且针对状态微分方程引入了协态变量 λ(co-state varibale 或 adjoint variable)。这一表述方式已经是现代最优控制中的形式，与当年哈密顿针对力学问题提出的哈密顿函数(关于广义坐标和广义动量的函数)在认识上有了本质的变化。他更加为人所熟知的工作是提出了共轭梯度法(conjugate gradient method)。

20 世纪上半叶，最优控制的研究往往针对诸如火箭燃料最优等具体问题。自 20 世纪 50 年代起，面对军事生产中越发复杂的非线性控制问题，在控制变量受约束的情况下，寻求一类较为通用的方法求解最优控制问题成为当时研究的前沿。正如美国作家马克·吐温所言："历史不会重演，但总是惊人的相似。"变分法创立之初，欧拉正是从变分法具体问题的研究转向一般变分问题，终成一代宗师。这一次，美苏双方都有学者脱颖而出，成为最优控制领域的一代名家。

1952 年贝尔曼正式加入兰德公司，在多级决策问题研究中提出了著名的最优性原理[50](optimality principle)：An optimal policy has the property that whatever the initial state and initial decision are, the remaining decisions must constitute an optimal policy with regard to the state resulting from the first decision。这一表述来自于贝尔曼 1957 年出版的专著 *Dynamic Programming*[51]，此书正是使他闻名于世的动态规划。这一年，卡尔曼从哥伦比亚大学获得博士学位。几乎同一时期，针对具有线性状态方程的系统，他在研究能控性和能观性的基础之上，探讨了具有二次型性能指标的最优控制问题，称之为线性二次型最优控制问题[52](linear quadratic optimal control problem，一般简称 LQ 问题)。由于问题的特殊形式，二次型最优控制可解析求解闭环控制，在实际生产中获得了广泛应用。不过在最优控制领域的竞争中，当时获胜的是后来居上的苏联团队。

贝尔曼
(1920—1984)

卡尔曼
(1930—2016)

1955 年苏联才正式组建团队，以数学家庞特里亚金为首，带领他的两位年轻学生 Vladimir Boltyansky(1925—2019)和 Revaz Gamkrelidze(1927—)。临危受命的他们于 1956—1957 年成功提出极大值原理，放宽了优化问题求解时经典变分中对系统变量的要求，拓展了经典变分理论，提供了一类具有广泛应用范围的基础理论[53]。这一原理常称为庞特里亚金极大值原理(Pontryagin's maximum principle)，给出了系统取得全局极大值的必要条件是控制变量使得哈密顿函数最大化。这一结论最初公开时只有一些特殊情形的计算，后续研究中他们逐步证明了该结论对于线性状态方程是充分必要条件，而对于一般非线性系统极值为必要条件。经过系统整理，他们师徒三人于 1962 年正式出版专著 *The Mathematical Theory of Optimal Processes*，将问题改变为最小化性能指标，同时将该方法更名为“庞特里亚金极小值原理”[54]。求取泛函的极大或极小值在数学处理上并无本质区别，二者很容易相互转化。

庞特里亚金 (1908—1988)

Vladimir Boltyansky (1925—2019)

Revaz Gamkrelidze (1927—)

1960 年，国际自动控制联合会(International Federation of Automatic Control，IFAC)第一届会议[55]在莫斯科大学隆重召开，来自 29 个国家的千余名学者出席了会议，庞特里亚金、贝尔曼、卡尔曼(Rudolf Kalman，1930—2016)均出席了会议。苏联邮政局为纪念此次大会的召开，特地发行了一枚纪念邮票。中国学者杨嘉墀(1919—2006，中国科学院院士)和屠善澄(1923—2017，中国工程院院士)等组成的代表团参加了此次大会，后来他们都成长为自动控制领域的著名专家。

IFAC—1960会议纪念邮票

动态规划[56]和极大值原理[57]的提出，奠定了现代最优控制的理论基石。不过，限于当时的计算水平，面对非线性问题时，最优控制理论的应用和求解仍然是一个不小的挑战。在建立最优控制模型的基础上，能够解析(或近似解析)求解的实际问题屈指可数。应用极大值原理，人们成功将带有非线性状态方程约束的最优控制问题转化为一类微分方程边值问题(boundary value problem)，在没有内点约束的情况下为常见的两点边值问题(two point boundary value problem，TPBVP)。此类问题一般难以解析求解，需要借助打靶法等数值方法求解协态变量初值等系统待求变量，再将这些变量代入状态和协态微分方程积分，最终得到系统取得极值的最优控制。

实际上，边值问题的数值求解[58-59]在航天动力学领域(特别是轨道优化设计领域)依然是一个具有挑战性的问题，尤其是求解带有复杂约束系统的全局最优解。边值问题本身则是数学微分方程领域的重要问题，最早的边值问题可回溯至“狄利克雷问题”(Dirichlet's problem)，亦称为第一边值问题，由狄利克雷原理(Dirichlet's principle)求解了拉普拉斯方程的解。由于狄利克雷(Peter Dirichlet，

1805—1859)给出的证明不完善,在 Karl Weierstrass 的质疑下,希尔伯特于 20 世纪初证明了狄利克雷原理的有效性,同时也丰富了变分法理论[60]。

旧时王谢堂前燕,飞入寻常百姓家。昔日欧拉、拉格朗日等苦心钻研的变分法,如今已作为经典内容写入最优控制各类书籍。最优控制理论在工程、经济等领域的广泛应用,与微分方程、拓扑学等多个领域的交叉拓展,都使得变分法和最优控制仍在不断前进。自伯努利问题算起,一代代学者历经 300 多年的刻苦钻研,多少人皓首穷经,方有了最优控制大厦今日的辉煌,图 1.5 给出了这座大厦的主要"建筑师"。1931 年 12 月 3 日,就任清华大学校长的梅贻琦先生在演讲中有句名言:所谓大学者,非谓有大楼之谓也,有大师之谓也。在饱览最优控制大楼之际,让我们与大师为伴,一起向大师致敬!

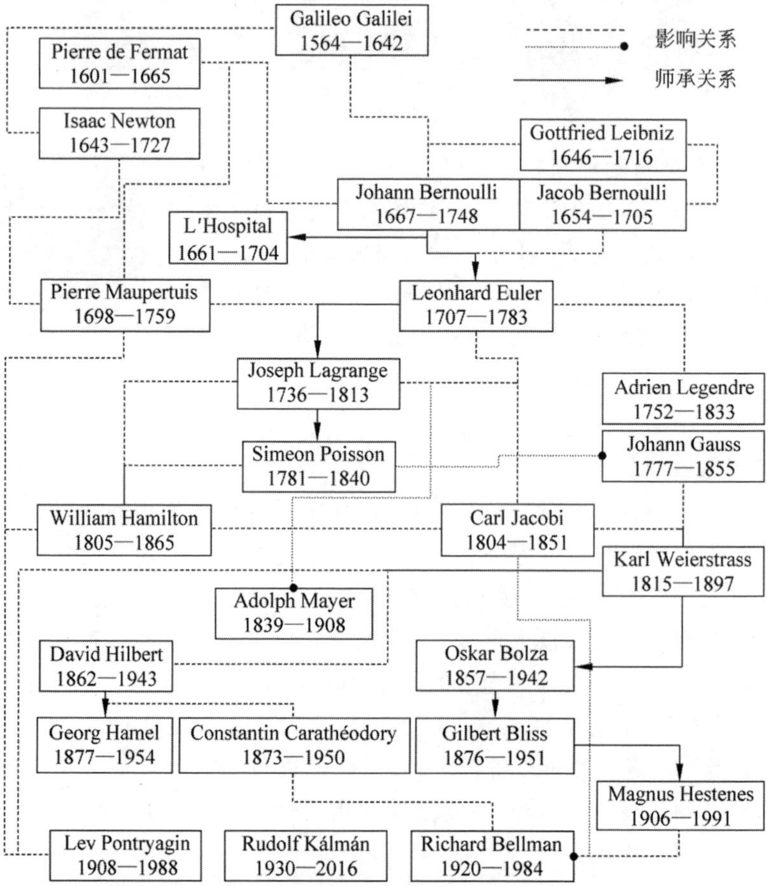

图 1.5 变分法与最优控制发展中代表性学者关系图

1.3.2 最优控制问题举例

本节列举几个最优控制问题的典型示例,对应着最优控制理论在不同领域的应用，以此加深对最优控制问题的了解。

例 1.5　航天器轨道转移问题。

2016 年中国正式立项火星探测任务，需要发射航天器由地球轨道出发，经过日心转移轨道交会火星。2020 年 4 月 24 日中国第五个航天日，火星探测任务正式定名为“天问一号”。本例中讨论该问题简化的二维平面转移轨道，飞行过程中航天器仅受太阳引力的作用，视为质点处理。假设 t 时刻航天器距离太阳的轨道半径为 $r(t)$，与轨道转移初始时刻 t_0 时轨道半径 r_0 间的方位角为 $\theta(t)$，如图 1.6 所示。将 t 时刻轨道速度表示为径向 $u(t)$ ①和横向 $v(t)$ 两个分量，航天器推进系统的推进加速度沿两方向分量记为 $a_r(t)$ 和 $a_\theta(t)$。航天器轨道转移过程中的动力学方程为

$$\begin{cases}\dot{r}(t)=u(t)\\ \dot{\theta}(t)=\dfrac{v(t)}{r(t)}\\ \dot{u}(t)=\dfrac{v^2(t)}{r(t)}-\dfrac{\mu_C}{r^2(t)}+a_r(t)\\ \dot{v}(t)=-\dfrac{u(t)v(t)}{r(t)}+a_\theta(t)\end{cases}\tag{1.13}$$

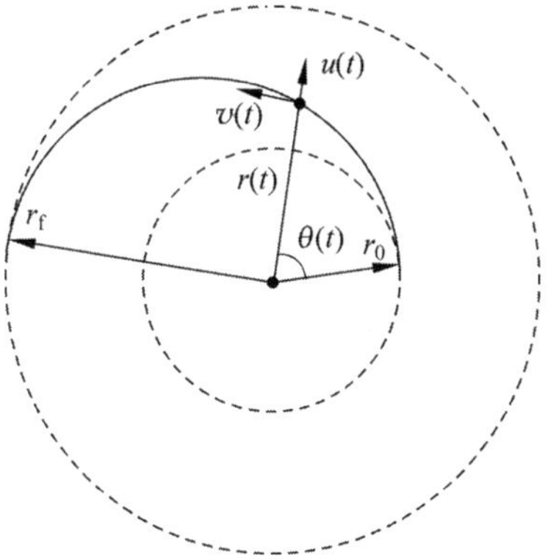

图 1.6　航天器轨道转移问题

式中 μ_C 为中心天体引力常数，此处日心转移轨道对应为太阳引力常数，是一个常值。符号“$\dot{\square}$”表示变量对时间的导数。初始 t_0 时刻，航天器各状态量初值满足地球轨道的约束，即问题初始条件为

$$r(t_0)=r_0,\quad \theta(t_0)=0,\quad u(t_0)=0,\quad v(t_0)=\sqrt{\mu_C/r_0}\tag{1.14}$$

交会火星时的终端约束条件

$$r(t_f)=r_f,\quad u(t_f)=0,\quad v(t_f)=\sqrt{\mu_C/r(t_f)}\tag{1.15}$$

① 书中同一变量在不同例题中代表不同的含义，请注意变量说明。

式中 t_f 为给定的终端交会时刻，即 $t_f - t_0$ 为轨道转移时间。对于 $t \in [t_0, t_f]$，欲求控制律 $a_r(t)$ 和 $a_\theta(t)$，使得轨道转移能量最优（或称耗能最少），即使得 J 达到最小，J 的表达式为

$$J = \int_{t_0}^{t_f} [a_r^2(t) + a_\theta^2(t)] \, dt \tag{1.16}$$

例 1.6　传送带时间最优控制问题。

假设有一段水平直线货物传送带，往返将货物传送于 P 点和 O 点之间，如图 1.7 所示。固定于传送带上的货箱记为 M，货箱 M 的质量取为单位一，控制加速度记为 $u(t)$。受到系统实际控制电机的功率限制，满足 $|u(t)| \leqslant k$，k 为一正值常数。初始时刻 t_0，货箱静止于 P 点。货箱由 P 点移动至 O 点过程中，移动位移以 $s(t)$ 表示，运行速度为 $v(t)$。由牛顿第二定律得其运动方程：

$$\begin{cases} \dot{s}(t) = v(t) \\ \dot{v}(t) = u(t) \end{cases} \tag{1.17}$$

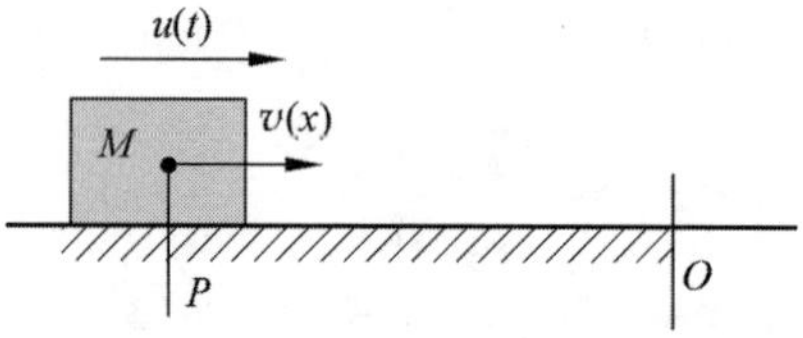

图 1.7　传送带时间最优问题示意图

货箱静止于 P 点的初始条件为

$$s(t_0) = s_0, v(t_0) = 0 \tag{1.18}$$

终端时刻 t_f 时货箱到达 O 点速度减为零，取 O 点为原点，可得终端条件为

$$s(t_f) = 0, \quad v(t_f) = 0 \tag{1.19}$$

传送带运行过程中需满足控制约束

$$| u(t) | \leqslant k \tag{1.20}$$

为了尽可能提高货物传送效率，该时间最优控制问题是寻求满足式(1.20)约束的最优控制律 $u(t)$，$t \in [t_0, t_f]$，最小化运行时间

$$J = \int_{t_0}^{t_f} dt \tag{1.21}$$

上式亦可展开表示为

$$J_1 = J = t_f - t_0 \tag{1.22}$$

在实际问题中，有时会要求控制过程兼顾快速性和经济性。比如，在时间最优的同时，还想尽可能多地节省传送带运行能量，可将式(1.22)的优化指标替换为

$$J_2 = \lambda_0 (t_f - t_0) + \int_{t_0}^{t_f} | u(t) |^2 dt \tag{1.23}$$

式中 λ_0 是一个正实数，表示时间指标的加权，用以调节时间和能量间的权重。再进一步，当考虑传送带能量来源的燃料消耗时，还可将问题改进为时间-燃料综合

最优控制，优化指标表达式更新为

$$J_3=\lambda_0(t_f-t_0)+\int_{t_0}^{t_f}|u(t)|\,dt \tag{1.24}$$

例 1.7　经济增长模型(Ramsey growth model)。

经济增长问题是经济学中的重要问题。从经济规划的角度出发，现假设在一个封闭的完全竞争的市场中共有两类经济要素：社会资本 $K(t)$ 和劳动力 $N(t)$，劳动力等于总人口数且具有稳定增长率 $n(n>0)$，即 $N(t)=N_0e^{nt}$，式中 N_0 为初始零时刻劳动力。社会总产出(或总收入)$Y(t)$ 是资本和劳动力的函数，共包含储蓄 $S(t)$ 和消费 $C(t)$ 两部分，可表示为 $Y(t)=f(K(t),N(t))=S(t)+C(t)$。假设储蓄 $S(t)$ 可以顺利转化为投资 $I(t)$，以增加资本存量，即 $Y(t)=I(t)+C(t)$ 且 $S(t)=I(t)=dK(t)/dt$。消费得到的社会福利以社会效用 $U(t)$ 表示，是关于消费 $C(t)$ 的函数。其中，$U(t)$ 和 $Y(t)$ 均为单调递增(一阶导数为正)的凹函数(二阶导数为负)。

为讨论问题方便，以人均产出和消费为变量，有 $y(t)=Y(t)/N(t)=f(k(t),1)$，式中 $k(t)=K(t)/N(t)$。此时，资本 $K(t)$ 的单位变化率为

$$\frac{dK(t)}{dt}=N(t)\frac{dk(t)}{dt}+k(t)\frac{dN(t)}{dt} \tag{1.25}$$

由此可得资本的人均变化率

$$\frac{dk(t)}{dt}=\frac{dK(t)/dt}{N(t)}-k(t)\frac{dN(t)/dt}{N(t)}=\frac{Y(t)-C(t)}{N(t)}-n\cdot k(t) \tag{1.26}$$

记人均消费 $c(t)=C(t)/N(t)$ 和 $\dot{k}(t)=dk(t)/dt$，可得人均资本变化率关系式

$$\dot{k}(t)=\frac{dk(t)}{dt}=y(t)-c(t)-nk(t)=f(k(t))-c(t)-nk(t) \tag{1.27}$$

初始零时刻的人均消费率记为 k_0，即 $k(0)=k_0$。优化目标是使得消费的社会效用最大化，即最大化 J：

$$J=\int_0^{\infty}e^{-\beta t}u(t)\,dt \tag{1.28}$$

式中 $u(t)$ 为消费者的人均效用函数，有 $u(t)=U(t)/N(t)$。常数 $\beta>0$ 为折现因子，是用复利折现法表示的因放弃当前消费而导致的效用损失率。

注：例 1.7 中经济增长的最优控制模型由英国学者 Frank P. Ramsey(1903—1930)于 1928 年提出，是新古典经济学中的一个经典模型[61]。1965 年，美国学者 David Cass[62](1937—2008)和荷兰裔美国学者 Tjalling C. Koopmans[63](1910—1985，1975 年获诺贝尔经济学奖)分别做了拓展，利用变分法探讨了消费与经济增长的关系。拓展后的经济模型被称为 Ramsey-Cass-Koopmans model，简称 Ramsey growth model(拉姆齐模型)[64]。第一位获得诺贝尔经济学奖的美国经济学家萨缪尔森(Paul A. Samuelson，1915—2009)评价 Ramsey 的工作：A strategically beautiful application of the calculus of variations。

练习 1.1 参考本节最优控制问题，从你熟悉的工作生活中举出一个最优控制问题的例子。

1.4 最优控制问题的数学描述

参考 1.3 节最优控制示例问题，本节给出最优控制问题常见的数学描述，一般由系统状态方程、系统边界条件、容许控制集、性能指标等组成。本节以连续系统（微分方程）最优控制为例，离散系统（差分方程）留作第 6 章讨论。

(1) 系统状态方程（state equation）

最优控制被控系统的运动变化过程由状态微分方程来描述，简称状态方程，记系统状态变量为 $\boldsymbol{x}(t)\in\mathbb{R}^n$，系统控制变量 $\boldsymbol{u}(t)\in\mathbb{R}^r$，状态方程可表示为

$$\dot{\boldsymbol{x}}(t)=\boldsymbol{f}\left[\boldsymbol{x}(t),\boldsymbol{u}(t),t\right] \tag{1.29}$$

式中 $\boldsymbol{f}(\cdot)\in\mathbb{R}^n$ 满足一定条件情况下可使方程(1.29)有唯一解，t 为状态和控制变量的自变量，通常为时间变量。式(1.29)就是上节算例中式(1.13)、(1.17)和式(1.27)的一般数学表达形式。

在某些问题中，还会引入输出方程（output equation），系统输出 $\boldsymbol{y}(t)\in\mathbb{R}^m$ 可表示为

$$\boldsymbol{y}(t)=\boldsymbol{g}\left[\boldsymbol{x}(t),\boldsymbol{u}(t),t\right] \tag{1.30}$$

式中 $\boldsymbol{g}(\cdot)\in\mathbb{R}^m$ 为输出函数（$m=1$ 时为标量）。在状态变量 $\boldsymbol{x}(t)$ 不可测量的特殊情况下，可利用输出 $\boldsymbol{y}(t)$ 来构建控制律。

(2) 系统边界条件（boundary condition）

系统的边界条件是指动态系统运行中状态需要满足的初态（initial state）和末态（terminal state，也称终态）。设 t_0 为初始时刻，对应的初始状态为 $\boldsymbol{x}(t_0)$；终端时刻 t_f 对应的终端状态为 $\boldsymbol{x}(t_\mathrm{f})$。最优控制问题中一般 $\boldsymbol{x}(t_0)$ 为已知，如例 1.5 中的式(1.14)。终端状态 $\boldsymbol{x}(t_\mathrm{f})$ 可以完全固定，如例 1.6 中式(1.19)；可以部分指定，如例 1.5 中式(1.15)；还可以自由，如例 1.7 中对终端状态没有要求。系统初态和末态需要满足的所有条件放在一起，称为系统的边界条件，记为

$$\boldsymbol{\Psi}\left[\boldsymbol{x}(t_0),\boldsymbol{x}(t_\mathrm{f}),t_0,t_\mathrm{f}\right]=\boldsymbol{0} \tag{1.31}$$

其中，满足条件的终端状态集合 $\boldsymbol{\Psi}\left[\boldsymbol{x}(t_\mathrm{f}),t_\mathrm{f}\right]=\boldsymbol{0}$ 又称为目标集。

对于某些最优控制系统，除了边界条件外，由初态至末态的状态转移过程中，系统还会对状态变量有一定的要求或限制，记为

$$\boldsymbol{\varphi}\left[\boldsymbol{x}(t_\mathrm{i}),t_\mathrm{i}\right]=0,\quad t_\mathrm{i}\in\left[t_0,t_\mathrm{f}\right] \tag{1.32}$$

上式又称为路径约束（path constraint），其中 t_i 可以是在 $[t_0,t_\mathrm{f}]$ 区间内的多个点取值，即状态转移过程中多个点具有约束，具体形式可以是等式或不等式约束，微分约束或积分约束等。

(3) 容许控制集(admissible control)

最优控制区别于经典变分问题的重要一点便是控制变量$\boldsymbol{u}(t)$一般不再是开集，而需满足一定的约束条件。满足控制约束的所有可行控制构成一个集合，称为容许控制集，记为U。对于$\boldsymbol{u}(t)\in U$，常见的约束有例1.6中式(1.20)形式的控制幅值上下界约束，另外还有推进系统中控制总幅值恒定约束等。

(4) 性能指标(performance index)

性能指标是系统状态转移过程中对控制作用的定量评价，通常用J来表示，其一般表达形式为

$$J=\Phi[\boldsymbol{x}(t_{\mathrm{f}}),t_{\mathrm{f}}]+\int_{t_0}^{t_{\mathrm{f}}}L[\boldsymbol{x}(t),\boldsymbol{u}(t),t]\mathrm{d}t \tag{1.33}$$

式中Φ和L均为标量函数。此类性能指标形式最初由Oskar Bolza于1913年提出，他的学生Gilbert Bliss次年将其命名为Bolza型性能指标[65]，现也称为混合型性能指标。例1.6中式(1.23)即为此类型。若式(1.33)中只含有第一项Φ，称为终端型性能指标[66](或Mayer型性能指标)；若J中只含有第二项$\int_{t_0}^{t_{\mathrm{f}}}L[\boldsymbol{x}(t),\boldsymbol{u}(t),t]\mathrm{d}t$，则称为积分型性能指标[67](或Lagrange型性能指标)。Bliss证明了Bolza型、Mayer型和Lagrange型三个性能指标是等价的，可以相互转化。

至此，最优控制问题可以表述为：对于给定的受控系统(1.29)和(1.30)，在容许控制$\boldsymbol{u}(t)\in U$中寻求满足边界条件(1.31)的控制律，使得关心的系统性能指标(1.33)达到最大(或者最小)。如果某控制律$\boldsymbol{u}^*(t)\in U$使得$J(\boldsymbol{u}^*(t))\leqslant J(\boldsymbol{u}(t))$，则称$\boldsymbol{u}^*(t)$为该系统的最优控制，对应解$\boldsymbol{x}^*(t)$为最优轨线。以最小化性能指标为例，更为简洁的数学描述为：

$$\begin{aligned}
&\min J=\Phi[\boldsymbol{x}(t_{\mathrm{f}}),t_{\mathrm{f}}]+\int_{t_0}^{t_{\mathrm{f}}}L[\boldsymbol{x}(t),\boldsymbol{u}(t),t]\mathrm{d}t,\\
&\text{s.t. } \dot{\boldsymbol{x}}(t)=\boldsymbol{f}[\boldsymbol{x}(t),\boldsymbol{u}(t),t]\\
&\qquad \boldsymbol{y}(t)=\boldsymbol{g}[\boldsymbol{x}(t),\boldsymbol{u}(t),t]\\
&\qquad \boldsymbol{\Psi}[\boldsymbol{x}(t_0),\boldsymbol{x}(t_{\mathrm{f}}),t_0,t_{\mathrm{f}}]=0\\
&\qquad \boldsymbol{x}(t)\in\mathbb{R}^n,\boldsymbol{u}(t)\in\mathbb{R}^r\cap\boldsymbol{u}(t)\in U
\end{aligned} \tag{1.34}$$

其中，s.t.是“subject to”的缩写，表示“受约束于”。表达式中性能指标J又称为性能泛函(cost functional)，是最优控制建模中的重要部分，其具体形式和指标内容要依据实际的控制问题而设计，与设计者对控制系统的了解和建模经验有关，选取得当可以得到期望的最优控制。性能指标若选取不当，可能导致控制性能无法满足设计要求，甚至使得最优控制问题无解。对于同一个最优控制问题，不同的性能指标代表着对系统关注点的不同，可以是时间最短、燃料最省、能量最优或时间-燃料综合最优等，对应的最优控制自然也不尽相同。

1.5 主要内容与章节安排

图 1.8 列出了本书主要内容与结构安排。本章为第 1 章，统揽全书，详细阐述变分法和现代最优控制的发展史，提出最优控制问题并给出数学描述。第 2 章包含两部分，一是函数极值思想，二是约束极值问题的乘子法及 KKT 条件，为后续（约束）泛函极值学习做准备。第 3 章变分法是最优控制的核心内容，是第 4 章极小值原理和第 5 章动态规划的重要基础。第 6 章主要处理线性二次型问题和离散系统最优控制问题，是前几章方法的典型应用。有几点做简单说明：图中实线单箭头大致表示递进关系，双箭头表示可推演（虚线表示特殊情况）。变分法、极小值原理和动态规划在本书讨论中均以连续系统为例，而将离散系统和线性二次型问题作为典型问题放于同一章，便于对比学习，从而使得全书内容不断递进，以期实现循序渐进式学习。

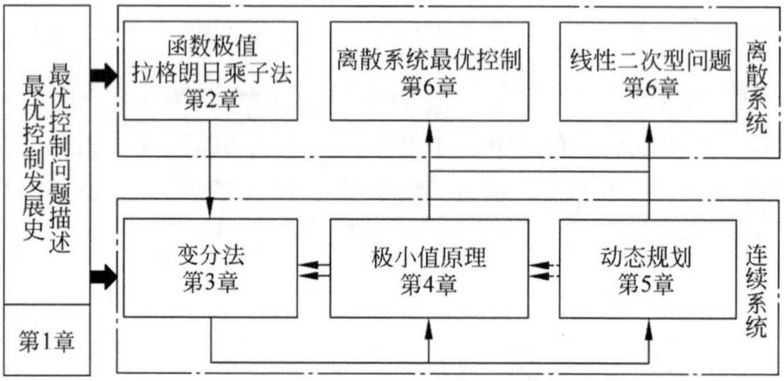

图 1.8 主要内容及章节安排

1.6 小结

本章回顾了从变分法到最优控制的发展历程，给出了最速降线等典型变分问题。简述最优控制发展史及主要贡献学者，列举航天器轨道转移和经济最优增长等典型最优控制问题并给出了具体优化模型。在此基础上，介绍最优控制问题的数学描述，包括系统状态方程、边界条件、容许控制和性能指标等关键要素。

思考题与习题

1.1 比较基本变分问题例 1.4 与最优控制问题例 1.5，分析二者的异同。

1.2 将例 1.5 航天器轨道转移问题描述为燃料最优（或称燃料最省）控制问题。

1.3 数学家 Hilbert 于 1900 年的演讲《数学问题》影响了整个 20 世纪数学的发展。问题：阅读《数学问题》演讲全文，了解 Hilbert 的 23 个问题。

参考文献

[1] 胡寿松. 自动控制原理[M]. 6 版. 北京：科学出版社，2013.

[2] 王庆林. 经典控制理论的发展过程[J]. 自动化博览，1996，5：22-25.

[3] 陈关荣. 麦克斯韦与控制论及系统稳定性[J]. 系统与控制纵横，2019，1：30-34.

[4] 维纳. 控制论：或关于在动物和机器中控制和通信的科学[M]. 郝季仁，译. 北京：北京大学出版社，2007.

[5] 刘豹，唐万生. 现代控制理论[M]. 3 版. 北京：机械工业出版社，2006.

[6] PETROV LU P. Variational methods in optimum control theory[M]. Translated by M. D. Friedman with the assistance of H. J. ten Zeldam. New York and London：Academic Press，1968.

[7] BRYSON A E JR.，HO Y C. Applied optimal control：Optimization，estimation，and control[M]. Washington：John Wiley & Sons，New York，1975.

[8] VINTER R B. Optimal control[M]. Boston：Birkhser，2000.

[9] 周克敏. 鲁棒与最优控制[M]. 北京：国防工业出版社，2002.

[10] 张洪钺，王青. 最优控制理论与应用[M]. 北京：高等教育出版社，2006.

[11] 雍炯敏，楼红卫. 最优控制理论简明教程[M]. 北京：高等教育出版社，2006.

[12] 吴受章. 最优控制理论与应用[M]. 北京：机械工业出版社，2008.

[13] 李传江，马广富. 最优控制[M]. 北京：科学出版社，2011.

[14] 邵克勇，王婷婷，宋金波. 最优控制理论与应用[M]. 北京：化学工业出版社，2011.

[15] LIBERZON D. Calculus of variations and optimal control theory：A concise introduction [M]. New Jersey：Princeton University Press，2012.

[16] 吴沧浦，夏元清，杨毅. 最优控制的理论与方法[M]. 北京：国防工业出版社，2013.

[17] 钟宜生. 最优控制[M]. 北京：清华大学出版社，2015.

[18] 张杰，王飞跃. 最优控制——数学理论与智能方法（上册）[M]. 北京：清华大学出版社，2017.

[19] 胡寿松，王执铨，胡维礼. 最优控制理论与系统[M]. 3 版. 北京：科学出版社，2017.

[20] SUSSMANN H J，WILLEMS J C. 300 years of optimal control：from the brachystochrone to the maximum principle[J]. IEEE Control Systems，1997，17(3)：32-44.

[21] RUMYANTSEV V V. 欧拉和力学的变分原理[J]. 梅凤翔，译. 力学进展，1993，23(1)：86-104.

[22] 贾小勇. 19 世纪以前的变分法[D]. 西安：西北大学，2008.

[23] 张金水. 经济控制论：动态经济系统分析方法与应用[M]. 北京：清华大学出版社，1999.

[24] 希尔伯特. 数学问题[M]. 李文林，袁向东，编译. 大连：大连理工大学出版社，2014.

[25] 武际可. 伯努利家族在力学上的贡献[J]. 力学与实践，2009，31(3)：103-105.

[26] FRASER C G. Isoperimetric problems in the variational calculus of Euler and Lagrange [J]. Historia Mathematica，1992，19：4-23.

[27] GOLDSTIN H H. A history of the calculus of variations from the 17th through the 19th century[M]. New York：Springer Science & Business Media，2012.

[28] 张秀琴,金和.伟大的数学家、力学家列昂哈得·欧拉[J].力学与实践,1984,4:61-62.
[29] 许良.莫培督——一个被遗忘的天才[J].自然辩证法通讯,1994,16(2):68-75.
[30] FRASER C J. Lagrange's changing approach to the foundations of the calculus of variations[J]. Archive for History of Exact Sciences,1985,32(2):151-191.
[31] M.克莱因.古今数学思想(第二册)[M].石生明,等译.上海:上海科学技术出版社,2013.
[32] EULER L. Elementa calculi variationum[J]. Novi Commentarii Academiae Scientiarum Petropolitanae,1766,10(1764):51-93.
[33] 刘培杰数学工作室编.Lagrange乘子定理[M].哈尔滨:哈尔滨工业大学出版社,2017.
[34] LAGRANGE J L. Essai D'Une Nouvelle methode pour determiner les maxima et les minima des formules inegrales indefinies[J]. Melanges De Philosophie Et De Mathematiques De La Soc. Roy. De Turin,1760-1761,2:173-195.
[35] 林馨怡,保继光.美丽肥皂泡背后的数学[J].数学文化,2015,6(1):63-71.
[36] 张剑.世界科学中心的转移与同时代的中国[M].上海:上海科学技术出版社,2014.
[37] LAGRANGE J L. Mechanique Analitique[M]. Paris: Desaint,1788.
[38] 朱崇开.现代大学的建立与德国崛起[J].文化学刊,2010,2(2):43-47.
[39] 田鹏.拉格朗日——一座高耸在数学世界的金字塔[J].中学数学研究,2003,10:38-40.
[40] 曾祥远,李俊峰,刘向东.细长小行星探测动力学与控制[M].北京:清华大学出版社,2019.
[41] 曹天元.上帝掷骰子吗?量子物理史话[M].北京:北京联合出版公司,2019.
[42] 赵亚溥.力学讲义[M].北京:科学出版社,2018.
[43] 郎道,栗弗席兹.力学[M].5版.李俊峰,译.北京:高等教育出版社,2007.
[44] 吴京平.柔软的宇宙:相对论外传[M].北京:北京时代华文书局,2017.
[45] 蔡天新.数学简史[M].北京:中信出版社,2017.
[46] 刘沛清,杨小权.哥廷根学派的发展历程[J].力学与实践,2018,40(3):339-343.
[47] 戴世强,冯秀芳.哥廷根应用力学学派及其对我国近代力学发展的影响[J].科技中国,2017,5:88-93.
[48] GODDARD R H. A method of reaching extreme altitudes[J]. Smithsonian Institute Miscellaneous Collections,1919,71(2):1-69.
[49] TSIEN H S, EVANS R C. Optimum thrust programming for a sounding rocket[J]. Journal of the American Rocket Society,1951,21(5):99-107.
[50] BELLMAN R. On the theory of dynamic programming[J]. Proceedings of the National Academy of Sciences,1952,38(8):716-719.
[51] BELLMAN R. Dynamic programming[M]. NJ,Princeton: Princeton University Press,1957.
[52] KALMAN R E. On the general theory of control systems[C]// IFAC Proceedings Volumes,1960,1(1):491-502.
[53] BRYSON A E Jr. Optimal control—1950 to 1985[J]. IEEE Control Systems,1996,13(3):26-33.
[54] PONTRYAGIN L, BOLTYANSKY V, GAMKRELIDZE R, MISHECHENKO E. The mathematical theory of optimal processes[M]. New York: John Wiley and Sons,1962.
[55] 黄琳.我对早年搞控制的一些回忆[J].系统科学与数学,2011,31(9):1052-1054.
[56] BELLMAN R, LEE E. History and development of dynamic programming[J]. IEEE

Control Systems Magazine, 1984, 4(4): 24-28.
[57] BOLTYANSKY V, GAMKRELIDZE R, MISHCHENKO E, PONTRYAGIN L. The maximum principle in the theory of optimal processes of control[C]// IFAC Proceedings Volumes, 1960, 1(1): 464-469.
[58] 高扬. 电火箭星际航行：技术进展、轨道设计与综合优化[J]. 力学学报, 2011, 43(6): 991-1019.
[59] 李俊峰, 蒋方华. 连续小推力航天器的深空探测轨道优化方法综述[J]. 力学与实践, 2011, 33(3): 1-6.
[60] 博耶. 数学史(上、下)[M]. 梅兹巴赫修订. 秦传安, 译. 北京：中央编译出版社, 2012.
[61] RAMSEY F. A mathematical theory of saving[J]. Economic Journal, 1928, 38(152): 543-559.
[62] CASS D. Optimum growth in an aggregative model of capital accumulation[J]. Review of Economic Studies, 1965, 32(3): 233-240.
[63] KOOPMANS T. On the concept of optimal economic growth[J]. The Economic Approach to Development Planning, 1965, 225-287.
[64] 张恭庆. 变分学讲义[M]. 北京：高等教育出版社, 2011.
[65] BLISS G A. The problem of Bolza in the calulus of variations[J]. Annals of Mathematics, 1932, 33(2): 261-274.
[66] BLISS G A. The problem of Mayer with variable end points[J]. Transactions of this Society, 1918, 19: 305-314.
[67] HESTENES M R. On sufficient conditions in the problems of Lagrange and Bolza[J]. Annals of Mathematics, 1936, 37(2): 543-551.

第2章 函数极值与乘子法

> 换个角度看问题，生命会展现出另一种美。生活中不是缺少美，而是缺少发现。
>
> ——奥古斯特·罗丹(1840—1917)

内容提要

本章作为泛函极值问题的过渡，主要讨论函数极值问题。明确极值概念，分三类探讨函数极值问题，包括函数的无条件极值、等式约束下的函数极值、不等式约束下的函数极值。从简单问题入手，针对等式约束极值问题引入 Lagrange 乘子法，给出了乘子法的几何解释及其思想的力学来源，分析了问题极值的一阶和二阶条件。针对不等式约束极值问题，介绍了 Karush-Kuhn-Tucker 条件。Lagrange 乘子法和 Karush-Kuhn-Tucker 条件成功将约束极值问题转化为无约束极值问题，为极值问题形式化分析提供了重要方法。

极值是“极大值”和“极小值”的统称，对应的英文为 extremum 或 extreme value。随着人类认识的深入，人们发现自然界中的极值现象普遍存在，人类也在探索自然的过程中逐渐形成了“最小观念”，包括最快与最短等优化思想。1744 年，法国数学家莫培督(Pierre Louis Maupertuis，1698—1759)向法国科学院提交了“论各种自然定律的一致”的论文，从光的粒子说出发首次提出了最小作用量原理。莫培督坚信“大自然总是以最简的方式运转。如果一个物体从一点无障碍地到达另一点，大自然必引导它沿着最短的路径最快地达到”。17 世纪 60 年代，费马(Pierre de Fermat，1601—1665)在光路最短的基础上提出“最小时间原理”，17 世纪末这一原理被引向力学的过程中，为变分法的创立提供了强大的动力。

极值是变分法中的一个基本概念，其研究方法和求解思想与函数极值问题有很多类似之处。为此，本章简单回顾高等数学中的函数极值问题，讨论函数的极值和充分必要条件等基本概念，作为后续泛函极值分析的过渡。

2.1　函数的无条件极值

考虑定义在 $\Omega\in\mathbb{R}^n$ 上的实数值向量函数 $f(\boldsymbol{x})\in\mathbb{R}$，其中 $\boldsymbol{x}=[x_1,x_2,\cdots,x_n]^{\mathrm{T}}\in\mathbb{R}^n$。若对于 Ω 中的任意一点 $\boldsymbol{x}^*$ 都满足

$$f(\boldsymbol{x}^*)\leqslant f(\boldsymbol{x}),\quad \forall\boldsymbol{x}\in\mathbb{R}^n,\quad \boldsymbol{x}\neq\boldsymbol{x}^* \tag{2.1}$$

则称 $\boldsymbol{x}^*$ 为函数 $f(\boldsymbol{x})$ 的全局极小值点。如果上式中为小于号，则称 $\boldsymbol{x}^*$ 为函数 $f(\boldsymbol{x})$ 的严格全局极小值点。进一步，对于实数 $\varepsilon>0$，定义 $\boldsymbol{x}^*$ 的邻域 $D(\boldsymbol{x}^*)$：$\{\boldsymbol{x}\mid\|\boldsymbol{x}-\boldsymbol{x}^*\|\leqslant\varepsilon,\boldsymbol{x}\neq\boldsymbol{x}^*,\forall\boldsymbol{x}\in\mathbb{R}^n\}$，式(2.1)如果对于 $\forall\boldsymbol{x}\in D(\boldsymbol{x}^*)$ 成立，则称 $\boldsymbol{x}^*$ 为局部极小值点，同理取小于号时为严格局部极小值点。邻域定义中 $\|\cdot\|$ 表示 Euclidean 空间中的范数，该欧氏范数（又称“二范数”）的定义为 $\|\boldsymbol{x}\|=\sqrt{x_1^2+x_2^2+\cdots+x_n^2}$。显然，全局极小值点必然是一个局部极小值点。

在上面的讨论中，如果将式(2.1)中的小于等于号改变为大于等于号，则可以定义函数 $f(\boldsymbol{x})$ 的极大值点。若定义域内的 $\boldsymbol{x}^*$ 是函数 $f(\boldsymbol{x})$ 的极大值点，可知其是函数 $-f(\boldsymbol{x})$ 的极小值点，即极大值和极小值问题可以相互转化。为此，下面将以极小值问题为例展开讨论。

例 2.1　向量函数极值问题。

记 $f(\boldsymbol{x})$ 为 n 维向量 $\boldsymbol{x}=[x_1,x_2,\cdots,x_n]^{\mathrm{T}}$ 的标量函数，求使 $f(\boldsymbol{x})$ 取极小值的 $\boldsymbol{x}^*$。

假设 $\boldsymbol{x}^*$ 为函数 $f(\boldsymbol{x})$ 的局部极小值点，若函数 $f(\boldsymbol{x})$ 在 $\boldsymbol{x}^*$ 的邻域 $D(\boldsymbol{x}^*)$ 内关于 $\boldsymbol{x}$ 二阶连续可微，应用 Taylor 公式可得

$$f(\boldsymbol{x})=f(\boldsymbol{x}^*)+\left(\frac{\partial f}{\partial\boldsymbol{x}}\right)_{\boldsymbol{x}^*}^{\mathrm{T}}\delta\boldsymbol{x}+\frac{1}{2}\delta\boldsymbol{x}^{\mathrm{T}}\left(\frac{\partial^2 f}{\partial\boldsymbol{x}^2}\right)_{\boldsymbol{x}^*}^{\mathrm{T}}\delta\boldsymbol{x}+o(\|\delta\boldsymbol{x}\|^2) \tag{2.2}$$

式中 $o(\|\delta\boldsymbol{x}\|^2)$ 为关于 $\delta\boldsymbol{x}=\boldsymbol{x}-\boldsymbol{x}^*$ 的高阶无穷小量。一阶微分项 $\dfrac{\partial f}{\partial\boldsymbol{x}}$ 称为函数 $f(\boldsymbol{x})$ 关于向量 $\boldsymbol{x}$ 的**梯度**(gradient)，表达式为 $\dfrac{\partial f}{\partial\boldsymbol{x}}=\left[\dfrac{\partial f}{\partial x_1},\cdots,\dfrac{\partial f}{\partial x_n}\right]^{\mathrm{T}}=\mathrm{grad}f=\nabla f$。二阶微分项中 $\dfrac{\partial^2 f}{\partial\boldsymbol{x}^2}$ 称为 **Hessian 矩阵**(Hessian matrix)，对于 n 维向量 $\boldsymbol{x}$ 而言是一个 $n\times n$ 维的矩阵，其定义为

$$\frac{\partial^2 f}{\partial\boldsymbol{x}^2}=\begin{bmatrix}\dfrac{\partial^2 f}{\partial x_1^2} & \cdots & \dfrac{\partial^2 f}{\partial x_1\partial x_n}\\ \vdots & & \vdots\\ \dfrac{\partial^2 f}{\partial x_n x_1} & \cdots & \dfrac{\partial^2 f}{\partial x_n^2}\end{bmatrix} \tag{2.3}$$

若在 $\boldsymbol{x}^*$ 处 $f(\boldsymbol{x})$ 取极小值，则对于充分小的 $\delta\boldsymbol{x}$ 有

$$f(\boldsymbol{x}^*) \leqslant f(\boldsymbol{x}^* + \delta\boldsymbol{x}) \tag{2.4}$$

结合式(2.2)可知该问题取极小值的一阶必要条件为

$$f_{\boldsymbol{x}}(\boldsymbol{x}^*) = \left(\frac{\partial f}{\partial \boldsymbol{x}}\right)_{\boldsymbol{x}^*} = \boldsymbol{0} \tag{2.5}$$

以简单的一维情形为例，二阶必要条件为

$$f_x(x^*) = \left(\frac{\partial f}{\partial x}\right)_{x^*} = 0, \quad f_{xx}(x^*) = \left(\frac{\partial^2 f}{\partial x^2}\right)_{x^*} \geqslant 0 \tag{2.6}$$

当上式中二阶项严格大于 0 时，则给出取得极小值的充分条件，即

$$f_x(x^*) = \left(\frac{\partial f}{\partial x}\right)_{x^*} = 0, \quad f_{xx}(x^*) = \left(\frac{\partial^2 f}{\partial x^2}\right)_{x^*} > 0 \tag{2.7}$$

上述结论的证明可由反证法推出矛盾，留作读者证明，或参见文献[1]。

对于连续可微函数而言，公式(2.5)中梯度为零给出的是函数的驻值，它是函数取得极值的必要条件。若函数二阶可微，可通过式(2.6)或式(2.7)来判定所求驻值是否为极小值。若二阶微分仍为零，可通过驻值点两侧一阶微分的符号变化来判定，或者求解更高阶的导数来判定。例如，在$(\boldsymbol{x}^*-\delta\boldsymbol{x}, \boldsymbol{x}^*)$内 $f_{\boldsymbol{x}}(\boldsymbol{x}^*) < \boldsymbol{0}$，在$(\boldsymbol{x}^*, \boldsymbol{x}^*+\delta\boldsymbol{x})$内 $f_{\boldsymbol{x}}(\boldsymbol{x}^*) > \boldsymbol{0}$，则可知函数 $f(\boldsymbol{x})$在 $\boldsymbol{x}^*$ 处取极小值。若在驻点两侧邻域内 $f_{\boldsymbol{x}}(\boldsymbol{x}^*)$符号相同，那么 $f(\boldsymbol{x})$在 $\boldsymbol{x}^*$ 处不存在极值。

例 2.2　求函数 $f(x)=(x^2-1)^3+1$ 的极值。

对于例题中可微函数而言，首先求解一阶和二阶导数，有 $f_x=6x(x^2-1)^2$，$f_{xx}=6(x^2-1)(5x^2-1)$。之后令梯度为零求驻值点，即 $f_x=0$，得 $x=\{-1,0,1\}$。判定三个驻值点的二阶条件，由 $f_{xx}(0)>0$ 知 $x=0$ 为局部极小值点，对应极小值也为 0。另外两个驻值点处 $f_{xx}(0)=0$，进一步判定 $x=\pm 1$ 左右邻域内 f_x 符号未改变，故 $f(x)$在这两点处不存在极值。图 2.1 给出了函数曲线，由图可知 $x=0$ 亦为全局极小值点。

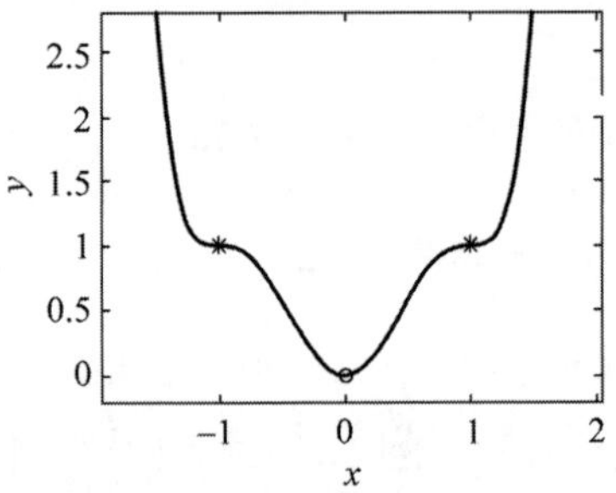

图 2.1　极小值点与拐点

实际上，例 2.2 中简单的函数可以从图形中直观地判断局部极小值点是否为全局极小值点。当研究的函数维数增多无法用几何直观判断时，可以从函数的性

质入手解析判定。

定理 2.1 如果 $f(\boldsymbol{x})$ 是凸集 X 上的凸函数，当 $\boldsymbol{x}^*$ 是 $f(\boldsymbol{x})$ 在 X 上的局部极小值点时，$\boldsymbol{x}^*$ 也是 $f(\boldsymbol{x})$ 在 X 上的全局极小值点。

定理中的凸集和凸函数定义如下：假设 X 是一非空集合，对任意正整数 $k \geqslant 1$，任意 $\xi_i \in X$、任意 $\lambda_i \in [0,1]$ $(i=1,2,\cdots,k)$ 且 $\sum_{i=1}^{k} \lambda_i = 1$，均满足 $\sum_{i=1}^{k} \lambda_i \xi_i \in X$ 时，称 X 为**凸集**。进一步，在 X 为凸集的基础上，若成立

$$f\left(\sum_{i=1}^{k} \lambda_i \xi_i\right) \leqslant \sum_{i=1}^{k} \lambda_i f(\xi_i)$$

则称 $f(x)$ 为 X 上的**凸函数**。

练习 2.1 根据凸集和凸函数的定义，采用反证法，证明定理 2.1。

泰勒
(1685—1731)

例题中求解函数极值的 Taylor 公式，是英国数学家泰勒(Brook Taylor，1685—1731)于 1715 年在其专著《增量法及其逆》(Methodus Incrementorum Directa et Inversa)中正式提出的[2]。作为 18 世纪早期英国牛顿学派的优秀代表人物，Taylor 以其 Taylor 定理和 Taylor 公式闻名于世，Taylor 公式可将函数某点邻域内的值以函数在该点的值与各阶导数值组成的无穷级数表示出来。这一成果得益于 17 世纪后期和 18 世纪航海、天文学和地理学的发展，线性插值难以满足各类非线性函数近似问题，在牛顿等人有限差方法的启发下，Taylor 得到了不太严密的级数展开形式，Lagrange 发现了 Taylor 定理的重大价值，而其严格证明则是一个世纪之后柯西(Augustin Louis Cauchy，1789—1857)给出的。

Taylor 公式不仅适用于单变量函数，同样可用于多变量函数，即多元向量函数的 Taylor 展开。不妨设 $f(\boldsymbol{x},\boldsymbol{y}) \in \mathbb{R}$ 是 $\boldsymbol{x} \in \mathbb{R}^n$ 和 $\boldsymbol{y} \in \mathbb{R}^m$ 的函数，其中 $\boldsymbol{x}=[x_1,x_2,\cdots,x_n]^{\mathrm{T}} \in \mathbb{R}^n$、$\boldsymbol{y}=[y_1,y_2,\cdots,y_m]^{\mathrm{T}} \in \mathbb{R}^m$，则 $f(\boldsymbol{x},\boldsymbol{y})$ 在点 $[\boldsymbol{x}^*,\boldsymbol{y}^*]^{\mathrm{T}}$ 处 Taylor 展开至一阶项时为

$$f(\boldsymbol{x},\boldsymbol{y}) = f(\boldsymbol{x}^*,\boldsymbol{y}^*) + \left(\frac{\partial f}{\partial \boldsymbol{x}}\right)^{\mathrm{T}}_{\boldsymbol{x}^*,\boldsymbol{y}^*} \delta\boldsymbol{x} + \left(\frac{\partial f}{\partial \boldsymbol{y}}\right)^{\mathrm{T}}_{\boldsymbol{x}^*,\boldsymbol{y}^*} \delta\boldsymbol{y} + o(\|\delta\boldsymbol{x}\|,\|\delta\boldsymbol{y}\|) \tag{2.8}$$

式中 $o(\|\delta\boldsymbol{x}\|,\|\delta\boldsymbol{y}\|)$ 是关于 $\|\delta\boldsymbol{x}\|$ 和 $\|\delta\boldsymbol{y}\|$ 的高阶无穷小量，且 $\delta\boldsymbol{x}=\boldsymbol{x}-\boldsymbol{x}^*$、$\delta\boldsymbol{y}=\boldsymbol{y}-\boldsymbol{y}^*$。公式中一阶偏导数具体表达式为

$$\left(\frac{\partial f}{\partial \boldsymbol{x}}\right)^{\mathrm{T}}_{\boldsymbol{x}^*,\boldsymbol{y}^*} = \left.\frac{\partial f(\boldsymbol{x},\boldsymbol{y})}{\partial \boldsymbol{x}^{\mathrm{T}}}\right|_{[\boldsymbol{x},\boldsymbol{y}]^{\mathrm{T}}=[\boldsymbol{x}^*,\boldsymbol{y}^*]^{\mathrm{T}}}$$

$$\left(\frac{\partial f}{\partial \boldsymbol{y}}\right)^{\mathrm{T}}_{\boldsymbol{x}^*,\boldsymbol{y}^*} = \left.\frac{\partial f(\boldsymbol{x},\boldsymbol{y})}{\partial \boldsymbol{y}^{\mathrm{T}}}\right|_{[\boldsymbol{x},\boldsymbol{y}]^{\mathrm{T}}=[\boldsymbol{x}^*,\boldsymbol{y}^*]^{\mathrm{T}}}$$

若函数展开至二阶项，则式(2.8)可进一步表达为

$$f(\boldsymbol{x},\boldsymbol{y})=f(\boldsymbol{x}^*,\boldsymbol{y}^*)+\left(\frac{\partial f}{\partial \boldsymbol{x}}\right)^{\mathrm{T}}_{\boldsymbol{x}^*,\boldsymbol{y}^*}\delta\boldsymbol{x}+\left(\frac{\partial f}{\partial \boldsymbol{y}}\right)^{\mathrm{T}}_{\boldsymbol{x}^*,\boldsymbol{y}^*}\delta\boldsymbol{y}+\frac{1}{2}[\delta\boldsymbol{x}^{\mathrm{T}}\quad\delta\boldsymbol{y}^{\mathrm{T}}]\cdot$$

$$\begin{bmatrix} f_{xx}(\boldsymbol{x}^*,\boldsymbol{y}^*) & f_{xy}(\boldsymbol{x}^*,\boldsymbol{y}^*) \\ f_{yx}(\boldsymbol{x}^*,\boldsymbol{y}^*) & f_{yy}(\boldsymbol{x}^*,\boldsymbol{y}^*) \end{bmatrix}\cdot\begin{bmatrix}\delta\boldsymbol{x}\\ \delta\boldsymbol{y}\end{bmatrix}+o(\|\delta\boldsymbol{x}\|^2,\|\delta\boldsymbol{y}\|^2) \quad (2.9)$$

式中 $o(\|\delta\boldsymbol{x}\|^2,\|\delta\boldsymbol{y}\|^2)$是关于 $\|\delta\boldsymbol{x}\|^2$ 和 $\|\delta\boldsymbol{y}\|^2$ 的高阶无穷小量，二阶偏导数项表示

$$f_{xy}(\boldsymbol{x}^*,\boldsymbol{y}^*)=\frac{\partial^2 f(\boldsymbol{x}^*,\boldsymbol{y}^*)}{\partial\boldsymbol{x}\partial\boldsymbol{y}}=\left.\frac{\partial^2 f(\boldsymbol{x},\boldsymbol{y})}{\partial\boldsymbol{x}\partial\boldsymbol{y}}\right|_{[\boldsymbol{x},\boldsymbol{y}]^{\mathrm{T}}=[\boldsymbol{x}^*,\boldsymbol{y}^*]^{\mathrm{T}}}$$

式(2.8)在带有独立控制变量的变分问题中将经常用到。

2.2 Lagrange 乘子法

乘子法则(multiplier rule)是 Lagrange 于 1788 年《分析力学》中首次明确提出的，用于处理带有约束的静力学平衡问题[3]，后世又称“Lagrange 乘子法”。之后，Lagrange 在巴黎综合工科学校担任教授期间，又将乘子法进一步抽象和数学化，将其引入了微积分和变分法中。乘子法成功将带有约束的变分问题转化为无约束问题，同时将被积函数中含有高阶导数的变分问题转化为只含一阶导数的变分问题[4]。为了阐明乘子法的思想和用法，本节主要讨论带有等式约束的向量函数极值问题。

例 2.3　求曲线 $y=\dfrac{1}{x}$ 至原点间最短距离。

曲线上的点$[x,y]^{\mathrm{T}}$ 至坐标原点间的距离定义为 $l=\sqrt{x^2+y^2}$。为讨论问题方便，不妨取 $L=l^2=x^2+y^2$，则问题可归结为：求取 $L=x^2+y^2$ 满足曲线 $xy-1=0$ 约束时的最小值。求解该问题通常的解法是换元消去法，从等式约束 $xy-1=0$ 中解出变量间关系式 $y=\dfrac{1}{x}$ $\left(或\ x=\dfrac{1}{y}\right)$，将其代入优化目标函数 $L=x^2+\dfrac{1}{x^2}$，再令连续可微函数 L 的一阶导数为零，求得$[x,y]^{\mathrm{T}}$ 的坐标为$[1,1]^{\mathrm{T}}$ 和$[-1,-1]^{\mathrm{T}}$。由此，曲线至原点间最小距离为$\sqrt{2}$。

图 2.2 给出了问题的几何解释，目标函数为圆心在原点的一系列圆周，等式约束为第一和第三象限的双曲线。由于问题的对称性，不妨以第一象限为例展开讨论。随着圆半径$\sqrt{L}$的不断增大，当圆周与双曲线有唯一交点时取得极小值。由曲线几何性质可知，两曲线此时有公共切线和切点，切线法向量必然位于同一直线上(方向和幅值可不同)。由此几何性质，可以给出另外的解法。

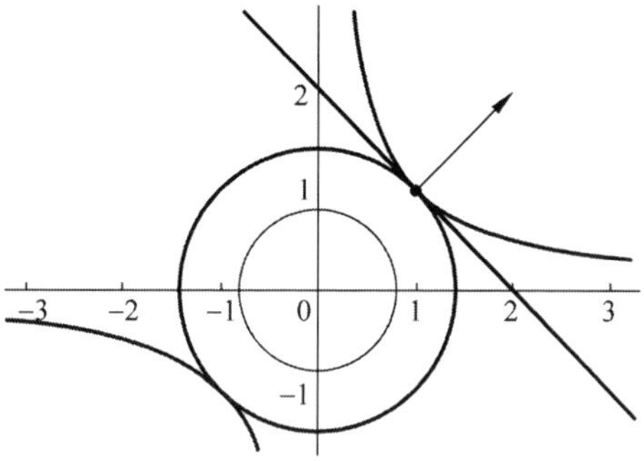

图 2.2　双曲线至原点最小距离

记曲线约束为 $g(x,y)=xy-1=0$，它在任一点处切线法向量为 $\nabla g=[y,x]^{\mathrm{T}}$，目标函数 $L(x,y)$ 任一点处切线法向量为 $\nabla L=[2x,2y]^{\mathrm{T}}$。极值点处 $L(x,y)$ 和约束 $g(x,y)$ 的法向量位于同一直线上，即 $\nabla L \parallel \nabla g$，可表示为 $\nabla L+\lambda\cdot\nabla g=\mathbf{0}$，式中 λ 是协调二者方向和幅值的非零待定常数。将曲线约束等式和梯度共线等式联立，三个方程对应 $\{x,y,\lambda\}$ 三个未知量，可解得与换元消去法同样的结果，对应 $\pm[1,1]^{\mathrm{T}}$ 点的参数 $\lambda=\mp 2$。此处的 λ 即为拉格朗日乘子(Lagrange multiplier)。

考虑实数值向量函数的**约束极值问题**

$$\min f(\boldsymbol{x}),\quad \text{s.t. } \boldsymbol{g}(\boldsymbol{x})=\mathbf{0} \tag{2.10}$$

式中 $\boldsymbol{x}=[x_1,x_2,\cdots,x_n]^{\mathrm{T}}\in\mathbb{R}^n$，**约束函数向量** $\boldsymbol{g}(\boldsymbol{x})=[g_1(x),g_2(x),\cdots,g_m(x)]^{\mathrm{T}}$ 满足 $m\leqslant n$。约束函数向量 $\boldsymbol{g}(\boldsymbol{x})=\mathbf{0}$ 构成的集合定义为**容许集**：

$$G=\{\boldsymbol{x}\mid \boldsymbol{g}(\boldsymbol{x})=\mathbf{0},\quad \forall\,\boldsymbol{x}\in\mathbb{R}^n\} \tag{2.11}$$

集合中每一个单独的函数 $g_i(\boldsymbol{x})(i=1,2,\cdots,m)$ 称为约束函数。

如果集合 G 中存在一点 $\boldsymbol{x}^*$，使得目标函数满足

$$f(\boldsymbol{x}^*)\leqslant f(\boldsymbol{x}),\quad \forall\,\boldsymbol{x}\in G \tag{2.12}$$

则称 $\boldsymbol{x}^*$ 为函数 $f(\boldsymbol{x})$ 满足等式约束 $\boldsymbol{g}(\boldsymbol{x})=\mathbf{0}$ 的全局极小值点。若存在实数 $\varepsilon>0$，在 $\boldsymbol{x}^*$ 的邻域 $D(\boldsymbol{x}^*)$：$\{\boldsymbol{x}\mid \|\boldsymbol{x}-\boldsymbol{x}^*\|\leqslant\varepsilon,\boldsymbol{x}\neq\boldsymbol{x}^*,\forall\,\boldsymbol{x}\in\mathbb{R}^n\}$ 式(2.12)成立时，则称 $\boldsymbol{x}^*$ 为局部极小值点。进一步，若 $f(\boldsymbol{x})$ 和 $g(\boldsymbol{x})$ 在 $\boldsymbol{x}^*$ 处一阶连续可微，且 **Jacobi 矩阵** $\boldsymbol{g}_{\boldsymbol{x}^{\mathrm{T}}}(\boldsymbol{x}^*)$ 满秩，即该矩阵行向量组线性无关。函数向量 $\boldsymbol{g}(\boldsymbol{x})\in\mathbb{R}^m$ 关于向量 $\boldsymbol{x}\in\mathbb{R}^n$ 的 Jacobi 矩阵定义为

$$\frac{\partial \boldsymbol{g}(\boldsymbol{x})}{\partial \boldsymbol{x}}:=\frac{\partial \boldsymbol{g}(\boldsymbol{x})}{\partial \boldsymbol{x}^{\mathrm{T}}}=\begin{bmatrix}\dfrac{\partial g_1(x)}{\partial x_1} & \cdots & \dfrac{\partial g_1(x)}{\partial x_n}\\ \vdots & \ddots & \vdots\\ \dfrac{\partial g_m(x)}{\partial x_1} & \cdots & \dfrac{\partial g_m(x)}{\partial x_n}\end{bmatrix}_{m\times n} \tag{2.13}$$

为书写简洁，常将 Jacobi 矩阵 $\dfrac{\partial \boldsymbol{g}(\boldsymbol{x})}{\partial \boldsymbol{x}^{\mathrm{T}}}$ 以符号 $\boldsymbol{g}_{\boldsymbol{x}^{\mathrm{T}}}(\boldsymbol{x})$ 表示。类似符号简记如下：

$$\begin{cases} \boldsymbol{g}_{\boldsymbol{x}^{\mathrm{T}}}(\boldsymbol{x})=\dfrac{\partial \boldsymbol{g}(\boldsymbol{x})}{\partial \boldsymbol{x}^{\mathrm{T}}}\in\mathbb{R}^{m\times n}, \quad \boldsymbol{g}_{\boldsymbol{x}}^{\mathrm{T}}(\boldsymbol{x})=\dfrac{\partial \boldsymbol{g}^{\mathrm{T}}(\boldsymbol{x})}{\partial \boldsymbol{x}}=\left(\dfrac{\partial \boldsymbol{g}(\boldsymbol{x})}{\partial \boldsymbol{x}^{\mathrm{T}}}\right)^{\mathrm{T}}\in\mathbb{R}^{n\times m} \\ \boldsymbol{\phi}_{\boldsymbol{x}^{\mathrm{T}}}(\boldsymbol{x},\boldsymbol{y})=\dfrac{\partial \boldsymbol{\phi}(\boldsymbol{x},\boldsymbol{y})}{\partial \boldsymbol{x}^{\mathrm{T}}}\in\mathbb{R}^{m\times n}, \quad \boldsymbol{\phi}_{\boldsymbol{x}}^{\mathrm{T}}(\boldsymbol{x},\boldsymbol{y})=\left(\dfrac{\partial \boldsymbol{\phi}(\boldsymbol{x},\boldsymbol{y})}{\partial \boldsymbol{x}^{\mathrm{T}}}\right)^{\mathrm{T}}\in\mathbb{R}^{n\times m} \\ \boldsymbol{\phi}_{\boldsymbol{y}^{\mathrm{T}}}(\boldsymbol{x},\boldsymbol{y})=\dfrac{\partial \boldsymbol{\phi}(\boldsymbol{x},\boldsymbol{y})}{\partial \boldsymbol{y}^{\mathrm{T}}}\in\mathbb{R}^{m\times l}, \quad \boldsymbol{\phi}_{\boldsymbol{y}}^{\mathrm{T}}(\boldsymbol{x},\boldsymbol{y})=\left(\dfrac{\partial \boldsymbol{\phi}(\boldsymbol{x},\boldsymbol{y})}{\partial \boldsymbol{y}^{\mathrm{T}}}\right)^{\mathrm{T}}\in\mathbb{R}^{l\times m} \end{cases} \tag{2.14}$$

式(2.14)中假设$\boldsymbol{\phi}(\boldsymbol{x},\boldsymbol{y})\in\mathbb{R}^m$ 是关于向量 $\boldsymbol{x}\in\mathbb{R}^n$ 和 $\boldsymbol{y}\in\mathbb{R}^l$ 的函数。

下面开始讨论如何求解此类约束极值问题。由 $f(\boldsymbol{x})$和 $\boldsymbol{g}(\boldsymbol{x})$在 $\boldsymbol{x}^*$ 处一阶连续可微的条件,可将两函数在点 $\boldsymbol{x}^*$ 邻域的值表达为一阶 Taylor 展开形式

$$\begin{cases} f(\boldsymbol{x}^*+\delta\boldsymbol{x})=f(\boldsymbol{x}^*)+f_{\boldsymbol{x}^{\mathrm{T}}}(\boldsymbol{x}^*)\delta\boldsymbol{x}+o(\delta\boldsymbol{x}) \\ \boldsymbol{g}(\boldsymbol{x}^*+\delta\boldsymbol{x})=\boldsymbol{g}(\boldsymbol{x}^*)+\boldsymbol{g}_{\boldsymbol{x}^{\mathrm{T}}}(\boldsymbol{x}^*)\delta\boldsymbol{x}+o(\delta\boldsymbol{x}) \end{cases} \tag{2.15}$$

在点 $\boldsymbol{x}^*$ 邻域的所有点(包括 $\boldsymbol{x}^*+\delta\boldsymbol{x}$)都应满足 $\boldsymbol{g}(\boldsymbol{x})=\boldsymbol{0}$ 的约束条件,忽略式(2.15)中高阶小量 $o(\delta\boldsymbol{x})$可得

$$\boldsymbol{g}_{\boldsymbol{x}^{\mathrm{T}}}(\boldsymbol{x}^*)\delta\boldsymbol{x}=\boldsymbol{0} \tag{2.16}$$

又 $f(\boldsymbol{x})$在 $\boldsymbol{x}^*$ 处取得极小值,由定义式(2.12)知任意满足式(2.16)的 $\delta\boldsymbol{x}$,都有 $f(\boldsymbol{x}^*)\leqslant f(\boldsymbol{x}^*+\delta\boldsymbol{x})$。忽略高阶小量后可得

$$f_{\boldsymbol{x}^{\mathrm{T}}}(\boldsymbol{x}^*)\delta\boldsymbol{x}\geqslant 0 \tag{2.17}$$

为了根据式(2.16)和式(2.17)进一步推导问题取得极值的必要条件,先给出一个引理。

引理 2.1 假设向量组 $\boldsymbol{a}_1,\cdots,\boldsymbol{a}_m$ 线性独立。若存在任意向量 $\boldsymbol{h}\in\mathbb{R}^n$,在满足等式 $\boldsymbol{a}_i^{\mathrm{T}}\boldsymbol{h}=0,\cdots,i=1,2,\cdots,m$ 时都有 $\boldsymbol{b}^{\mathrm{T}}\boldsymbol{h}\geqslant 0$,则向量组 $\boldsymbol{b},\boldsymbol{a}_1,\cdots,\boldsymbol{a}_m$ 线性相关。此时,有不同时为零的数 $\lambda_1,\cdots,\lambda_m$ 使得 $\boldsymbol{b}+\sum\limits_{i=1}^{m}\lambda_i\boldsymbol{a}_i=0$。

证明 采用反证法证明。假设向量组 $\boldsymbol{b},\boldsymbol{a}_1,\cdots,\boldsymbol{a}_m$ 线性无关,必存在某一向量 $\boldsymbol{h}_0\in\mathbb{R}^n$ 满足

$$\boldsymbol{b}^{\mathrm{T}}\boldsymbol{h}_0=1>0, \quad -\boldsymbol{a}^{\mathrm{T}}\boldsymbol{h}_0=0$$

另取 $\boldsymbol{h}_1=-\boldsymbol{h}_0$,代入上式有

$$\boldsymbol{b}^{\mathrm{T}}\boldsymbol{h}_1=-1<0, \quad \boldsymbol{a}^{\mathrm{T}}\boldsymbol{h}_1=-\boldsymbol{a}^{\mathrm{T}}\boldsymbol{h}_0=0$$

这与假设矛盾,由此可知向量组 $\boldsymbol{b},\boldsymbol{a}_1,\cdots,\boldsymbol{a}_m$ 线性相关。此时,必存在 $m+1$ 个不同时为零的数 $c_1,\cdots,c_m,c_{m+1}$,使得

$$\sum_{i=1}^{m}c_i\boldsymbol{a}_i+c_{m+1}\boldsymbol{b}=0$$

已知向量组 $\boldsymbol{a}_1,\cdots,\boldsymbol{a}_m$ 线性独立,故 $c_{m+1}\neq 0$,令 $\lambda_i=\dfrac{\boldsymbol{c}_i}{\boldsymbol{c}_{m+1}}$可得

$$\boldsymbol{b}+\sum_{i=1}^{m}\lambda_i\boldsymbol{a}_i=0$$

根据引理 2.1,可得如下定理。

定理 2.2 假设 $\boldsymbol{x}^*$ 是函数 $f(\boldsymbol{x})$满足等式约束 $\boldsymbol{g}(\boldsymbol{x})=\boldsymbol{0}$ 的局部极小值点。当 $f(\boldsymbol{x})$和 $g(\boldsymbol{x})$在 $\boldsymbol{x}^*$ 邻域内一阶连续可微且 Jacobi 矩阵 $\boldsymbol{g}_{\boldsymbol{x}^{\mathrm{T}}}(\boldsymbol{x}^*)$满秩时,存在非零向量$\boldsymbol{\lambda}=[\lambda_1,\lambda_2,\cdots,\lambda_m]^{\mathrm{T}}$,在 $\boldsymbol{x}^*$ 处成立方程:

$$\begin{cases}\dfrac{\partial f(\boldsymbol{x}^*)}{\partial\boldsymbol{x}}+\displaystyle\sum_{i=1}^{m}\lambda_i\dfrac{\partial g_i(\boldsymbol{x}^*)}{\partial\boldsymbol{x}}=0\\ \boldsymbol{g}(\boldsymbol{x}^*)=0\end{cases}\tag{2.18}$$

或

$$\begin{cases}\dfrac{\partial f(\boldsymbol{x}^*)}{\partial\boldsymbol{x}}+\dfrac{\partial\boldsymbol{g}^{\mathrm{T}}(\boldsymbol{x}^*)}{\partial\boldsymbol{x}}\boldsymbol{\lambda}=0\\ \boldsymbol{g}(\boldsymbol{x}^*)=0\end{cases}\tag{2.19}$$

式(2.18)或式(2.19)即为问题极值的**一阶必要条件**。

进一步,将待求极值点 $\boldsymbol{x}$ 和$\boldsymbol{\lambda}$ 均看作变量,引入一个新的函数

$$L(\boldsymbol{x},\boldsymbol{\lambda})=f(\boldsymbol{x})+\boldsymbol{\lambda}^{\mathrm{T}}\boldsymbol{g}(\boldsymbol{x})\tag{2.20}$$

则定理 2.2 中问题极值的必要条件(2.19)可以重新表示为

$$\begin{cases}\dfrac{\partial L(\boldsymbol{x}^*,\boldsymbol{\lambda})}{\partial\boldsymbol{x}}=\boldsymbol{0}\\ \dfrac{\partial L(\boldsymbol{x}^*,\boldsymbol{\lambda})}{\partial\boldsymbol{\lambda}}=\boldsymbol{g}(\boldsymbol{x}^*)=\boldsymbol{0}\end{cases}\tag{2.21}$$

式(2.20)中的函数 $L(\boldsymbol{x},\boldsymbol{\lambda})$称为 **Lagrange 函数**,引入的非零向量$\boldsymbol{\lambda}$ 称为 **Lagrange 乘子**。观察式(2.21),有 $\boldsymbol{x}^*$ 和$\boldsymbol{\lambda}$ 共 $n+m$ 个未知量,恰好对应 $n+m$ 个标量方程,即根据极值必要条件方程(组)数目与待求变量个数一一对应,由此可同时解出(可能)极值点和对应的 Lagrange 乘子。

例 2.4 在曲线 $2ax+2by=d$ 寻找一点$[x^*,y^*]^{\mathrm{T}}$,使得该点距离某一给定点$[x_1,y_1]^{\mathrm{T}}$ 的距离最小。

例题中要求解两点间最小距离,待优化目标函数可记为$\sqrt{(x-x_1)^2+(y-y_1)^2}$。为求解问题方便,等价于最小化 $f(x,y)=(x-x_1)^2+(y-y_1)^2$,同时满足等式约束 $g(x,y)=2ax+2by-d=0$。据定理 2.2,引入 Lagrange 乘子 λ,建立 Lagrange 函数

$$\begin{aligned}L(x,y,\lambda)&=f(x,y)+\lambda g(x,y)\\&=(x-x_1)^2+(y-y_1)^2+\lambda(2ax+2by-d)\end{aligned}$$

参考公式(2.21),上式对变量 x、y 和λ 分别求偏导,可得

$$\begin{cases}\dfrac{\partial L}{\partial x}=2(x-x_1)+2a\lambda=0\\ \dfrac{\partial L}{\partial y}=2(y-y_1)+2b\lambda=0\\ \dfrac{\partial L}{\partial \lambda}=2ax+2by-d=0\end{cases}$$

由此可得$[x,y]^{\mathrm{T}}=[x_1-a\lambda,y_1-b\lambda]^{\mathrm{T}}$，则待求解点$[x^*,y^*]^{\mathrm{T}}=[x_1-a\lambda,y_1-b\lambda]^{\mathrm{T}}$。将该表达式代入约束条件$2ax^*+2by^*-d=0$得

$$\lambda=\frac{2ax_1+2by_1-d}{2a^2+2b^2}$$

故曲线上距离$[x_1,y_1]^{\mathrm{T}}$最近的点为

$$\begin{cases}x^*=x_1-a\left(\dfrac{2ax_1+2by_1-d}{2a^2+2b^2}\right)\\ y^*=y_1-b\left(\dfrac{2ax_1+2by_1-d}{2a^2+2b^2}\right)\end{cases}$$

对应的最小距离容易求得，为

$$\sqrt{(x^*-x_1)^2+(y^*-y_1)^2}=\frac{|2ax_1+2by_1-d|}{2\sqrt{a^2+b^2}}$$

练习 2.2 求抛物线$y=x^2+2x+4$与直线$y=x+1$之间的最短距离。

提示：取欧氏距离为待优化目标函数，抛物线和直线为两个等式约束。为计算方便，求解时可取距离平方为待优化目标函数。

正是利用乘子法则，Lagrange 将变分法中早期单独讨论的等周问题和 Lagrange 问题统一了起来，成功将带有约束的极值问题转化为 Lagrange 函数下的无约束极值问题。与换元消去法等化简求解思想不同，Lagrange 通过引入新的变量(实际增加了待求解变量的个数)，将原问题转化为一类易于形式化处理的新问题。这得益于他深厚的数学力学知识和对力学问题的深刻理解，同时也受到了 18 世纪中后期数学严格化进程中形式化思潮的影响。社会思潮对世人的影响，可以从诗词在中国的发展清晰地辨别。几千年的华夏文明道不尽的离别，从初唐“海内存知己，天涯若比邻”，到宋代“人生如逆旅，我亦是行人”，再到近代“长亭外，古道边，芳草碧连天”，这些满腹才情的作者显然受到了当时社会的极大影响。

科学研究亦是如此。形式化思潮影响了 Lagrange，同时 Lagrange 又进一步推进了形式化的发展。他基于力学问题和形式推演，给出了乘子法则的说明[5]，并据此获得诸多结论，但并未给出证明。随着数学分析严格化的深入，1886 年德国数学家 Adolph Mayer(1839—1908)给出了乘子法则的证明。大约 20 年后，Hilbert (1862—1943)和 Oskar Bolza(1857—1942，毕业于哥廷根大学，Felix Klein 的学生)进一步完善了 Mayer 的证明，给出了该法则完整严格的证明[6]。

Adolph Mayer
(1839—1908)

Oskar Bolza
(1857—1942)

值得注意的是，例2.3从几何角度给出了Lagrange乘子法的一类解释[7]。作为分析力学大师，Lagrange在研究(静)力学平衡问题时，引入乘子时并未出现此类思考，而是来自于“约束”对系统运动限制的处理。对于具有理想约束的质点系，利用约束力代替约束，进而可基于达朗贝尔原理或虚位移原理讨论“无约束的质点系”问题。正如Lagrange本人所言，这就是乘子方法的精髓。关于约束、约束力、虚位移原理等的讨论，可参见文献[8]。

在最优控制问题中，经常将定理2.2中目标函数$f(\cdot)$的变量区分为状态变量(state variable)和控制变量(control variable，又称为决策变量)，以$\boldsymbol{x}\in\mathbb{R}^n$表示状态变量，以符号$\boldsymbol{u}\in\mathbb{R}^m$表示控制变量。求解极值点$(\boldsymbol{x}^*,\boldsymbol{u}^*)$，使得目标函数$f(\boldsymbol{x},\boldsymbol{u})$在等式约束$\boldsymbol{g}(\boldsymbol{x},\boldsymbol{u})=\boldsymbol{0}$下取得极小值。依据定理2.2，引入Lagrange乘子$\boldsymbol{\lambda}$，得到约束极值问题的Lagrange函数$L(\boldsymbol{x},\boldsymbol{u},\boldsymbol{\lambda})=f(\boldsymbol{x},\boldsymbol{u})+\boldsymbol{\lambda}^{\mathrm{T}}\boldsymbol{g}(\boldsymbol{x},\boldsymbol{u})$。假设对任意的控制变量$\boldsymbol{u}$，Jacobi矩阵$\boldsymbol{g}_{\boldsymbol{x}^{\mathrm{T}}}(\boldsymbol{x},\boldsymbol{u})$非奇异。参考式(2.8)，将Lagrange函数在$(\boldsymbol{x}^*,\boldsymbol{u}^*)$处Taylor展开，忽略高阶项，依据极值的定义可得问题的一阶必要条件。另外一类方法是将Lagrange函数代入式(2.21)，可得相同的一阶必要条件

$$f_{\boldsymbol{u}}(\boldsymbol{x}^*,\boldsymbol{u}^*)-\boldsymbol{g}_{\boldsymbol{u}}^{\mathrm{T}}(\boldsymbol{x}^*,\boldsymbol{u}^*)[\boldsymbol{g}_{\boldsymbol{x}^{\mathrm{T}}}(\boldsymbol{x}^*,\boldsymbol{u}^*)]^{-\mathrm{T}}f_{\boldsymbol{x}}(\boldsymbol{x}^*,\boldsymbol{u}^*)=\boldsymbol{0} \tag{2.22}$$

若$f(\boldsymbol{x},\boldsymbol{u})$和$\boldsymbol{g}(\boldsymbol{x},\boldsymbol{u})$在$(\boldsymbol{x}^*,\boldsymbol{u}^*)$处二阶连续可微，不加推导的给出$(\boldsymbol{x}^*,\boldsymbol{u}^*)$作为局部极小值点的二阶必要条件[1]为

$$\begin{cases} L_{\boldsymbol{x}}(\boldsymbol{x}^*,\boldsymbol{u}^*,\boldsymbol{\lambda})=\boldsymbol{0};\quad L_{\boldsymbol{u}}(\boldsymbol{x}^*,\boldsymbol{u}^*,\boldsymbol{\lambda})=\boldsymbol{0};\quad L_{\boldsymbol{\lambda}}(\boldsymbol{x}^*,\boldsymbol{u}^*,\boldsymbol{\lambda})=\boldsymbol{0} \\ \begin{bmatrix} -\boldsymbol{g}_{\boldsymbol{x}^{\mathrm{T}}}^{-1}\boldsymbol{g}_{\boldsymbol{u}^{\mathrm{T}}} \\ \boldsymbol{I}_{m\times m}\end{bmatrix}^{\mathrm{T}} \begin{bmatrix} L_{\boldsymbol{xx}} & L_{\boldsymbol{xu}} \\ L_{\boldsymbol{ux}} & L_{\boldsymbol{uu}}\end{bmatrix} \begin{bmatrix} -\boldsymbol{g}_{\boldsymbol{x}^{\mathrm{T}}}^{-1}\boldsymbol{g}_{\boldsymbol{u}^{\mathrm{T}}} \\ \boldsymbol{I}_{m\times m}\end{bmatrix} \geqslant 0 \end{cases} \tag{2.23}$$

式中简记符号$L_{\boldsymbol{xu}}$参见式(2.9)中二阶偏导数$f_{\boldsymbol{xy}}$表达式，$\boldsymbol{I}_{m\times m}$为$m$阶单位阵。同理可得二阶充分条件为

$$\begin{cases} L_{\boldsymbol{x}}(\boldsymbol{x}^*,\boldsymbol{u}^*,\boldsymbol{\lambda})=\boldsymbol{0};\quad L_{\boldsymbol{u}}(\boldsymbol{x}^*,\boldsymbol{u}^*,\boldsymbol{\lambda})=\boldsymbol{0};\quad L_{\boldsymbol{\lambda}}(\boldsymbol{x}^*,\boldsymbol{u}^*,\boldsymbol{\lambda})=\boldsymbol{0} \\ \begin{bmatrix} -\boldsymbol{g}_{\boldsymbol{x}^{\mathrm{T}}}^{-1}\boldsymbol{g}_{\boldsymbol{u}^{\mathrm{T}}} \\ \boldsymbol{I}_{m\times m}\end{bmatrix}^{\mathrm{T}} \begin{bmatrix} L_{\boldsymbol{xx}} & L_{\boldsymbol{xu}} \\ L_{\boldsymbol{ux}} & L_{\boldsymbol{uu}}\end{bmatrix} \begin{bmatrix} -\boldsymbol{g}_{\boldsymbol{x}^{\mathrm{T}}}^{-1}\boldsymbol{g}_{\boldsymbol{u}^{\mathrm{T}}} \\ \boldsymbol{I}_{m\times m}\end{bmatrix} > 0 \end{cases} \tag{2.24}$$

感兴趣的读者可自行尝试证明一阶必要条件(2.22)和二阶条件(2.23)～(2.24)。以式(2.23)为例,虽然看起来很复杂,实际对应的是极值点处施加微小扰动时,函数取得极值的必要条件为一阶导数为零,二阶导数半正定。这些极值条件的获得,都是比较最优解邻域内微小扰动引起的函数增量与零之间的关系获取的。这一讨论极值问题的基本思想,在后续泛函极值问题分析中同样适用。

练习 2.3 判断例 2.3 中最小距离点的二阶条件。

2.3 不等式约束与 KKT 条件

在实际生活中或物理现象中,约束的形式多种多样。以力学中"光滑曲线上运动的质点"为例,当质点限制在光滑曲面上运动时,受到曲面方程 $f(x,y,z)=0$ 的等式约束。若质点是被限制在曲面上方空间内运动,则质点坐标的约束条件应为 $f(x,y,z)\geqslant 0$。此类不等式给出的约束称为**不等式约束**(力学中又称单面约束,unilateral constraint)[8],在实际问题广泛存在。例如,航天器的控制力输出不能超出最大推力;某企业各类产品生产时的总成本不超过最大投资额;机械系统正常工作温度不超过某一温度范围等。在处理带有不等式约束的优化问题时,有效的方法称为 Karush-Kuhn-Tucker 条件[9],取三人首字母简称"KKT 条件",也称为 Kuhn-Tucker 条件。

考虑具有不等式约束的极值问题

$$\min f(\boldsymbol{x}),\quad \text{s.t.}\ \boldsymbol{g}(\boldsymbol{x})=\boldsymbol{0},\quad \boldsymbol{h}(\boldsymbol{x})\leqslant \boldsymbol{0} \tag{2.25}$$

式中连续可微函数 $f(\boldsymbol{x})$ 和 $\boldsymbol{g}(\boldsymbol{x})$ 定义参见式(2.10),不等式约束

$$\boldsymbol{h}(\boldsymbol{x})=[h_1(\boldsymbol{x})\quad h_2(\boldsymbol{x})\quad \cdots\quad h_q(\boldsymbol{x})]^{\mathrm{T}}\in\mathbb{R}^q$$

连续可微。假设 $\boldsymbol{x}^*$ 是 $f(\boldsymbol{x})$ 的极小值,对于连续可微函数 $\boldsymbol{h}(\boldsymbol{x})$ 可 Taylor 展开

$$h_i(\boldsymbol{x}^*)+\left.\frac{\partial h_i}{\partial \boldsymbol{x}^{\mathrm{T}}}\right|_{\boldsymbol{x}^*}\delta\boldsymbol{x}+o(\delta\boldsymbol{x})\leqslant 0,\quad i=1,2,\cdots,q \tag{2.26}$$

若第 i 个约束 $h_i(\boldsymbol{x}^*)<0$,对于充分小的 $\delta\boldsymbol{x}$,式(2.26)总成立,即问题中第 i 个约束 $h_i(\boldsymbol{x}^*)\leqslant 0$ 并未对 $\delta\boldsymbol{x}$ 有实际限制。如果第 $k(k\in[1,q])$ 个约束 $h_k(\boldsymbol{x}^*)=0$,欲使式(2.26)成立,需要满足条件

$$\left.\frac{\partial h_k}{\partial \boldsymbol{x}^{\mathrm{T}}}\right|_{\boldsymbol{x}^*}\delta\boldsymbol{x}\leqslant 0$$

此时 $\delta\boldsymbol{x}$ 不再任意,而是受到上式的限制。由此可知,对于不等式约束 $\boldsymbol{h}(\boldsymbol{x})\leqslant\boldsymbol{0}$ 中的等式约束是起作用的约束,而小于号的约束是不起作用的。不妨令前 k 个约束是起作用的,即 $h_1(\boldsymbol{x}^*)=h_2(\boldsymbol{x}^*)=\cdots=h_k(\boldsymbol{x}^*)=0$,从而有 $h_{k+1}(\boldsymbol{x})<0,\cdots,h_q(\boldsymbol{x})<0$。假设前 k 个约束在 $\boldsymbol{x}^*$ 处的梯度线性无关,由式(2.26)可知

$$\left.\frac{\partial h_j}{\partial \boldsymbol{x}^{\mathrm{T}}}\right|_{\boldsymbol{x}^*}\delta\boldsymbol{x}\leqslant 0,\quad j=1,2,\cdots,k \tag{2.27}$$

同时对于任意的 $\delta\boldsymbol{x}$，极小值点对应的目标函数一阶条件为

$$\left.\frac{\partial f}{\partial \boldsymbol{x}^{\mathrm{T}}}\right|_{\boldsymbol{x}^*}\delta\boldsymbol{x} \geqslant 0 \tag{2.28}$$

为了给出不等式约束下的极值必要条件，首先给出如下引理[10]。

引理 2.2　假设向量组 $\boldsymbol{a}_1,\cdots,\boldsymbol{a}_q$ 线性独立。若存在任意向量 $\boldsymbol{h}\in\mathbb{R}^n$，在满足不等式 $\boldsymbol{a}_i^{\mathrm{T}}\boldsymbol{h}\leqslant 0, i=1,2,\cdots,m$ 时都有 $\boldsymbol{b}^{\mathrm{T}}\boldsymbol{h}\geqslant 0$，则有不同时为零的数 $\mu_1\geqslant 0,\cdots,\mu_q\geqslant 0$ 使得 $\boldsymbol{b}+\sum_{i=1}^{q}\mu_i\boldsymbol{a}_i=0$。

上面引理与 Lagrange 乘子法引理 2.1 的区别在于约束变化为不等式约束，使得 $\boldsymbol{b}+\sum_{i=1}^{q}\mu_i\boldsymbol{a}_i=0$ 成立时的乘子 $\mu_i(i\in[1,2,\cdots,q])$ 为非负。如前所述，当前 k 个约束起作用时，它们的梯度线性无关，此时由式(2.27)和式(2.28)可知，存在 k 个不同时为零的非负数 $\mu_1\geqslant 0,\cdots,\mu_k\geqslant 0$ 使得

$$\frac{\partial f(\boldsymbol{x}^*)}{\partial \boldsymbol{x}}+\sum_{i=1}^{k}\mu_i\frac{\partial h_i(\boldsymbol{x}^*)}{\partial \boldsymbol{x}}=\boldsymbol{0} \tag{2.29}$$

不过实际问题中很难在 q 个不等式约束中找出这 k 个起作用的约束。为了能够统一处理，可再增加 $q-k$ 个乘子，即取 q 个非负数成立

$$\mu_i h_i(\boldsymbol{x}^*)=0,\quad i=1,2,\cdots,q$$

该式子使得 $h_i(\boldsymbol{x}^*)\neq 0$ 时对应的 $\mu_i=0$，否则 $\mu_i\geqslant 0$。此时，便可将(2.29)扩展为

$$\frac{\partial f(\boldsymbol{x}^*)}{\partial \boldsymbol{x}}+\sum_{i=1}^{q}\mu_i\frac{\partial h_i(\boldsymbol{x}^*)}{\partial \boldsymbol{x}}=\boldsymbol{0} \tag{2.30}$$

综上，可得不等式约束下函数极小值问题定理。

定理 2.3　(Karush-Kuhn-Tucker 定理——一阶必要条件）对于具有不等式约束的函数极值问题(2.25)，假设 $f(\boldsymbol{x})\in\mathbb{R}$、$\boldsymbol{g}(\boldsymbol{x})\in\mathbb{R}^m$ 和 $\boldsymbol{h}(\boldsymbol{x})\in\mathbb{R}^q$ 连续可微。如果 $\boldsymbol{x}^*$ 是 $f(\boldsymbol{x})$ 的极小值且对应的各梯度向量线性无关，必存在非零向量 $\boldsymbol{\lambda}=[\lambda_1,\lambda_2,\cdots,\lambda_m]^{\mathrm{T}}$ 和 $\boldsymbol{\mu}=[\mu_1,\mu_2,\cdots,\mu_q]^{\mathrm{T}}$，使得 **KKT 条件**成立

$$\begin{cases} L_{\boldsymbol{x}}(\boldsymbol{x}^*,\boldsymbol{\lambda},\boldsymbol{\mu})=\boldsymbol{0} \\ \mu_i h_i(\boldsymbol{x}^*)=0,\quad \mu_i\geqslant 0, h_i(\boldsymbol{x}^*)\leqslant 0,\quad i=1,2,\cdots,q \\ g_j(\boldsymbol{x}^*)=0,\quad j=1,2,\cdots,m \end{cases} \tag{2.31}$$

其中 Lagrange 函数 $L(\boldsymbol{x},\boldsymbol{\lambda},\boldsymbol{\mu})=f(\boldsymbol{x})+\boldsymbol{\lambda}^{\mathrm{T}}\boldsymbol{g}(\boldsymbol{x})+\boldsymbol{\mu}^{\mathrm{T}}\boldsymbol{h}(\boldsymbol{x})$。

式(2.31)中 $\mu_i h_i(\boldsymbol{x}^*)=0, \mu_i\geqslant 0, h_i(\boldsymbol{x}^*)\leqslant 0(i=1,2,\cdots,q)$ 是根据引理 2.2 给出的关于不等式约束的极值条件，称为**互补松弛条件**(complementary slackness conditions)。有时，也将常量 $\boldsymbol{\mu}$ 称为 **KKT 乘子**。上述极值条件首次公开发表于 1951 年的一篇会议论文[11]，作者是来自普林斯顿大学的 Harold Kuhn(1925—

2014)和 Albert Tucker①(1905—1995)。论文的题目为“Nonlinear Programming”,系第一次正式提出“非线性规划”这一名词。直到 20 多年后,Kuhn 整理非线性规划发展时才开始提到 William Karush(1917—1997)工作,发现 Karush 在其 1939 年完成的硕士论文中已经得到了式(2.31)的结论[9]。由于第二次世界大战的爆发,以及当时就读于芝加哥大学的 Karush 忙于研究工作,他硕士论文的研究一直没有发表。人们为了肯定 Karush 的贡献,后将 Kuhn-Tucker 条件称为 Karush-Kuhn-Tucker 条件。

William Karush
(1917—1997)

Harold Kuhn
(1925—2014)

Albert Tucker
(1905—1995)

胡坤升
(1901—1959)

特别值得一提的是,当时的芝加哥大学(University of Chicago)数学系在变分法领域有着很高的学术水平和良好的师承关系,Karush 的导师 Lawrence M. Graves 的导师是 Gilbert A. Bliss(1876—1951),Bliss 的博士导师正是完整证明 Lagrange 乘子法的 Oskar Bolza。从 Bolza 的导师 Felix Klein 再往上回溯几代,最终师承至数学王子 Carl F. Gauss(1777—1855)。作为 20 世纪初期变分法研究的重镇,Bliss 培养了一众学者,包括共轭梯度法的提出者 Magnus R. Hestenes(1906—1991)、美国科学院院士 Edward McShane(1904—1989)、变分学第一位中国学者胡坤升(1901—1959)等。胡坤升(1901—1959)于 1932 年取得芝加哥大学博士学位[12],论文题目为“Bolza 问题及其附属边值问题”,他所培养的学生中包括华罗庚(1910—1985)等多位著名数学家。

例 2.5 求解例 2.3 问题在不等式约束 $(y-1)^2 \leqslant x$ 情况下的最短距离。

带有不等式约束的新问题可归结为

$$\min f(x,y) = x^2 + y^2$$
$$\text{s.t.}\ g(x,y) = xy - 1 = 0$$

① Albert Tucker,加拿大裔美国数学家,1932 年获普林斯顿大学博士学位,1933—1974 年任职于普林斯顿大学数学系。他的学生包括 1994 年诺贝尔经济学奖获得者 John Nash(1928—2015),Nash 也是 Harold Kuhn 的好友。

$$h(x,y)=(y-1)^2-x\leqslant 0$$

引入 Lagrange 乘子 λ 和 KKT 乘子 μ，建立问题的 Lagrange 函数

$$\begin{aligned}L(x,y)&=f(x,y)+\lambda g(x,y)+\mu h(x,y)\\&=x^2+y^2+\lambda(xy-1)+\mu[(y-1)^2-x]\end{aligned}$$

应用定理 2.3 中 KKT 条件，得

$$\begin{cases}L_x=2x+\lambda y-\mu=0\\L_y=2y+\lambda x+2\mu(y-1)=0\\L_\lambda=xy-1=0\\\mu[(y-1)^2-x]=0,\quad (y-1)^2-x\leqslant 0,\quad \mu\geqslant 0\end{cases}$$

此时共包含两种情况：

(1) $h(x,y)=0$。将其与 $g(x,y)=0$ 联立，得到一个关于 y 的一元三次方程 $y^3-2y^2+y-1=0$。应用 Matlab® 软件中求根函数 roots 求解，取方程的系数向量 $\boldsymbol{p}=[1,-2,1,-1]^{\mathrm{T}}$，roots($\boldsymbol{p}$)可得唯一实根 $y=1.7549$，对应 $x=0.5699$，由此得该点至原点的距离为 1.8451。

(2) $h(x,y)<0$。此时乘子 $\mu=0$，问题退化为例 2.3 中仅有等式约束的情形，可从三个一阶导数为零的式子中解得$[x,y,\lambda]^{\mathrm{T}}=\pm[1,1,-2]^{\mathrm{T}}$。受 $h(x,y)<0$ 约束只有一组可行解为$[x,y,\lambda]^{\mathrm{T}}=[1,1,-2]^{\mathrm{T}}$，此时与原点间距离为$\sqrt{2}$。

通过比较两种情形，可知问题中受不等式约束情况下，所求最小距离为$\sqrt{2}$，对应的极值点为$[1,1]^{\mathrm{T}}$。约束条件和问题极小值点如图 2.3 所示，由图可知不等式约束为一开口朝右的抛物线及其内部，该约束使得问题极值点出现在第一象限，排除了例 2.3 中原第三象限的极值点。同时，$h(x,y)=0$ 时的解对应抛物线和双曲线的交点，$h(x,y)<0$ 时解为图中圆与双曲线的切点。

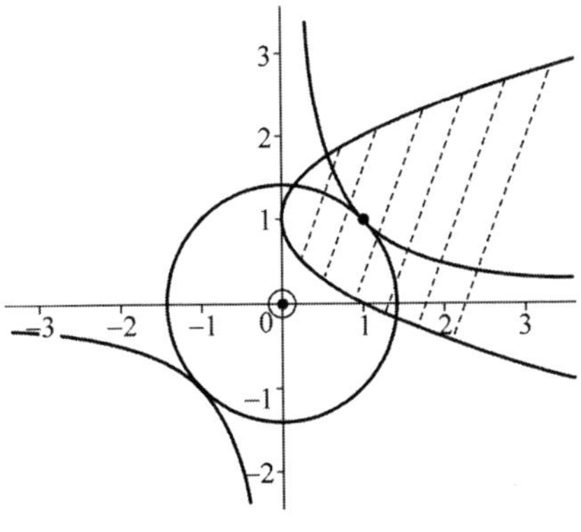

图 2.3　不等式约束下的最小距离

练习 2.4　求 $f(\boldsymbol{x})=x_2$ 在 $g(\boldsymbol{x})=0$ 和 $h(\boldsymbol{x})\leqslant 0$ 约束条件下的局部极小值，其中 $g(\boldsymbol{x})=(x_1-1)^2+(x_2-1)^2-5^2=0$，$h(\boldsymbol{x})=(x_1+5)^2+(x_2-2)^2-8^2\leqslant 0$。

练习 2.5 求 $f(\boldsymbol{x})=(x_1-2)^2+(x_2-2)^2$ 在不等式约束 $x_1^2\leqslant 2x_2$，$x_1+x_2\leqslant 1$ 下的极小值，其中 $\boldsymbol{x}\in\mathbb{R}^2$。

2.4 小结

介绍了函数极值及其相关概念，包括函数极值点、Taylor 展开、梯度与 Hessian 矩阵、一阶条件和二阶条件等。针对等式约束极值问题，详细介绍了 Lagrange 乘子法及其应用。进一步，针对带有不等式约束的函数极值问题，给出了 Karush-Kuhn-Tucker 条件及其算例。

思考题与习题

2.1 若极值问题例 2.3 中增加双边不等式约束 $2\leqslant x\leqslant 3$，求解极值点及其对应的最小距离。

2.2 求抛物线 $y=x^2+2x+4$ 与直线 $y=x+1$ 之间的最短距离。

2.3 求满足不等式约束 $x^2+2y\leqslant 1$ 和 $y-x\leqslant\dfrac{1}{2}$ 时，函数 $f(x,y)=x^2+6xy-4x-2y$ 的极小值。

2.4 定理 2.2 中针对等式约束 $\boldsymbol{g}(\boldsymbol{x})=\boldsymbol{0}$ 引入了相同维数的 Lagrange 乘子 $\boldsymbol{\lambda}$，是否可针对一维实数目标函数 $f(x)$ 同时引入乘子 λ_0，将待优化的 Lagrange 函数拓展为 $L(x,\lambda)=\lambda_0 f(\boldsymbol{x})+\boldsymbol{\lambda}^{\mathrm{T}}\boldsymbol{g}(\boldsymbol{x})$？若可行，$\lambda_0$ 有何要求？尝试推导此时的问题取得极小值的一阶必要条件。

2.5 基于力学问题引入的 Lagrange 乘子，已有严谨的数学证明，推动了变分法研究的形式化体系发展。广泛调研约束极值问题，并尝试探讨 Lagrange 乘子性质。

参考文献

[1] 钟宜生. 最优控制[M]. 北京：清华大学出版社，2015.

[2] M. 克莱因. 古今数学思想(第二册)[M]. 石生明，等译. 上海：上海科学技术出版社，2013.

[3] BUSSOTTI P. On the genesis of the Lagrange multipliers[J]. Journal of Optimization Theory and Applications，2003，117(3)：453-459.

[4] 贾小勇. 19 世纪以前的变分法[D]. 西安：西北大学，2008.

[5] BLISS G A. The evolution of problems in the calculus of variations[J]. The American Mathematical Monthly，1936，43(10)：598-609.

[6] 张杰，王飞跃. 最优控制——数学理论与智能方法(上册)[M]. 北京：清华大学出版社，2017.

[7]　刘培杰数学工作室. Lagrange 乘子定理[M]. 哈尔滨：哈尔滨工业大学出版社，2017.

[8]　李俊峰，等. 理论力学[M]. 北京：清华大学出版社，2001.

[9]　COTTLE R W. William Karush and the KKT theorem[J]. in M. Grotschel (ed.) Optimizaiton Stories, Documenta Mathematica, Bielefeld, Germany, 2012: 255-269.

[10]　李俊民，李金沙. 最优控制理论与数值算法[M]. 西安：西安电子科技大学出版社，2016.

[11]　KUHN H W, TUCKER A W. Nonlinear Programming[C]// Proceedings of the Second Berkeley Symposium on Mathematical Statistics and Probability, 481-492, University of California Press, Berkeley, California, USA, 1951. https://projecteuclid.org/euclid.bsmsp/1200500249.

[12]　黄小军. 早期重大数学研究的开创者——胡坤升[J]. 大学科普，2011，5(3)：16-17.

第3章 最优控制之变分法

变分学的起源应归功于这个伯努利问题和相类似的一些问题。……正是这些确定的和特殊的问题，对我们最有吸引力，并且常常会对科学产生深远的影响。

——大卫·希尔伯特(1862—1943)

内容提要

本章为古典变分法核心内容，从空间和距离等基本概念入手，介绍泛函及泛函极值的定义和由来。以探究式语言表述Euler-Lagrange方程的两类推导方法，并尝试分析Euler几何法与Lagrange解析方法的特点。应用泛函极值方法求解最速降线问题，并进一步拓展至带有约束和各类边界条件的极值问题，推导各类情况的横截条件。简介角点条件，详细讨论性能指标形式间转化和一般目标集的处理，为极值问题形式化分析提供思路。

变分法(calculus of variations)和微积分几乎在同一时期诞生，如孪生兄弟般成为数学研究的重要基础方法和独立分支。微积分可用于求解函数极值问题，变分法则用来处理泛函极值问题。变分法与许多数学分支均有紧密的联系，Hilbert的23个问题中第19、20个和第23个问题均属于变分问题。变分法起源可追溯至古希腊时代的等周问题，之后经最速降线问题的研究和推广而有了长足的发展。这个来源于力学和物理问题的变分法，经Euler之手而初步成为独立的数学分支，在Lagrange的δ方法和乘子法则的工作下成功构建了数学形式体系，真正成为一个独立的数学分支。变分法在经济学、自动控制、图像处理等领域有着广泛应用，特别是在有限元分析(finite element analysis，FEA)、Hamilton动力系统周期轨道分析、最优控制等研究中具有重要作用。

最优控制理论中通常处理的是带有约束的变分问题，在此之前，没有约束的泛函极值问题常称为经典变分问题(classical variational problems)或古典变分问题，20 世纪之前的变分理论主要处理此类问题，核心思想是将此类泛函极值转化为对应的 Euler-Lagrange 方程。“问渠那得清如许，为有源头活水来”。本章从泛函极值基本概念入手，详细推导 Euler-Lagrange 方程，讨论各类约束极值情况及其在最速降线和等周问题求解中的应用。

3.1 泛函与泛函极值

3.1.1 泛函与线性赋范空间

泛函(functional)通常理解为“函数的函数”，是函数概念的拓展，常以函数积分的形式出现。一般地，从任意集合 M 到实数域$\mathbb{R}$ 或复数域$\mathbb{C}$ 的映射称为**泛函**，变分学研究中泛函只取实值。例如，令 $\Omega\in\mathbb{R}^n$ 是一个有界开集，表示从闭区间 $[a,b](a\leqslant b)$到$\mathbb{R}$ 的全体连续可微函数集合，对于 $y\in\Omega$，下面两式

$$J_1[y(x)]=y(x_1),\quad 常数\ x_1\in[a,b]$$

$$J_2[y(x)]=\int_a^b y(x)\mathrm{d}x$$

均为泛函。实际上，$J_1[y(x)]$和 $J_2[y(x)]$正是最优控制中两类经典性能指标，Mayer 型($x_1=b$)和 Lagrange 型性能指标。

对于泛函的定义，可从函数定义类比理解。现代数学中函数是对于定义域中任一元素 x，在映射关系 f 下都有唯一的 y 值与之对应，则称 y 是 x 的函数，记作 $y=f(x)$，x 是自变量，y 是因变量。类似地，对于某一函数集合中任一确定的函数 $y(x)$，都有一个确定的因变量 $J\in\mathbb{R}$ 与之对应，则称因变量 J 为自变函数 $y(x)$的泛函数，简称泛函，记为 $J[y(x)]$，简记为 $J[y]$或 J。为区别于函数的自变量，泛函分析中将自变量函数 $y(x)$称为**宗量**。以 $J_2[y(x)]=\int_a^b y(x)\mathrm{d}x$ 为例，不妨取 $a=0$ 和 $b=1$，则 $J_2[y]$的值由函数 $y(x)$决定，而与 x 没有直接的关系。当函数 $y(x)=2x$ 时

$$J_2[y(x)]=\int_0^1 2x\,\mathrm{d}x=1$$

当 $y(x)=\cos x$ 时

$$J_2[y(x)]=\int_0^1 \cos x\,\mathrm{d}x=\sin 1$$

即泛函 $J_2[y]$的值随着自变函数 $y(x)$表达式的确定而确定。

最优控制中的性能指标(performance index)通常以泛函的形式给出，故又称性能泛函。为了求解此类泛函的极值，类比函数极值问题，在讨论泛函的性质和运

算时一般需要泛函连续的条件。泛函连续条件的严格数学描述涉及距离、范数和数学空间等概念，在正式给出泛函极值的定义之前，书中简单介绍这些基本概念。**只关心连续泛函变分求解的读者，可以直接跳转至 3.1.2 节。**

第 2 章讨论函数极值问题时，对于实数 $\varepsilon>0$，是在极值点 $\boldsymbol{x}^*$ 邻域 $D(\boldsymbol{x}^*)$：$\{\boldsymbol{x}\mid \|\boldsymbol{x}-\boldsymbol{x}^*\|\leqslant\varepsilon,\boldsymbol{x}\neq\boldsymbol{x}^*,\forall\boldsymbol{x}\in\mathbb{R}^n\}$内比较函数值的大小。这个邻域通过欧几里得距离(Euclidean distance) $\|\boldsymbol{x}-\boldsymbol{x}^*\|$ 来定义 $\boldsymbol{x}$ 和 $\boldsymbol{x}^*$ 的距离，再比较邻域内函数值得到问题的极值，如图 3.1 所示。求解连续可微函数极值时，很少应用定义，而是通过 Taylor 展开求得极值一阶必要条件，再通过二阶条件(或其他判定方法)来确定所得极值为极大值或极小值。类似地，在讨论泛函极值问题时，“自变量”由原来的实数或向量变更为满足映射关系的全体函数，关心的“因变量”极值则变为比较“自变函数的函数值”。为此，需要用到函数 $y(x)$的邻域以及两函数间距离等概念。

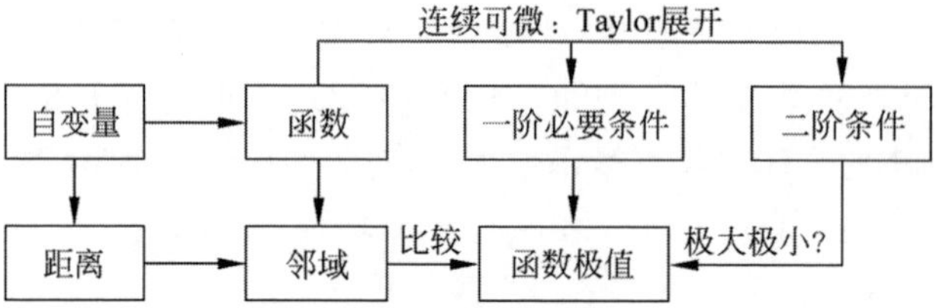

图 3.1 函数极值定义中主要概念

第一个概念是线性空间[①](linear space)，定义了加法和数乘规则的集合。作为基本概念的集合，其元素满足确定性、唯一性和无序性。

定义 3.1(线性空间) 设 X 是非空集合，K 是实数域(或复数域)。在 X 中定义加法：$\forall x,y\in X$，存在唯一 $z\in X$，记作 $z=x+y$；在 X 和 K 之间定义数乘：$\forall x\in X,\lambda\in K$，存在唯一 $\xi\in X$ 满足 $\xi=\lambda x$；且满足 8 条运算律：

(1) $x+y=y+x$；

(2) $(x+y)+z=x+(y+z)$；

(3) $\exists 0\in X,x+0=x$；

(4) $\exists -x\in X,x+(-x)=0$；

(5) $\lambda(\mu x)=(\lambda\mu)x$；

(6) $1\cdot x=x,0\cdot x=0$；

(7) $(\lambda+\mu)x=\lambda x+\mu x$；

(8) $\lambda(x+y)=\lambda x+\lambda y$。

则称 X 为数域 K 上的线性空间。满足 8 条运算律的加法和数乘称为线性运算。

由以上定义可知，在**集合**(set)概念的基础上，其元素满足一定关系(比如加法、数乘和运算律)后即“升级”为一个**空间**(space)。在最优控制中，仅讨论实数域$\mathbb{R}$上的线性空间。为了分析空间内元素之间的“远近”，此处引入第二个概念：距离。

定义 3.2(距离) 设 X 为非空集合，对于任意的 $x,y\in X$，若实函数 $d(x,y)$满足：

---

① 线性空间又称向量空间(vector space)，线性空间中元素又称为向量。为避免理解成线性代数中狭义的向量，此处采用线性空间提法。

① $d(x,y)\geqslant 0, \forall x,y\in X$；当且仅当 $x=y$ 时，$d(x,y)=0$；

② $d(x,y)=d(y,x)$；

③ $d(x,y)\leqslant d(x,z)+d(y,z), \forall x,y,z\in X$。

则称 $d(x,y)$ 为集合 X 上的距离，X 则被称为**距离空间**(metric space，又译**度量空间**)，泛函分析中常以 (X,d) 表示该距离空间。显然，若有动点 x 无限趋近定点 x_0，必有 $d(x,x_0)\to 0$；反之亦然。

满足定义 3.2 中三条性质的任何实函数都是距离空间的距离，具体问题中采用不同形式定义距离，就对应不同的距离空间。特别指出，集合中定义了距离而"升级"为距离空间后，原集合中的元素便可以称为"点"，而其部分元素的集合可称为"点集"。有了距离的概念后，真正描述和运算距离，需要用到第三个概念：范数。

定义 3.3(范数) 若 X 是数域上的线性空间，对于 X 中的每一个元素 $x\in X$，都可定义范数 $\|\cdot\|:X\to\mathbb{R}$，满足：

① $\|x\|\geqslant 0$；当且仅当 $x=0$ 时，$\|x\|=0$；

② $\|cx\|=|c|\cdot\|x\|$，c 为任意常值；

③ $\|x+y\|\leqslant\|x\|+\|y\|, \forall x,y\in X$。

则 $\|\cdot\|$ 称为 X 上的一个**范数**(norm)。线性空间 X 上定义了范数，此时的 X 称为**线性赋范空间**(normed linear space)。X 中的元素不仅能够进行加法和数乘运算，还可进行范数运算。常用的范数是 p-范数，即当 $\boldsymbol{x}=[x_1,x_2,\cdots,x_n]^{\mathrm{T}}\in\mathbb{R}^n$ 时，p-范数的定义为

$$\|\boldsymbol{x}\|_p=(|x_1|^p+|x_2|^p+\cdots+|x_n|^p)^{\frac{1}{p}}$$

可以用定义 3.3 验证 p-范数满足规范。当 p 取 $1,2,\infty$ 时，分别对应

1-范数：$\|\boldsymbol{x}\|_1=|x_1|+|x_2|+\cdots+|x_n|$

2-范数：$\|\boldsymbol{x}\|_2=(|x_1|^2+|x_2|^2+\cdots+|x_n|^2)^{\frac{1}{2}}$

∞-范数：$\|\boldsymbol{x}\|_\infty=\max(|x_1|,|x_2|,\cdots,|x_n|)$

其中 2-范数正是我们常用的欧氏距离(Euclidean distance)，表示欧氏空间中某点至原点的距离。无特殊说明，后文的范数均指 2-范数。

为了讨论函数邻域内任意微小变化，还需要函数所在空间的完备性。假设点列 $\boldsymbol{x}_n\in X$，且有 $\lim\limits_{n\to\infty}\boldsymbol{x}_n=\boldsymbol{x}_0$，则称点列 $\boldsymbol{x}_n$ 的极限为 $\boldsymbol{x}_0$(或称 $\boldsymbol{x}_n$ 收敛于 $\boldsymbol{x}_0$)。

定义 3.4(收敛性) 假设点列 $\boldsymbol{x}_n\in X$，若对任意的 $\varepsilon>0$ 均存在一个足够大的数 N，使得当 $m,n>N$ 时，有距离 $d(\boldsymbol{x}_m,\boldsymbol{x}_n)<\varepsilon$，则称 $\boldsymbol{x}_n$ 为 X 的柯西序列(Cauchy sequence)。若 X 中的每个柯西序列均收敛于 X 中的一点，则称 X 是完备的距离空间。

对于线性赋范空间而言，若其按范数导出的距离空间是完备的，则被称为**完备的线性赋范空间**，又称为 **Banach 空间**(Banach space)。此概念由波兰数学家

Stefan Banach(1892—1945)于 1920—1922 年提出。我们已经知道在 n 维线性空间$\mathbb{R}^n$ 中,可以用数乘定义内积,进一步可用内积定义范数,最终由范数表示距离:

$$\langle \boldsymbol{x},\boldsymbol{y}\rangle=\sum_{i=1}^{n}x_iy_i,\quad \forall \boldsymbol{x},\boldsymbol{y}\in\mathbb{R}^n$$

$$\|\boldsymbol{x}\|=\langle \boldsymbol{x},\boldsymbol{x}\rangle^{\frac{1}{2}}=\sqrt{\sum_{i=1}^{n}x_i^2}$$

$$d(\boldsymbol{x},\boldsymbol{y})=\|\boldsymbol{x}-\boldsymbol{y}\|=\sqrt{\sum_{i=1}^{n}(x_i-y_i)^2}$$

希尔伯特
(1862—1943)

上述完备的内积空间称为 **Hilbert 空间**(Hilbert space),其名称来自于德国数学家希尔伯特(David Hilbert,1862—1943)。作为一类特殊的线性空间,Hilbert 空间将有限维欧几里得空间拓展至无穷维,由于采用了 2-范数定义距离,Hilbert 空间是 Banach 空间的一个特例。

从数学角度看,最优控制中的性能泛函就是线性赋范空间中的某个子集到实数集的算子。要讨论泛函的极值,就要了解它的定义域、值域和泛函的性质。在线性赋范空间$\mathbb{R}^n$ 上,使泛函算子 $J[\boldsymbol{y}(x)]$有意义的元素 $\boldsymbol{y}(x)$的全体,称为 J 的**定义域**(也称为**容许函数空间**),记作 Y。定义域中元素在泛函算子 J 作用下所得实数集合记为$\mathbb{Z}$,称为 J 的**值域**。

定义 3.5(线性泛函) 假设 $J[\boldsymbol{y}(x)]$是线性赋范空间 Y 上的泛函,对于任意的常数 $\alpha,\beta\in\mathbb{R}$ 和 Y 中的任意函数 $\boldsymbol{y}_1(x)$、$\boldsymbol{y}_2(x)$,若都满足

$$J[\alpha\boldsymbol{y}_1(x)+\beta\boldsymbol{y}_2(x)]=\alpha J[\boldsymbol{y}_1(x)]+\beta J[\boldsymbol{y}_2(x)] \tag{3.1}$$

则称 $J[\boldsymbol{y}(x)]$是 Y 上的线性泛函。

由定义可知,线性泛函的泛函值随宗量 $\boldsymbol{y}(x)$线性变化,比如 $J=\int_a^b 2\boldsymbol{y}(x)\mathrm{d}x$ 即为线性泛函,$J=\int_a^b \boldsymbol{y}^2(x)\mathrm{d}x$ 不是线性泛函。在线性赋范空间$\mathbb{R}^n$ 上的宗量 $\boldsymbol{y}_0$,$\boldsymbol{y}_n\in\mathbb{R}^n$,对于每一个收敛于 $\boldsymbol{y}_0\in\mathbb{R}^n$ 的序列 $\boldsymbol{y}_n\in\mathbb{R}^n$,当 $\lim\limits_{n\to\infty}\boldsymbol{y}_n=\boldsymbol{y}_0$ 对应有 $\lim\limits_{n\to\infty}J[\boldsymbol{y}_n]=J[\boldsymbol{y}_0]$时,则称泛函算子 J 是在 $\boldsymbol{y}_0$ 处**连续**。如果泛函算子 $J[\boldsymbol{y}]$在$\mathbb{R}^n$ 上的每一点都连续,则称泛函在$\mathbb{R}^n$ 中连续。进一步,对于$\mathbb{R}^n$ 中的线性泛函 $J[\boldsymbol{y}]$,当其宗量满足 $\lim\limits_{n\to\infty}\boldsymbol{y}_n=\boldsymbol{y}$($\forall\,\boldsymbol{y},\boldsymbol{y}_n\in\mathbb{R}^n$)时必满足 $\lim\limits_{n\to\infty}J[\boldsymbol{y}_n]=J[\boldsymbol{y}]$,则线性泛函 $J[\boldsymbol{y}]$在$\mathbb{R}^n$ 中连续。实际上,在有限维线性空间中,任何线性泛函都是连续的。对于连续的泛函,便可以用某点微小邻域内的泛函值逼近该点的值。

3.1.2 泛函的变分

变分法是研究泛函极值的有力工具，其在泛函分析中的作用，可类比微分在函数讨论中的作用。有了泛函的定义和邻域等概念，很容易给出泛函极值的定义。

定义 3.6(泛函极小值) 假设 Y 是线性赋范空间中的一个集合，设 $J[\boldsymbol{y}(x)]$ 是以 Y 为定义域的泛函，若函数 $\boldsymbol{y}^*(x)\in Y$ 满足

$$J[\boldsymbol{y}^*(x)]\leqslant J[\boldsymbol{y}(x)],\quad \forall\, \boldsymbol{y}(x)\in Y \tag{3.2}$$

则称 $J[\boldsymbol{y}^*(x)]$ 是泛函 $J[\boldsymbol{y}(x)]$ 在 Y 上的(全局)**极小值**，称 $\boldsymbol{y}^*(x)$ 为(全局)**极小值函数**。若存在一正值常数 $\varepsilon\in\mathbb{R}$，使得在函数 $\boldsymbol{y}^*(x)$ 的邻域 $D_\varepsilon(\boldsymbol{y}^*)$：$\{\boldsymbol{y}\mid \|\boldsymbol{y}-\boldsymbol{y}^*\|\leqslant\varepsilon,\boldsymbol{y}\neq\boldsymbol{y}^*,\forall\,\boldsymbol{y}\in Y\}$ 内，都有

$$J[\boldsymbol{y}^*(x)]\leqslant J[\boldsymbol{y}(x)],\quad \forall\, \boldsymbol{y}(x)\in Y\cap D_\varepsilon(\boldsymbol{y}^*) \tag{3.3}$$

则称 $J[\boldsymbol{y}^*(x)]$ 是泛函 $J[\boldsymbol{y}(x)]$ 在 Y 上的**局部极小值**，称 $\boldsymbol{y}^*(x)$ 为**局部极小值函数**。

注意到，邻域 $D_\varepsilon(\boldsymbol{y}^*)$ 的定义中采用了 $\|\boldsymbol{y}-\boldsymbol{y}^*\|\leqslant\varepsilon(\varepsilon\in\mathbb{R}$ 且 $\varepsilon>0)$ 的表述，这表明两函数具有零阶接近度，此时得到的极值称为**强极值**(strong extrema)。对于连续可微函数 $\boldsymbol{y}(x)$，若它的导数项与 $\boldsymbol{y}^*(x)$ 同时也很接近，记为 $\|\dot{\boldsymbol{y}}-\dot{\boldsymbol{y}}^*\|\leqslant\varepsilon$，意味着两函数具有一阶接近度，此时的邻域可称为一阶 ε-邻域，对应的极值称为**弱极值**(weak extrema)。同理，还可以定义更高阶的接近度，当 $\|\boldsymbol{y}^{(k)}-\boldsymbol{y}^{*(k)}\|\leqslant\varepsilon$ 时称两函数具有 k 阶接近度。特别地，当宗量具有 k 阶接近度时，如果存在一个正值常数 $\zeta>0$，使得 $|J[\boldsymbol{y}^*]-J[\boldsymbol{y}]|<\zeta$，则称泛函 $J[\boldsymbol{y}(x)]$ 在 $\boldsymbol{y}^*(x)$ 处是 k 阶连续的。

讨论函数极值时，我们在极值点附近施加小扰动，进而比较受扰函数值与原函数值得出极值点。在讨论泛函极值时采用同样的思想，在宗量上施加小扰动，这个小扰动即为宗量的变分(variation)，记为

$$\delta\boldsymbol{y}=\boldsymbol{y}(x)-\boldsymbol{y}_0(x),\quad \forall\,\boldsymbol{y},\boldsymbol{y}_0\in\mathbb{R}^n \tag{3.4}$$

若 $\boldsymbol{y}+\delta\boldsymbol{y}\in\mathbb{R}^n$，由**宗量变分** $\delta\boldsymbol{y}$ 引起的泛函值的变化可表示为

$$\Delta J(\boldsymbol{y},\delta\boldsymbol{y})=J(\boldsymbol{y}+\delta\boldsymbol{y})-J(\boldsymbol{y})$$

参考函数 Taylor 展开，上式中 $\delta\boldsymbol{y}$ 对应的**泛函增量**可用两部分表示

$$\Delta J(\boldsymbol{y},\delta\boldsymbol{y})=L(\boldsymbol{y},\delta\boldsymbol{y})+R(\boldsymbol{y},\delta\boldsymbol{y}) \tag{3.5}$$

其中 $L(\boldsymbol{y},\delta\boldsymbol{y})$ 是关于 $\delta\boldsymbol{y}$ 的线性连续泛函(满足定义 3.5 的泛函)，$R(\boldsymbol{y},\delta\boldsymbol{y})$ 是关于 $\delta\boldsymbol{y}$ 的高阶无穷小量。记

$$\delta J=L(\boldsymbol{y},\delta\boldsymbol{y}) \tag{3.6}$$

则称 δJ 为泛函 $J[\boldsymbol{y}(x)]$ 的变分。由此可知，泛函的变分就是式(3.5)中泛函增量的线性主部。当一个泛函具有变分时，也称该泛函可微。

例 3.1 试求泛函 $J=\int_{x_1}^{x_2}y^2(x)\mathrm{d}x$ 的变分，其定义域 Y 为 $[x_1,x_2]$ 到 $\mathbb{R}$ 的连

续函数全体。

泛函增量为

$$\begin{aligned}\Delta J(y,\delta y) &= J(y+\delta) - J(y)\\ &= \int_{x_1}^{x_2}[y(x)+\delta y(x)]^2 \mathrm{d}x - \int_{x_1}^{x_2} y^2(x)\mathrm{d}x\\ &= \int_{x_1}^{x_2}\{2y(x)\delta y(x) + \delta y^2(x)\}\mathrm{d}x\\ &= \int_{x_1}^{x_2} 2y(x)\delta y(x)\mathrm{d}x + \int_{x_1}^{x_2}\delta y^2(x)\mathrm{d}x \end{aligned} \tag{3.7}$$

易得泛函增量的线性主部

$$L(y,\delta y) = \int_{x_1}^{x_2} 2y(x)\delta y(x)\mathrm{d}x$$

因此，所求泛函变分为

$$\delta J = L(y,\delta y) = \int_{x_1}^{x_2} 2y(x)\delta y(x)\mathrm{d}x$$

有了泛函变分的定义，可以讨论泛函的极值及其必要条件了。在此之前，还需要一个**开集**(open set)的概念，稍后给出原因。在非空集合 X 中，点集

$$S(\boldsymbol{y}_0;\tau) := \{\boldsymbol{y} \in X \mid d(\boldsymbol{y},\boldsymbol{y}_0) < \tau, \tau > 0\}$$

称为以点 $\boldsymbol{y}_0$ 为中心、以 τ 为半径的开球。假设对于子集 $Y \in X$，存在以 $\boldsymbol{y}$ 为中心的开球 $S(\boldsymbol{y};\tau) \subset Y$，则称点 $\boldsymbol{y}$ 为集合 Y 的内点。若集合 Y 的所有点都是其内点，则称 Y 为开集。

定理 3.1(泛函极值条件) 假设 $J(\boldsymbol{y}): Y \to \mathbb{R}$ 是线性赋范空间中某个开集 Y 上定义的可微泛函。若 $\boldsymbol{y}^* \in Y$ 是 J 的极值点，则对容许函数空间中的任意变分 $\delta\boldsymbol{y}$，泛函 $J(\boldsymbol{y})$ 在 $\boldsymbol{y} = \boldsymbol{y}^*$ 处必有变分

$$\delta J(\boldsymbol{y}^*, \delta\boldsymbol{y}) = 0 \tag{3.8}$$

证明 采用反证法。若定理不成立，泛函 $J(\boldsymbol{y}): Y \to \mathbb{R}$ 会存在极值点 $\boldsymbol{y}^* \in Y$，在极值点小邻域内存在容许变分 $\delta\boldsymbol{y}$，使得 $\delta J(\boldsymbol{y}^*, \delta\boldsymbol{y}) \neq 0$。不妨先讨论 $\delta J > 0$ 情况。已知 Y 是开集，可存在正值常数 $\alpha_0 \in (0,1)$，使得 $\forall\, 0 < \alpha \leqslant \alpha_0$ 都满足 $\alpha\boldsymbol{y} \in Y$ 和 $\boldsymbol{y}^* \pm \alpha\delta\boldsymbol{y} \in Y$。泛函 J 在 $\boldsymbol{y}^*$ 处的变分为线性泛函，满足式(3.1)的条件：

$$\begin{aligned}\delta J(\boldsymbol{y}^*, +\alpha\delta\boldsymbol{y}) &= +\alpha\delta J(\boldsymbol{y}^*, \delta\boldsymbol{y})\\ \delta J(\boldsymbol{y}^*, -\alpha\delta\boldsymbol{y}) &= -\alpha\delta J(\boldsymbol{y}^*, \delta\boldsymbol{y})\end{aligned} \tag{3.9}$$

由式(3.5)知泛函增量为

$$\Delta J(\boldsymbol{y}^*, \alpha\delta\boldsymbol{y}) = \delta J(\boldsymbol{y}^*, \alpha\delta\boldsymbol{y}) + R(\boldsymbol{y}^*, \alpha\delta\boldsymbol{y})$$

当常值 α 足够小时，可忽略上式中变分的高阶无穷小量 $R(\boldsymbol{y}^*, \alpha\delta\boldsymbol{y})$，进而使得泛函增量 $\Delta J(\boldsymbol{y}^*, \alpha\delta\boldsymbol{y})$ 与泛函变分项 $\delta J(\boldsymbol{y}^*, \alpha\delta\boldsymbol{y})$ 符号相同。将式(3.9)代入上式，可得

$$\Delta J(\boldsymbol{y}^*, +\alpha\delta\boldsymbol{y}) > 0$$

$$\Delta J(\boldsymbol{y}^*, -\alpha\delta\boldsymbol{y}) < 0$$

这与 $\boldsymbol{y}^*$ 是泛函的极值点矛盾。对于 $\delta J < 0$ 的情况同理可证。因此，$\boldsymbol{y}^*$ 是泛函 $J(y)$ 极值点时，必有 $\delta J = 0$。

上面泛函极值定理和证明过程有两点特殊说明一下，即泛函 $J(y)$ 可微，其定义域是线性赋范空间上的开集 Y。可微性保证了泛函变分存在，可以有式(3.8)的形式。开集 Y 则保证对于一个小的常值正数满足 $\boldsymbol{y}^* \pm \alpha\delta\boldsymbol{y} \in Y$，即 $\boldsymbol{y}^*$ 在宗量变分微小扰动下，依然处于泛函定义域内，避免了最优解处于边界或超出容许集的情况。有了定理 3.1 之后，要求解泛函极值，还需要用到微积分中的一个引理。此处不加证明地给出该引理[1]。

引理 3.1 若连续函数 $f(t): [t_0, t_f] \to \mathbb{R}$，对于任意满足 $h(t_0) = h(t_f) = 0$ 的连续函数 $h(t): [t_0, t_f] \to \mathbb{R}$ 都有

$$\int_{t_0}^{t_f} f(t)h(t)\mathrm{d}t = 0$$

则必有 $f(t) = 0, t \in [t_0, t_f]$。

例 3.2 求解例 3.1 中 $J = \int_{x_1}^{x_2} y^2(x)\mathrm{d}x$ 泛函极值，满足 $y(x_1) = y(x_2) = 0$。

根据定理 3.1，对于任意的变分 δy，在极值点处都有泛函 $\delta J = 0$。由例 3.1 可知 $\delta J = \int_{x_1}^{x_2} 2y(x)\delta y(x)\mathrm{d}x$。于是，对任意的宗量变分 δy 都存在

$$\delta J = \int_{x_1}^{x_2} 2y(x)\delta y(x)\mathrm{d}x = 0$$

由引理 3.1 可知，必有 $2y(x) = 0$，即 $y(x) = 0, x \in [x_1, x_2]$。实际上，题目中泛函表示函数 $y^2(x) \geqslant 0$ 的积分，唯有 $y(x) = 0$ 时可以取得极小值零。

练习 3.1 求解泛函 $J[x(t)]: \Omega \to \mathbb{R}$ 的极值，其中定义域 Ω 为$[0,1]$到$\mathbb{R}$ 连续函数全体，泛函表达式为 $J[x(t)] = \int_0^1 [x^2(t) + 2x(t)]\mathrm{d}t$。

第 2 章中讨论函数极值问题，对于连续可微函数求解极值时，通过对函数求导得其一阶必要条件。同理，若泛函可微，也可以利用微积分方式来计算泛函。为此，可给出如下定理。

定理 3.2(微积分法求变分) 设 $J(\boldsymbol{y})$ 线性赋范空间$\mathbb{R}^n$ 上的连续泛函，若其对函数 $\boldsymbol{y} \in \mathbb{R}^n$ 可微，则泛函变分为

$$\delta J(\boldsymbol{y}, \delta\boldsymbol{y}) = \frac{\partial}{\partial\alpha} J(\boldsymbol{y} + \alpha\delta\boldsymbol{y})\bigg|_{\alpha=0}, \quad \alpha \in \mathbb{R} \tag{3.10}$$

证明 已知泛函 $J(\boldsymbol{y})$ 对函数 $\boldsymbol{y} \in \mathbb{R}^n$ 可微，必存在变分。由泛函增量定义有

$$\begin{aligned}\Delta J &= J(\boldsymbol{y} + \alpha\delta\boldsymbol{y}) - J(\boldsymbol{y}) \\ &= L(\boldsymbol{y}, \alpha\delta\boldsymbol{y}) + R(\boldsymbol{y}, \alpha\delta\boldsymbol{y})\end{aligned}$$

式中 $L(\boldsymbol{y}, \alpha\delta\boldsymbol{y})$ 是关于 $\alpha\delta\boldsymbol{y}$ 的线性连续泛函，有 $L(\boldsymbol{y}, \alpha\delta\boldsymbol{y}) = \alpha L(\boldsymbol{y}, \delta\boldsymbol{y})$。第二项

$R(\boldsymbol{y},\alpha\delta\boldsymbol{y})$是关于$\alpha\delta\boldsymbol{y}$ 的高阶无穷小,故$\lim\limits_{\alpha\to 0}[R(\boldsymbol{y},\alpha\delta\boldsymbol{y})/\alpha]=0$。据此可得

$$\begin{aligned}\frac{\partial}{\partial\alpha}J(\boldsymbol{y}+\alpha\delta\boldsymbol{y})\bigg|_{\alpha=0}&=\lim_{\alpha\to 0}\frac{J(\boldsymbol{y}+\alpha\delta\boldsymbol{y})-J(\boldsymbol{y})}{\alpha}\\&=\lim_{\alpha\to 0}\frac{1}{\alpha}[L(\boldsymbol{y},\alpha\delta\boldsymbol{y})+R(\boldsymbol{y},\alpha\delta\boldsymbol{y})]\\&=\delta J(\boldsymbol{y},\delta\boldsymbol{y})\end{aligned}$$

例 3.3 应用定理 3.2 求例 3.1 中 $J=\int_{x_1}^{x_2}y^2(x)\mathrm{d}x$ 泛函极值。

首先利用微积分法求解泛函变分

$$\begin{aligned}\delta J(y,\delta y)&=\frac{\partial}{\partial\alpha}J(y+\alpha\delta y)\bigg|_{\alpha=0}\\&=\frac{\partial}{\partial\alpha}\int_{x_1}^{x_2}(y+\alpha\delta y)^2\mathrm{d}x\bigg|_{\alpha=0}\\&=\int_{x_1}^{x_2}\frac{\partial}{\partial\alpha}(y+\alpha\delta y)^2\mathrm{d}x\bigg|_{\alpha=0}\\&=\int_{x_1}^{x_2}2(y+\alpha\delta y)\delta y\,\mathrm{d}x\bigg|_{\alpha=0}\\&=\int_{x_1}^{x_2}2y\delta y\,\mathrm{d}x\end{aligned}$$

所求泛函变分结果与应用定义求解的例 3.1 结果一致。泛函取得极值时满足 $\delta J=\int_{x_1}^{x_2}2y\delta y\,\mathrm{d}x=0$,由变分 δy 任意性知 $y=0$ 为极值函数,对应的泛函极值为零。所得结果与例 3.2 一致。

由变分定义可知,泛函的变分是一种线性映射,其运算规则与函数线性运算类似。下面简单给出几条常见运算规则,不妨设线性赋范空间上定义的泛函 J、J_1 和 J_2 是 $\boldsymbol{y},\dot{\boldsymbol{y}},\boldsymbol{x}\in\mathbb{R}^n$ 的函数,则有:

① $\delta(J_1+J_2)=\delta J_1+\delta J_2$

② $\delta(J_1\cdot J_2)=J_1\delta J_2+J_2\delta J_1$

③ $\delta\int_{x_1}^{x_2}J(\boldsymbol{y},\dot{\boldsymbol{y}},\boldsymbol{x})\mathrm{d}x=\int_{x_1}^{x_2}\delta J(\boldsymbol{y},\dot{\boldsymbol{y}},\boldsymbol{x})\mathrm{d}x$

④ $\delta\dot{\boldsymbol{y}}=\delta\dfrac{\mathrm{d}\boldsymbol{y}}{\mathrm{d}\boldsymbol{x}}=\dfrac{\mathrm{d}}{\mathrm{d}\boldsymbol{x}}\delta\boldsymbol{y}$

实际上,在例 3.3 的求解中已经运用了运算规则③。特别地,在定理 3.2 的基础上,若泛函的 n 阶变分存在,则其 n 阶变分计算式为

$$\delta^{(n)}J(\boldsymbol{y},\delta\boldsymbol{y})=\frac{\partial^n}{\partial\alpha^n}J(\boldsymbol{y}+\alpha\delta\boldsymbol{y})\bigg|_{\alpha=0},\quad\alpha\in\mathbb{R}\tag{3.11}$$

如果泛函 $J(\boldsymbol{y})$是多元泛函 $J(\boldsymbol{y})=J[\boldsymbol{y}_1,\boldsymbol{y}_2,\cdots,\boldsymbol{y}_n]$,函数 $\boldsymbol{y}_i$,$i=1,2,\cdots,n$ 是泛函的宗量函数,此时 $J(\boldsymbol{y})$的变分为

$$\delta J(\boldsymbol{y},\delta\boldsymbol{y})=\frac{\partial}{\partial\alpha}J[\boldsymbol{y}_1+\alpha\delta\boldsymbol{y}_1,\boldsymbol{y}_2+\alpha\delta\boldsymbol{y}_2,\cdots,\boldsymbol{y}_n+\alpha\delta\boldsymbol{y}_n]\bigg|_{\alpha=0},\quad \alpha\in\mathbb{R} \tag{3.12}$$

练习 3.2 应用定理 3.2 求解泛函 $J[x(t)]:\Omega\to\mathbb{R}$ 极值，其中定义域 Ω 为 $[0,1]$到$\mathbb{R}$ 连续函数全体，泛函表达式为 $J[x(t)]=\int_0^1[x^2(t)+2x(t)]\mathrm{d}t$。

3.2 Euler-Lagrange 方程

从 1.2 节可知，Euler 以前的学者关于变分法的研究主要针对某一个具体问题，包括最速降线问题、测地线问题或等周问题等。Euler 在总结前人成果并吸收先辈求解思想经验的基础上，将这些问题中要极值化的量(即性能指标)统一为一个一般积分的形式，为他开展变分法一般化研究找到了突破口，进而将变分法引向独立的数学分支。

Euler-Lagrange 方程作为变分法基本方程，是求解泛函极值驻点条件有力工具，也是变分法走向成熟的重要标志。Euler 针对一般变分问题(形如例 1.3)推导了该方程，Lagrange 基于全新的符号以更为简洁的推导得到此方程，并作为古典变分法中标准推导沿用至今，后世将他们得到的这个方程称为欧拉-拉格朗日方程(Euler-Lagrange Equation)，控制中又简称为 Euler 方程，力学中则常称为 Lagrange 方程。下面以例 1.3 中的基本变分问题为例，首先给出 Euler 解法。

3.2.1 Euler 的几何方法

为讨论计算方便，不妨取问题中状态变量为一维，即 $y(x):[x_0,x_f]\in\mathbb{R}$ 是一条平面曲线，假设函数 $L(y,\dot{y},x)$ 有连续偏导数，曲线两端点固定 $y(x_0)=y_0$，$y(x_f)=y_f$。要寻找连续可微的曲线 $y(x)$，最小化积分型性能指标(1.11)式：

$$\min J(y)=\int_{x_0}^{x_f}L(y,\dot{y},x)\mathrm{d}x$$

Euler 主要受到微积分思想的影响，求解问题时采用的基于微积分思想的几何法，通过几何直观分解问题，利用微分方程得到基本方程。其具体推导过程如下：

Euler 默认所求解问题中 $y(x)$ 在有限区间内是连续可微函数(当时还没有连续不可导的概念)，欲求极值曲线，先将曲线横轴$[x_0,x_f]$等分为 n 段，如图 3.2 所

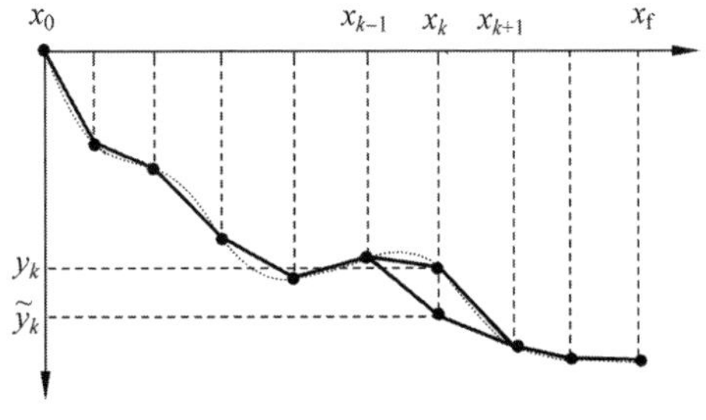

图 3.2 Euler 几何法示意图

示，容易求得每一段区间长度 $\Delta x=(x_{\mathrm{f}}-x_0)/n$，由此得到横轴上 $n+1$ 个坐标点 $\{x_0,x_1,\cdots,x_{k-1},x_k,x_{k+1},\cdots,x_{\mathrm{f}}\}$，其中 $x_k=x_{k-1}+\Delta x(k=1,2,3,\cdots,n)$ 且 $x_n=x_{\mathrm{f}}$。假设图中用虚线表示的曲线即为最优解，曲线在上述横轴对应离散点处的取值分别为 $y_0=y(x_0),y_1=y(x_1),\cdots,y_n=y(x_n)$，连接曲线上这 $n+1$ 个离散点可得一个由线段组成的折线，以此作为最优曲线的近似。

经过上述近似处理，积分型性能指标可以重新表示为多项式求和的形式

$$\begin{cases}J(y)=\int_{x_0}^{x_{\mathrm{f}}}L(y,\dot{y},x)\mathrm{d}x\approx\sum_{k=0}^{n-1}L(y_k,\dot{y}_k,x_k)\Delta x=:\bar{J}[y_1,y_2,\cdots,y_n]\\ \bar{J}[y_i]=:L(y_{i-1},\dot{y}_{i-1},x_{i-1})\Delta x,\quad i=1,2,\cdots,n\end{cases}\tag{3.13}$$

式中 J 是关于宗量 $y_1,y_2,\cdots,y_n$ 的函数。各宗量的导数 $\dot{y}_k$ 可通过有限差分近似为

$$\dot{y}_k\approx\frac{y_{k+1}-y_k}{\Delta x},\quad k=1,2,\cdots,n-1$$

此时，最优控制问题成功转化为求解 $n-1$ 个离散点处的值 $y_1,y_2,\cdots,y_{n-1}$（y_0 和 y_n 固定），使得性能指标取极值。考查 Euler 当年的论文，将其求解思路概括为图 3.3 中的步骤，此前的推导完成了第一步“离散化”。

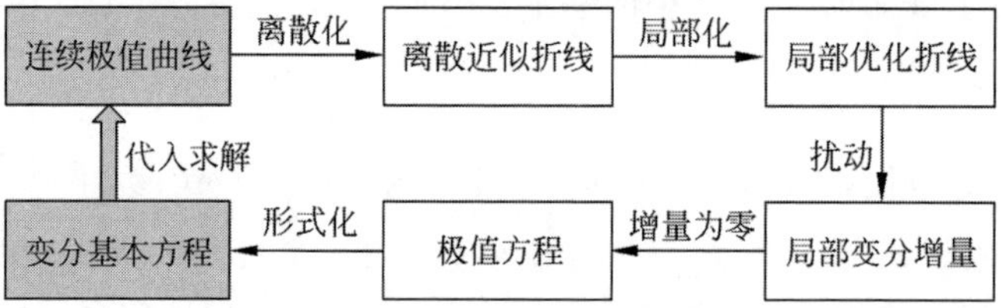

图 3.3 Euler 几何方法求解思想

在第二步“局部化”处理时，隐含的关键信息为“全局最优曲线对应的局部曲线也一定是最优的”。为此，在讨论问题极值时，可仅令某一点处的函数发生变化，如假设给 y_k 施加一个微小“扰动”Δy_k，记 $\tilde{y}_k=y_k+\Delta y_k$，其余 $n-2$ 个离散点处的函数值均保持不变，如图 3.2 所示。新的性能指标 $\tilde{J}=\bar{J}[y_1,\cdots,y_{k-1},\tilde{y}_k,y_{k+1},\cdots,y_n]$，对应的极值必要条件为“增量为零”，即

$$\frac{\partial\tilde{J}}{\partial y_k}=0,\quad k=1,2,\cdots,n-1$$

由图 3.3 可知，在 x_k 处对 y_k 施加小扰动时仅会引起$[x_{k-1},x_k]$和$[x_k,x_{k+1}]$两个区间性能指标的扰动，即

$$\frac{\partial\tilde{J}}{\partial y_k}=0=\frac{\partial}{\partial y_k}[L(y_{k-1},\dot{y}_{k-1},x_{k-1})\Delta x+L(y_k,\dot{y}_k,x_k)\Delta x]$$

式中 $\dot{y}_{k-1}=(y_k-y_{k-1})/\Delta x,\dot{y}_k=(y_{k+1}-y_k)/\Delta x$。求导函数中与 y_k 相关的量

有 $\dot{y}_{k-1}$，y_k 和 $\dot{y}_k$，对应各量将上式展开

$$\frac{\partial \tilde{J}}{\partial y_k}=0=\frac{\partial L}{\partial \dot{y}}\frac{\partial \dot{y}_{k-1}}{\partial y_k}\bigg|_{x_{k-1}}\Delta x+\frac{\partial L}{\partial y}\bigg|_{x_k}\Delta x+\frac{\partial L}{\partial \dot{y}}\frac{\partial \dot{y}_k}{\partial y_k}\bigg|_{x_k}\Delta x$$

$$=\frac{\partial L}{\partial y}\bigg|_{x_k}\Delta x-\left(\frac{\partial L}{\partial \dot{y}}\bigg|_{x_k}-\frac{\partial L}{\partial \dot{y}}\bigg|_{x_{k-1}}\right),\quad k=1,2,\cdots,n-1$$

式中 $|_{x_k}$ 表示在 x_k 处取值。等式两边同时除以不为零的 Δx，得

$$\frac{\partial L}{\partial y}\bigg|_{x_k}-\left(\frac{\partial L}{\partial \dot{y}}\bigg|_{x_k}-\frac{\partial L}{\partial \dot{y}}\bigg|_{x_{k-1}}\right)\bigg/\Delta x=0,\quad k=1,2,\cdots,n-1$$

在此基础上令 $n\to\infty$，有 $\Delta x\to 0$，微分“形式化”即可得到一般变分问题极值条件的 Euler-Lagrange 方程

$$\frac{\partial}{\partial y}L(y,\dot{y},x)-\frac{\mathrm{d}}{\mathrm{d}x}\left(\frac{\partial}{\partial \dot{y}}L(y,\dot{y},x)\right)=0 \tag{3.14}$$

对于具体问题，将性能指标中的 Lagrange 函数 $L(y,\dot{y},x)$ 代入式(3.14)，通常即可求得极值曲线。

以现代观点视之，Euler 当年基于微积分思想的几何解法对于泛函极值问题无疑是超前于时代的，非常简洁有效。实际上，他是将连续的或动态的**过程优化问题**成功转化为离散的**参数优化问题**，为后世的非线性规划等研究提供了重要启示。受过数学分析严格化训练的读者，是否发现几何方法中存在的问题呢？是的，有限差分近似微分的精度、问题边界条件的处理等都不够严谨，但更为关键的问题出在第二步：“局部化”。Euler 及其之前的学者都认为全局最优曲线的局部也应当是最优的，而我们现在知道“并非任意情况下极小化序列都有子序列收敛到极小值”[2]。这是 Euler 受限于当时的数学水平所致，犹如牛顿和莱布尼茨没有关注连续函数可导性一样。对此，法国数学家皮卡(Emile Picard，1856—1941)有言：“如果牛顿和莱布尼茨想到了连续函数不一定有导数，那么微积分就不会被创造出来[3]。”**如果 Euler 一开始发现了极值曲线的局部可能不是最优的，那很可能基本方程的推导会延后，甚至变分法的发展都可能受到影响**。随着数学严格化，20 世纪初 Hilbert 成功“挽救了”Dirichlet 原理，进一步发展了 Euler 的方法，将此类构造函数序列求极值的方法称为**直接变分**。

欧拉
(1707—1783)

随着计算机的发展和大规模数值计算的实现，直接变分在 20 世纪中后期得到长足发展，成为优化问题求解中的一大类方法：直接法，又称配点法(callocation method)或直接转录法(direct transcription method)[4]。直接法通过引入离散节点或离散网格，将优化问题中状态变量和控制变量离散，同时将动态约束条件转化为各节点处代数约束条件，最终将原来的连续优化问题转化为一个离散参数优化问题(非线性规划问题 NLP)[5]。那么，离散节点的选取，包括离散点的个数、分布

等，显然会对优化问题的求解产生影响。直接法相关研究[6]及其实际应用(如连续小推力航天器轨迹优化设计)依然是一个活跃的研究方向。

练习 3.3 对直接法感兴趣的读者，调研相关书籍文献，给出常用的离散点插值方法。

1755 年 Lagrange 的来信改变了 Euler 对变分问题的看法。1766 年 Euler《变分法基础》中给出了 Euler-Lagrange 方程及其广泛应用，但他放弃了自己的直接法，转而采用了 Lagrange 的推导方法，正如书中引言所说，该方法来自他的学生：这个来自都灵的深刻的数学家 Lagrange!

3.2.2 Lagrange 的分析解法

在 Johann Bernoulli(1667—1748)引导下，Euler 于 1728 年开始变分法领域的研究。1744 年他出版著作《寻求具有极大或极小特性曲线或解最广义等周问题的技巧》(简称《技巧》)，标志着变分法作为一门独立的分析学分支的初步形成，成为变分法发展史上的一座里程碑。Lagrange 深入学习了《技巧》一书，书中 Euler 的评论"需要一种方法，这种方法不受几何的约束"很可能激发了 Lagrange 的研究兴趣。

1760 年，Lagrange 在《都灵论丛》上他的第一篇关于变分法的论文中写道："……由于这种方法①要求同样的量以两种不同的方式变化，为了不引起混淆，我在计算中引入了一种新的标记 δ……"。通过引入全新的符号 δ，Lagrange 消除了 Euler 方法中微分符号 d 的双重含义，成功摆脱了几何直观，实现了简化计算的目标和统一形式化的处理。

书中第 2 章函数极值分析告诉我们，极值分析的重要思想是受扰增量与零值的比较。Euler 求解基本方程时"扰动"和"增量为零"即是这一思想的运用。他的方法之所以被称为几何法，是因为采用了基于几何直观的"离散化"和"局部化"。如果曲线不离散，是否能够比较受扰曲线和原曲线的关系呢？这等价于 Euler 方法中 $\Delta x \to 0(n \to \infty)$ 时曲线上所有的节点全部变动，此时受扰函数与原函数对应的极值比较问题。作为一个 19 岁的年轻人，Lagrange 大胆抛弃了 Euler 方法中的前两步，对关心的被积函数 y(不用关心具体形式，即不关心曲线形状)直接施加扰动，记作 $\alpha\delta y$。通过比较受扰函数对应极值与原函数极值的关系，令增量为零得到极值必要条件或驻点条件，其中充分小的常值 α 可理解为曲线小扰动方向 δy 的幅值。下面简述 Lagrange 这一解析方法。

如图 3.4 所示，假设函数 y 对应的是极小值函数，施加任意容许的"小扰动" δy，得受扰曲线 $y+\alpha\delta y$(仍在问题定义域内)，满足端点约束 $y(x_0)+\alpha\delta y(x_0)=y_0$ 和 $y(x_f)+\alpha\delta y(x_f)=y_f$。受扰曲线对应的性能指标 $J(y+\alpha\delta y)$应不小于原极

① 指 Lagrange 发明的新方法。

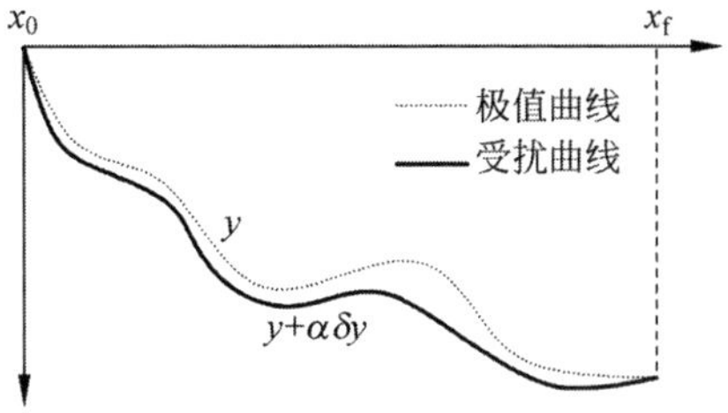

图 3.4　Lagrange 解析方法示意图

小值函数指标，即 $\Delta J = J(y+\alpha\delta y) - J(y) \geqslant 0$。对于给定的 y 和 δy，$J(y+\alpha\delta y)$ 是关于 α 的函数，若 y 为极值函数，那么 $\alpha=0$ 时取得极值。依据函数极值条件，可得对于任意的扰动 δy，有

$$\frac{\mathrm{d}}{\mathrm{d}\alpha} J(y+\alpha\delta y)\bigg|_{\alpha=0} = 0 \tag{3.15}$$

将基本变分问题表达式代入上式，有

$$\begin{aligned}
0 &= \frac{\mathrm{d}}{\mathrm{d}\alpha} J(y+\alpha\delta y)\bigg|_{\alpha=0} \\
&= \frac{\mathrm{d}}{\mathrm{d}\alpha}\left\{\int_{x_0}^{x_f} L(y+\alpha\delta y, \dot{y}+\alpha\delta\dot{y}, x)\right\}\bigg|_{\alpha=0} \\
&= \int_{x_0}^{x_f}\left\{\frac{\partial}{\partial y} L(y,\dot{y},x)\delta y + \frac{\partial}{\partial \dot{y}} L(y,\dot{y},x)\delta\dot{y}\right\}\mathrm{d}x
\end{aligned}$$

已知任意扰动 δy，将未知的 $\delta\dot{y}$ 项转化为关于 δy 的表达式。参照分部积分 (integration by parts) 公式 $\int u\,\mathrm{d}v = uv - \int v\,\mathrm{d}u$，化简上式第二项

$$\begin{aligned}
&\int_{x_0}^{x_f}\left\{\frac{\partial}{\partial \dot{y}} L(y,\dot{y},x)\delta\dot{y}\right\}\mathrm{d}x \\
=&\int_{x_0}^{x_f}\left\{\frac{\partial}{\partial \dot{y}} L(y,\dot{y},x)\,\frac{\mathrm{d}}{\mathrm{d}x}(\delta y)\right\}\mathrm{d}x \\
=&\left[\frac{\partial}{\partial \dot{y}} L(y,\dot{y},x)\cdot\delta y\right]\bigg|_{x_0}^{x_f} - \int_{x_0}^{x_f}\left\{\delta y\cdot\frac{\mathrm{d}}{\mathrm{d}x}\left(\frac{\partial}{\partial \dot{y}} L(y,\dot{y},x)\right)\right\}\mathrm{d}x
\end{aligned}$$

将此式代入前一表达式并整理

$$\begin{aligned}
0 &= \int_{x_0}^{x_f}\left\{\frac{\partial}{\partial y} L(y,\dot{y},x)\delta y + \frac{\partial}{\partial \dot{y}} L(y,\dot{y},x)\delta\dot{y}\right\}\mathrm{d}x \\
&= \int_{x_0}^{x_f}\left\{\frac{\partial L}{\partial y}\delta y\right\}\mathrm{d}x + \left[\frac{\partial L}{\partial \dot{y}}\cdot\delta y\right]\bigg|_{x_0}^{x_f} - \int_{x_0}^{x_f}\left\{\delta y\cdot\frac{\mathrm{d}}{\mathrm{d}x}\left(\frac{\partial L}{\partial \dot{y}}\right)\right\}\mathrm{d}x \\
&= \int_{x_0}^{x_f}\left\{\frac{\partial}{\partial y} L(y,\dot{y},x) - \frac{\mathrm{d}}{\mathrm{d}x}\left(\frac{\partial}{\partial \dot{y}} L(y,\dot{y},x)\right)\right\}\delta y\,\mathrm{d}x + \left[\frac{\partial}{\partial \dot{y}} L(y,\dot{y},x)\cdot\delta y\right]\bigg|_{x_0}^{x_f}
\end{aligned}$$

由引理 3.1，上式恒成立的条件为

$$\begin{cases} \dfrac{\partial}{\partial y}L(y,\dot{y},x)-\dfrac{\mathrm{d}}{\mathrm{d}x}\left(\dfrac{\partial}{\partial \dot{y}}L(y,\dot{y},x)\right)=0 \\ \left[\dfrac{\partial}{\partial \dot{y}}L(y,\dot{y},x)\cdot\delta y\right]\Bigg|_{x_0}^{x_\mathrm{f}}=0 \end{cases} \tag{3.16}$$

基本变分问题中两端点固定，即 $\delta y(x_0)=\delta y(x_\mathrm{f})=0$，知式(3.16)中第二式成立。第一式与式(3.14)一致，即 Euler-Lagrange 方程。注意，此处分析时假定受扰函数仍位于定义域内，后续学习中这一条件会有不满足的情况，届时详论。

3.2.3 最速降线与最小作用量原理

求解最速降线问题

最速降线问题例 1.2 为边值条件固定的 Lagrange 问题，要求对应的函数 $y(x)$使得滑行时间性能指标

$$T[y(x)]=\int_0^{x_1}F(y,\dot{y},x)\mathrm{d}x$$

达到极小，其中 $F(y,\dot{y},x)=\sqrt{1+\dot{y}^2}/\sqrt{2gy}$，$g$ 为重力加速度常数。所求极值曲线需满足边值条件 $y(0)=0$ 和 $y(x_1)=y_1$。

采用 Euler-Lagrange 方程(3.16)求解该问题，对于两端点固定的最速降线问题，对应方程为

$$\frac{\partial F}{\partial y}-\frac{\mathrm{d}}{\mathrm{d}x}\left(\frac{\partial F}{\partial \dot{y}}\right)=0$$

为求解这个二阶微分方程，首先看 $y(x)$的性质。显然，$y(x)$等于常值(对应水平直线)不是极值解，即 $\dot{y}(x)$不恒为零。由此，等式两端同乘 $\dot{y}(x)$，得

$$\dot{y}\cdot\frac{\partial F}{\partial y}-\dot{y}\cdot\frac{\mathrm{d}}{\mathrm{d}x}\left(\frac{\partial F}{\partial \dot{y}}\right)=\frac{\mathrm{d}}{\mathrm{d}x}\left(F-\dot{y}\cdot\frac{\partial F}{\partial \dot{y}}\right)=0$$

积分上式可得 $F-\dot{y}\cdot\dfrac{\partial F}{\partial \dot{y}}=c$，式中 c 为待定常数。将 $F(y,\dot{y},x)=\sqrt{1+\dot{y}^2}/\sqrt{2gy}$ 代入可得

$$\frac{\sqrt{1+\dot{y}^2}}{\sqrt{2gy}}-\frac{1}{\sqrt{2gy}}\frac{\dot{y}^2}{\sqrt{1+\dot{y}^2}}=\frac{1}{\sqrt{2gy(1+\dot{y}^2)}}=c$$

整理上式得

$$y=\frac{1}{2gc^2(1+\dot{y}^2)}$$

采用参数法求解该一阶常微分方程，令 $\dot{y}=\cot\theta$，代入上式有

$$y(\theta)=\frac{1}{2gc^2(1+\cot^2\theta)}=\frac{\sin^2\theta}{2gc^2}$$

考虑三角函数公式 $\cos 2\theta = 1 - 2\sin^2\theta$，有

$$\mathrm{d}x = \frac{\mathrm{d}y}{\cot\theta} = \frac{1}{\cot\theta}\frac{\mathrm{d}y}{\mathrm{d}\theta}\mathrm{d}\theta$$

$$= \frac{1}{\cot\theta}\frac{2\sin\theta\cos\theta}{2gc^2}\mathrm{d}\theta = \frac{\sin^2\theta}{gc^2}\mathrm{d}\theta = \frac{1-\cos 2\theta}{2gc^2}\mathrm{d}\theta$$

积分上式可得

$$x(\theta) = \frac{2\theta - \sin 2\theta}{4gc^2} + c_1$$

式中 c_1 为另一待定常数。将问题初值 $[x(\theta), y(\theta)]^{\mathrm{T}}\Big|_{\theta=0} = [0,0]^{\mathrm{T}}$ 代入，可得 $c_1 = 0$。为表达简洁，取参数 $\varphi = 2\theta$，可得最速降线的参数方程为

$$\begin{cases} x(\varphi) = a(\varphi - \sin\varphi) \\ y(\varphi) = a(1-\cos\varphi) \end{cases} \tag{3.17}$$

式中常数 a 由边值条件 $y(x_1) = y_1$ 确定。上述极值解是 Euler-Lagrange 方程的唯一解，鉴于该问题必存在极小值解，可知式(3.17)对应的极值曲线即为所求。

以边界条件 $y(\pi)=1$ 为例，可得常数 $a=1/2$，取参数 $\varphi \in [0, 2\pi]$，所得曲线如图 3.5，这就是 Johann Bernoulli 公开挑战的最速降线(brachistochrone curve)。这是一条旋轮线，也叫摆线(cycloid)，是圆在沿一条直线纯滚动时，圆周上一固定点的轨迹。由图 3.5 可知，常数 a 正是旋轮线对应圆周的半径。摆线具有很多良好的性质，如惠更斯(Christiaan Huygens，1629—1695)提出的等时性。

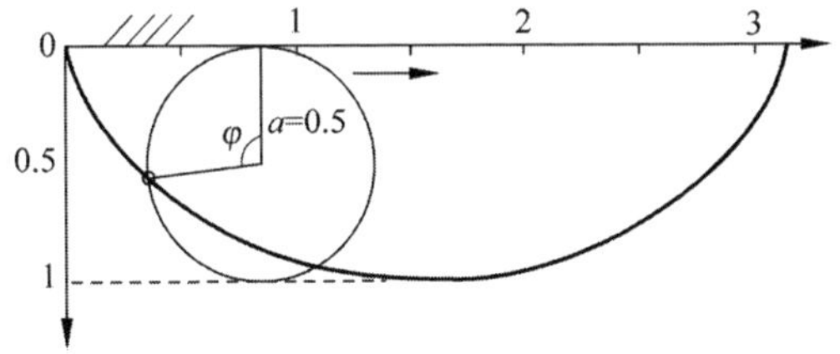

图 3.5　最速降线数值示例

练习 3.4　《论语·述而》："举一隅不以三隅反，则不复也。"在例 1.2 基础上，求解曲线摩擦系数为 μ 时的最速降线[7]。

练习 3.5　应用 Euler-Lagrange 方程，证明两点之间线段最短。

最小作用量原理

1744 年法国数学家莫培督(Pierre Louis Maupertuis，1698—1759)提出了最小作用量原理(least action principle)，同年 Euler 在《技巧》一书中给出了该原理的数学描述。它实际上是一种变分原理，当应用于机械系统时，可以得到系统的运动微分方程，同时在相对论、量子力学等现代物理学中也有着广泛的用途。雅可比(Carl Jacobi，1804—1851)称其为分析力学之母。18 世纪末时的数学家对数学的

发展呈悲观态度，1783 年 Euler 去世了，此时拉普拉斯 34 岁、勒让德 31 岁、傅里叶 15 岁、高斯 6 岁，而泊松才 2 岁。Lagrange 当时都觉得数学的"矿井已挖掘很深了"，未来有可能"变成目前大学里阿拉伯语的处境"。

当然，我们知道 19 世纪的数学发展超过了 18 世纪，其中 19 世纪上半叶变分法的主导动力正是来自于最小作用量原理。来自爱尔兰的哈密顿(William Hamilton，1805—1865)给出了动力学中适用于完整系统的变分原理，重新表述了最小作用量原理，称为哈密顿原理(Hamilton's principle)。这一原理能够给出力学系统运动规律一般的表述，简述如下。

哈密顿
(1805—1865)

一个力学系统可以用一个 Lagrange 函数 $L[q(t),\dot{q}(t),t]$来描述，其中广义坐标 $q(t)$表示位置，$\dot{q}(t)$为广义速度，二者都是时间 t 的函数。对于质点系而言，$q(t)$和 $\dot{q}(t)$相应地为多维向量。为讨论方便，此处假设为单个质点的运动分析，二者均为标量。假设初始时刻 t_1 和终端时刻 t_2 质点的位置固定为 $q(t_1)$和 $q(t_2)$，那么，系统在这两位置间的运动将使得积分

$$S=\int_{t_1}^{t_2}L[q(t),\dot{q}(t),t]\mathrm{d}t \tag{3.18}$$

在足够小的区间内取最小值[8](对整个区间取驻值)。式(3.18)称为作用量。

该问题本质上就是一个边值条件固定的 Lagrange 问题，作用量取得极值的驻点条件为 $\delta S=\delta\int_{t_1}^{t_2}L[q,\dot{q},t]\mathrm{d}t=0$，求解变分并整理便可得到运动方程

$$\frac{\mathrm{d}}{\mathrm{d}t}\left(\frac{\partial L}{\partial \dot{q}}\right)-\frac{\partial L}{\partial q}=0 \tag{3.19}$$

式(3.19)在力学中称为 **Lagrange 方程**。对于封闭力学系统假设势能为非时变的 $U(r)$，r 为质点的矢径，引力场内绕飞质点的动能 $T=mv^2/2$，对应 Lagrange 函数

$$L=\frac{mv^2}{2}-U(r)$$

将其代入式(3.19)，整理可得

$$m\frac{\mathrm{d}v}{\mathrm{d}t}=-\frac{\partial U(r)}{\partial r}=F(r)$$

上式正是大家熟知的牛顿第二定律。若讨论的是由 s 个质点组成的质点系运动问题，式(3.19)拓展为一组微分方程组，是包括 s 个未知函数 $q_i(t)(i=1,2,\cdots,s)$的 s 个二阶微分方程，方程组的通解包含 $2s$ 个任意常数。为了确定这些常数，需要已知边界条件，在力学问题中通常为位置和速度的初值。

Hamilton 方程组

在变分问题中，求解 s 维偏微分方程组的通解是困难的。仍以一个质点运动

为例，当运动为一维时（或仅考虑物体沿某一坐标轴运动），Euler-Lagrange 方程是常微分方程（ordinary differential equation，ODE），在一些特殊情况下可求得解析解；当运动维度大于 1 时，Euler-Lagrange 方程是偏微分方程（partial differential equation，PDE），求得解析解的情况更少。19 世纪人们在电磁学和引力场研究中要求解 Poisson 方程$\nabla^2 U=\Delta U=f$（式中∇为梯度算子，Δ 为拉普拉斯算子），在 $f=0$ 情况下得到 Laplace 方程$\nabla^2 U=0$，即$\partial^2 U/\partial x^2+\partial^2 U/\partial y^2+\partial^2 U/\partial z^2=0$。为了求解此类调和方程①（Laplace's equation）的边值问题，数学家黎曼（Bernhard Riemann，1826—1866）反向应用了 Euler-Lagrange 方程和泛函极值思想，将边值问题归为对应的泛函极小值问题，开辟了微分方程求解新途径[2]（参见 Hilbert 第 19 问题）。

在黎曼还是个小孩时，Hamilton 于 1834—1835 年发表了两篇划时代的论文[9]，给出了 Euler-Lagrange 方程求解的一类新方法，并指出最小作用量原理实际上是一类稳定作用原理（即运动使作用量取极值，但极大或极小不一定）。引入哈密顿函数（Hamilton function 或 Hamiltonian）

$$H(q,\dot{q},p,t)=p\cdot\dot{q}-L(q,\dot{q},t) \tag{3.20}$$

函数中 $p\triangleq\partial L/\partial\dot{q}$，上式中 p 和 q 为向量时“·”表示内积。首先看变量 $\dot{q}$，按照定义有 $\dot{q}=dq/\mathrm{d}t=\partial H/\partial p$。对于变量 p 而言

$$\dot{p}=\frac{\mathrm{d}p}{\mathrm{d}t}=\frac{\mathrm{d}}{\mathrm{d}t}\left(\frac{\partial L}{\partial\dot{q}}\right)=\frac{\partial L}{\partial q}=-\frac{\partial H}{\partial q}$$

上式中第三个等号由 Euler-Lagrange 方程得到。基于此，Hamilton 得到了一组与 Euler-Lagrange 方程等价的 Hamilton 规范方程组，又称正则方程（canonical equations）：

$$\begin{cases}\dot{q}=+\dfrac{\partial H}{\partial p}\\[2ex]\dot{p}=-\dfrac{\partial H}{\partial q}\end{cases} \tag{3.21}$$

Hamilton 量 $H(q,\dot{q},p,t)$一般简记为 H，在力学中通常由拉格朗日量（Lagrangian）作勒让德变换得到，对应着系统的“广义能量”（注：Hamilton 作为卓越的力学家，从能量分析的角度提出力学系统 Hamilton 函数是自然的）。当系统势能仅是空间坐标的函数时，Hamilton 量就是系统的机械能 $H=T+V=E$，是一个守恒量。式中，p 为新引入的辅助变量，称为协态变量（co-state variable），在力学中对应着“广义动量”。

从数学上看，Hamilton 函数成功将 s 个二阶偏微分方程 Euler-Lagrange 方程转化为 $2s$ 个一阶方程，降低了方程求解难度。大约 10 年后，德国数学家雅可比在

① 调和方程（Harmonic function），即拉普拉斯方程，又称为位势方程，是一类偏微分方程，由法国数学家拉普拉斯（Pierre-Simon Laplace，1749—1827）提出而得名。

此基础上做了进一步改进，得到了著名 Hamilton-Jacobi 方程，留作第 5 章动态规划时详细介绍。20 世纪，提出“共轭梯度法”的美国学者 Magnus Hestenes(1906—1991)严格区分了 Hamilton 函数中的状态变量和控制变量，为最优控制中极大值原理的提出奠定了重要基础。

Hamilton17 岁开始学习 Lagrange 的分析力学著作，于 1834—1835 年创立 Hamilton 力学，在经典力学中与 1687 年牛顿力学、1788 年 Lagrange 力学三分天下，获得绰号“爱尔兰的拉格朗日”(The Irish Lagrange)。量子力学奠基人、诺贝尔物理学奖得主薛定谔(Erwin Schrödinger，1887—1961)称 Hamilton 力学为“现代物理学的基石”。Hamilton 去世后，人们在他的论文手稿中发现不少吃剩的肉骨头和三明治等残渣，其科研巅峰期废寝忘食的状态可见一斑。

3.3 约束泛函极值

1697 年 Jacob Bernoulli 成功求解最速降线后，又给弟弟 Johann Bernoulli 提出了三个新问题，其中第一个为端点变动的最速降线问题，如图 3.6 所示。为了后面章节方便讨论最优控制问题，此处将最速降线问题的横坐标以时间轴 t 计，纵轴以符号 x 计，不影响问题实质。哥哥 Jacob 的问题可描述为：对于给定的横轴上某点 t_f 处做一垂直的直线，从原点出发的所有曲线中，寻求一条旋轮线，使得质点仅在重力的作用下沿曲线到达直线用时最短[22]。用现代数学语言表示，即为

$$\varphi(t_f)=t_f-c=0$$

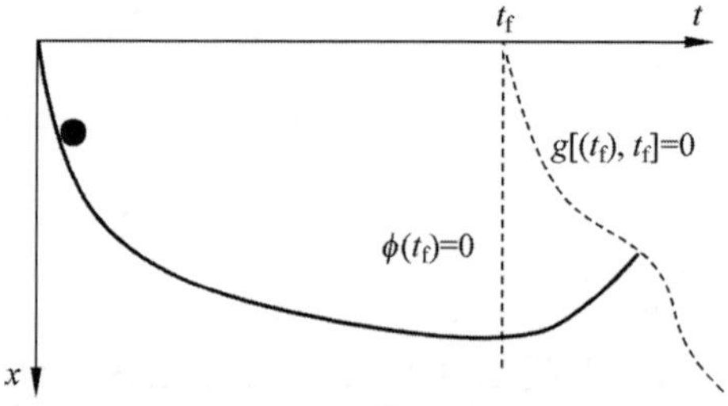

图 3.6　端点变动的最速降线问题

弟弟 Johann Bernoulli 很快获得解答，发现所求旋轮线与给定直线相交成直角。同时，他还将这一约束条件推广至任意一条曲线约束的情形，并获得了正确的**横截条件**(transversality condition)。此时终端约束是关于 t_f 和 $x(t_f)$ 的等式约束，常记为

$$g[x(t_f),t_f]=0 \tag{3.22}$$

对此，Johann Bernoulli 在给友人的信中写道：“如果用任意一条直线或者曲线来代替竖直直线，问题的难度并不会增加。因为根据我所得等时曲线的性质，所求旋轮线总是和给定曲线相交成直角。”

随着变分法研究的深入和最优控制的发展，人们对于问题的约束情况有了更多的研究和更深入的了解，比如终端时刻不再是一个定值、最优轨线或极值曲线必须经过某一中间点、最优控制中状态变量或控制变量必须满足幅值约束等。各类约束简单归纳如图 3.7 所示，以约束条件归类又可分为等式约束和不等式约束。下面首先讨论微分约束和积分约束两类情况，有关点式约束问题将在横截条件一节详细讨论。

- 约束
  - 过程约束
    - 微分约束
    - 积分约束
    - 轨线约束
    - 控制约束
  - 点式约束
    - 端点约束
      - 始端约束
      - 终端约束
    - 内点约束

图 3.7　极值问题中约束示例

3.3.1　微分约束情况

在关心的等式约束问题中，有一类值得特别讨论的，称作微分约束(differential constraint)。以连续时间系统为例，微分等式约束常具有如下形式：

$$\dot{\boldsymbol{x}}(t)-\boldsymbol{f}(\boldsymbol{x}(t),\boldsymbol{u}(t),t)=\mathbf{0},\quad t\in[t_0,t_{\mathrm{f}}] \tag{3.23}$$

暂且可以认为式中 $\boldsymbol{x}(t)$ 和 $\boldsymbol{u}(t)$ 为系统独立的自变量，是关于时间 t 的函数。在最优控制问题中，它们分别对应着状态变量和控制变量，而式(3.23)的微分方程则常称为**状态微分方程**。暂时忽略 $\boldsymbol{u}(t)$，将上式记为 $\boldsymbol{F}(\boldsymbol{x}(t),\dot{\boldsymbol{x}}(t),t)=\mathbf{0}$，具有此类**微分等式约束的泛函极值问题**可以表述如下：

对于连续可微函数 $\boldsymbol{x}(t)\in\mathbb{R}^n$，对于 $t\in[t_0,t_{\mathrm{f}}]$，初始时刻 t_0 处 $\boldsymbol{x}(t_0)=\boldsymbol{x}_0$，终端时刻 t_{f} 处 $\boldsymbol{x}(t_{\mathrm{f}})=\boldsymbol{x}_{\mathrm{f}}$。要最小化性能指标

$$J(\boldsymbol{x})=\int_{t_0}^{t_{\mathrm{f}}}L(\boldsymbol{x}(t),\dot{\boldsymbol{x}}(t),t)\mathrm{d}t \tag{3.24}$$

同时需满足微分约束

$$\boldsymbol{F}(\boldsymbol{x}(t),\dot{\boldsymbol{x}}(t),t)=\mathbf{0},\quad t\in[t_0,t_{\mathrm{f}}] \tag{3.25}$$

其中 $\boldsymbol{F}\in\mathbb{R}^l$ 二阶连续可微。

带有微分等式约束的泛函极值问题本质上是一类约束极值问题，回顾第 2 章，可引入 Lagrange 乘子，将此约束泛函极值问题转化为无约束极值问题，进而应用 Euler-Lagrange 方程求解极值条件。微分约束(3.25)为 $t\in[t_0,t_{\mathrm{f}}]$的过程约束，为此，引入与约束相同维数的 Lagrange 乘子$\boldsymbol{\lambda}(t)$：$[t_0,t_{\mathrm{f}}]\in\mathbb{R}^l$，它实际上是一个关于时间的函数，假设其连续可微。由此得到新的性能指标 $\widetilde{J}(\boldsymbol{x},\dot{\boldsymbol{x}},\boldsymbol{\lambda})$，也称增广性能泛函(augmented performance functional)：

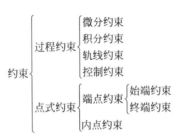

$$\widetilde{J}(\boldsymbol{x},\dot{\boldsymbol{x}},\boldsymbol{\lambda})=\int_{t_0}^{t_f}[L(\boldsymbol{x}(t),\dot{\boldsymbol{x}}(t),t)+\boldsymbol{\lambda}^{\mathrm{T}}(t)\cdot\boldsymbol{F}(\boldsymbol{x}(t),\dot{\boldsymbol{x}}(t),t)]\mathrm{d}t \tag{3.26}$$

不妨取

$$\widetilde{L}(\boldsymbol{x}(t),\dot{\boldsymbol{x}}(t),t)=L(\boldsymbol{x}(t),\dot{\boldsymbol{x}}(t),t)+\boldsymbol{\lambda}^{\mathrm{T}}(t)\cdot\boldsymbol{F}(\boldsymbol{x}(t),\dot{\boldsymbol{x}}(t),t) \tag{3.27}$$

则最小化 $\widetilde{J}(\boldsymbol{x},\dot{\boldsymbol{x}},\boldsymbol{\lambda})$ 时需满足关于 $\boldsymbol{x}(t)$ 和 $\boldsymbol{\lambda}(t)$ 的 Euler-Lagrange 方程

$$\begin{aligned}
&\frac{\partial\widetilde{L}}{\partial x_1}(\boldsymbol{x},\dot{\boldsymbol{x}},\boldsymbol{\lambda},t)-\frac{\mathrm{d}}{\mathrm{d}t}\left[\frac{\partial\widetilde{L}}{\partial\dot{x}_1}(\boldsymbol{x},\dot{\boldsymbol{x}},\boldsymbol{\lambda},t)\right]=0\\
&\quad\vdots\\
&\frac{\partial\widetilde{L}}{\partial x_n}(\boldsymbol{x},\dot{\boldsymbol{x}},\boldsymbol{\lambda},t)-\frac{\mathrm{d}}{\mathrm{d}t}\left[\frac{\partial\widetilde{L}}{\partial\dot{x}_n}(\boldsymbol{x},\dot{\boldsymbol{x}},\boldsymbol{\lambda},t)\right]=0\\
&\frac{\partial\widetilde{L}}{\partial\lambda_1}(\boldsymbol{x},\dot{\boldsymbol{x}},\boldsymbol{\lambda},t)-\frac{\mathrm{d}}{\mathrm{d}t}\left[\frac{\partial\widetilde{L}}{\partial\dot{\lambda}_1}(\boldsymbol{x},\dot{\boldsymbol{x}},\boldsymbol{\lambda},t)\right]=0\\
&\quad\vdots\\
&\frac{\partial\widetilde{L}}{\partial\lambda_l}(\boldsymbol{x},\dot{\boldsymbol{x}},\boldsymbol{\lambda},t)-\frac{\mathrm{d}}{\mathrm{d}t}\left[\frac{\partial\widetilde{L}}{\partial\dot{\lambda}_l}(\boldsymbol{x},\dot{\boldsymbol{x}},\boldsymbol{\lambda},t)\right]=0
\end{aligned}$$

观察式(3.27),知 $\widetilde{L}(\boldsymbol{x}(t),\dot{\boldsymbol{x}}(t),t)$ 中不含 $\dot{\boldsymbol{\lambda}}$ 项。故上式中后面 l 个等式的第二项均为零,而其第一项求解后实际就是微分约束(3.25)。至此,我们得到含有微分等式约束的泛函极值问题必要条件为

$$\begin{cases}\dfrac{\partial\widetilde{L}}{\partial\boldsymbol{x}}(\boldsymbol{x},\dot{\boldsymbol{x}},\boldsymbol{\lambda},t)-\dfrac{\mathrm{d}}{\mathrm{d}t}\left[\dfrac{\partial\widetilde{L}}{\partial\dot{\boldsymbol{x}}}(\boldsymbol{x},\dot{\boldsymbol{x}},\boldsymbol{\lambda},t)\right]=\boldsymbol{0}\\ \boldsymbol{F}(\boldsymbol{x},\dot{\boldsymbol{x}},t)=\boldsymbol{0}\end{cases} \tag{3.28}$$

同时满足问题的初态和末态约束。由式(3.28)可知,通过引入与约束对应的 Lagrange 乘子,Euler-Lagrange 方程给出了形式统一的泛函极值必要条件,与变量代换等方法相比简化了问题的求解。控制理论中具有微分方程描述的优化问题,为此类等式约束极值问题提供了广阔的应用天地,也使得动力学分析[11](the idea of dynamics)观念深入人心。

对于 Lagrange 研究的约束静力学或带有约束的普通微积分问题,乘子法则是实用而非必备的工具。如本书第 2 章中问题,尚可以用其他方法来处理。然而,对于具有不可积微分约束的极值问题,乘子法则是目前为止能够获得变分方程的唯一一般方法。为此,数学家 Ricard Courant 和 David Hilbert 在《数学物理方法》中讨论约束变分问题[12]时说道:“到现在为止,乘子 λ 只是被用作使方程形式完美的一种数学手段。可是假如附加条件取一般的形式 $G(x,y,z,\dot{y},\dot{z})=0$,其中 G 不能由另一个式子 $H(x,y,z)$ 微分得出,也就是说,G **是一个不可积的微分式,那么乘子的运用就是必不可少的。**”

实际上，乘子法则不仅可以将带有各类约束(见图3.7)的泛函极值问题转化为无约束极值问题，还能够将性能泛函被积函数中含有高阶导数的无约束问题归结为只含一阶导数的无约束变分问题(例3.4)。此外，微分等式约束(3.25)在极值问题中常以式(3.23)的形式出现，单就方程形式而言，最优控制问题和本节式(3.24)～(3.25)问题主要区别在于具有独立的控制变量，微分等式约束则对应系统的状态方程。深入讨论留作第4章内容。

例3.4 函数 $x(t)\in\mathbb{R}$ 二阶连续可微，满足边界条件 $x(0)=x(1)=0,\dot{x}(0)=\dot{x}(1)=1$。求解 $x(t)\in[0,1]$ 使得性能泛函 $J(x)=\int_0^1 \ddot{x}^2(t)\mathrm{d}t$ 取得极小值。

这是一个性能泛函中含有变量二阶导数的无约束极值问题，为了求解该问题，引入辅助变量 $y(t)=\dot{x}(t)$，将原问题转化为性能泛函中仅含一阶导数的约束极值问题。重新描述为：

$$\min J(x,y,\dot{y})=\int_0^1 \dot{y}^2(t)\mathrm{d}t$$

$$\text{s.t. } \dot{x}(t)-y(t)=0 \tag{3.29}$$

其中边界条件为 $x(0)=x(1)=0,y(0)=\dot{x}(0)=1$ 和 $y(1)=\dot{x}(1)=1$。针对微分等式约束引入 Lagrange 乘子 $\lambda(t)\in\mathbb{R}$，可进一步将问题转化为关于函数 $x(t)$、$y(t)$、$\dot{x}(t)$、$\dot{y}(t)$、$\lambda(t)$ 的无约束泛函极值问题

$$\min J(x,y,\dot{x},\dot{y},\lambda)=\int_0^1\{\dot{y}^2(t)+\lambda(t)\cdot[\dot{x}(t)-y(t)]\}\mathrm{d}t \tag{3.30}$$

对应的 Lagrange 函数为

$$L(x,y,\dot{y})=\dot{y}^2(t)+\lambda(t)\cdot[\dot{x}(t)-y(t)]$$

代入 Euler-Lagrange 方程

$$\begin{cases}\dfrac{\partial L}{\partial x}-\dfrac{\mathrm{d}}{\mathrm{d}t}\left(\dfrac{\partial L}{\partial \dot{x}}\right)=0\\[2ex]\dfrac{\partial L}{\partial y}-\dfrac{\mathrm{d}}{\mathrm{d}t}\left(\dfrac{\partial L}{\partial \dot{y}}\right)=0\\[2ex]\dfrac{\partial L}{\partial \lambda}-\dfrac{\mathrm{d}}{\mathrm{d}t}\left(\dfrac{\partial L}{\partial \dot{\lambda}}\right)=0\end{cases}$$

可得

$$\begin{cases}\dot{\lambda}(t)=0\\[1ex]\lambda(t)-\dfrac{\mathrm{d}}{\mathrm{d}t}(2\dot{y})=0\\[1ex]\dot{x}(t)-y(t)=0\end{cases}\Rightarrow\begin{cases}\lambda=\text{const}\\[1ex]\dot{y}(t)=\dfrac{\lambda}{2}t+c_1\\[1ex]\dot{x}(t)=y(t)\end{cases}$$

由上式可知此例中 Lagrange 乘子 $\lambda(t)$ 为常值，式中 c_1 为待定常数。进一步积分可得 $y(t)=\lambda t^2/4+c_1t+c_2$，$c_2$ 为待定常值。将边界条件 $y(0)=y(1)=1$ 代入，可确定 $c_2=1,c_1=-\lambda/4$。对函数 $y(t)=\lambda t^2/4-\lambda t/4+1$ 再次积分可得 $x(t)$

表达式，进一步将 $x(0)=x(1)=0$ 代入 $x(t)$，得到使得泛函取极值的函数为

$$x(t)=2t^3-3t^2+t,\quad t\in[0,1] \tag{3.31}$$

问题中性能泛函被积函数为 $\ddot{x}(t)=12t-6$ 的平方项，故定有极小值，式(3.31)即为所求极值函数。

3.3.2 积分约束情况

等周问题(例1.3)是典型的带有积分约束(integral constraint)的泛函极值问题。常见的求解方法是引入一个新的状态变量，将原问题转化为带有常微分方程约束的泛函极值问题。

考虑连续可微函数 $\boldsymbol{x}(t)\in\mathbb{R}^n$，对于 $t\in[t_0,t_f]$，初始时刻 t_0 处 $\boldsymbol{x}(t_0)=\boldsymbol{x}_0$，终端时刻 t_f 处 $\boldsymbol{x}(t_f)=\boldsymbol{x}_f$。最小化性能指标

$$J(\boldsymbol{x})=\int_{t_0}^{t_f}L(\boldsymbol{x}(t),\dot{\boldsymbol{x}}(t),t)\mathrm{d}t \tag{3.32}$$

同时满足积分约束

$$\int_{t_0}^{t_f}g(\boldsymbol{x}(t),\dot{\boldsymbol{x}}(t),t)\mathrm{d}t-G_c=0 \tag{3.33}$$

式中函数 $g(\boldsymbol{x}(t),\dot{\boldsymbol{x}}(t),t)\in\mathbb{R}$ 二阶连续可微，G_c 为给定实数。

为求解上述问题，引入辅助状态变量 $\xi(t)\in\mathbb{R}$

$$\xi(t)=\int_{t_0}^{t}g(\boldsymbol{x}(t),\dot{\boldsymbol{x}}(t),t)\mathrm{d}t,\quad t\in[t_0,t_f] \tag{3.34}$$

该变量显然连续可微，且满足 $\xi(t_0)=0$。同时令其满足终端时刻边界条件

$$\xi(t_f)=G_c \tag{3.35}$$

即保证了积分约束式(3.33)成立。式(3.34)两侧对时间 t 求导，可得

$$\dot{\xi}(t)=g(\boldsymbol{x}(t),\dot{\boldsymbol{x}}(t),t) \tag{3.36}$$

式(3.36)和 $\xi(t)$ 的边界条件共同将原问题的积分约束转化为微分约束，接下来便可用3.3.1节处理方法求解该问题。

引入 Lagrange 乘子 $\lambda(t)$，得到新的性能指标 $\widetilde{J}(\boldsymbol{x},\dot{\boldsymbol{x}},\dot{\xi},\lambda)=\int_{t_0}^{t_f}\widetilde{L}(\boldsymbol{x},\dot{\boldsymbol{x}},\dot{\xi},t,\lambda)\mathrm{d}t$，被积函数为

$$\widetilde{L}(\boldsymbol{x},\dot{\boldsymbol{x}},\dot{\xi},t,\lambda)=L(\boldsymbol{x}(t),\dot{\boldsymbol{x}}(t),t)+\lambda(t)\cdot[\dot{\xi}(t)-g(\boldsymbol{x}(t),\dot{\boldsymbol{x}}(t),t)] \tag{3.37}$$

由式(3.25)知此处 $F(\boldsymbol{x},\dot{\boldsymbol{x}},\dot{\xi},t)=\dot{\xi}(t)-g(\boldsymbol{x}(t),\dot{\boldsymbol{x}}(t),t)=0$。将式(3.37)函数代入极值必要条件式(3.28)，可得

$$\frac{\partial\widetilde{L}}{\partial\boldsymbol{x}}(\boldsymbol{x},\dot{\boldsymbol{x}},\dot{\xi},\lambda,t)-\frac{\mathrm{d}}{\mathrm{d}t}\left[\frac{\partial\widetilde{L}}{\partial\dot{\boldsymbol{x}}}(\boldsymbol{x},\dot{\boldsymbol{x}},\dot{\xi},\lambda,t)\right]=\boldsymbol{0} \tag{3.38}$$

$$\frac{\partial\widetilde{L}}{\partial\xi}(\boldsymbol{x},\dot{\boldsymbol{x}},\dot{\xi},\lambda,t)-\frac{\mathrm{d}}{\mathrm{d}t}\left[\frac{\partial\widetilde{L}}{\partial\dot{\xi}}(\boldsymbol{x},\dot{\boldsymbol{x}},\dot{\xi},\lambda,t)\right]=0 \tag{3.39}$$

$$\dot{\xi}(t)-g(\boldsymbol{x}(t),\dot{\boldsymbol{x}}(t),t)=0 \tag{3.40}$$

由式(3.37)知 $\widetilde{L}$ 中不显含 $\xi(t)$，等式(3.39)可继续化简得 $\mathrm{d}(\lambda(t))/\mathrm{d}t=0$，即该问题中协态变量为一待定常值（此处针对一维情形）。至此，带有积分约束的泛函极值必要条件可整理为

$$\begin{cases}\dfrac{\partial \widetilde{L}}{\partial \boldsymbol{x}}(\boldsymbol{x},\dot{\boldsymbol{x}},\dot{\xi},\lambda,t)-\dfrac{\mathrm{d}}{\mathrm{d}t}\left[\dfrac{\partial \widetilde{L}}{\partial \dot{\boldsymbol{x}}}(\boldsymbol{x},\dot{\boldsymbol{x}},\dot{\xi},\lambda,t)\right]=\boldsymbol{0}\\ \dot{\xi}(t)-g(\boldsymbol{x}(t),\dot{\boldsymbol{x}}(t),t)=0\\ \dot{\lambda}(t)=0\\ \xi(t_0)=0,\quad \xi(t_\mathrm{f})=G_\mathrm{c}\end{cases} \tag{3.41}$$

同时满足原问题的边界条件 $\boldsymbol{x}(t_0)=\boldsymbol{x}_0$ 和 $\boldsymbol{x}(t_\mathrm{f})=\boldsymbol{x}_\mathrm{f}$。

练习 3.6 求解连续可微的函数 $x(t)\in\mathbb{R}$ 满足 $x(0)=1, x(1)=2$ 时最小化性能泛函

$$J(x)=\int_0^1 \dot{x}^2(t)\mathrm{d}t$$

且满足积分等式约束 $\int_0^1 x(t)\mathrm{d}t=2$。[参考答案 $x(t)=-3t^2+4t+1$]

3.4 横截条件

处理完两类具有代表性的约束问题，本节对横截条件（transversality condition）做进一步探讨。Lagrange 分析解法给出的泛函极值必要条件为式(3.16)，式中除了要满足 Euler-Lagrange 方程外，还要满足由横截条件提供的边界值 $\left[\dfrac{\partial}{\partial \dot{\boldsymbol{y}}}L(\boldsymbol{y},\dot{\boldsymbol{y}},x)\cdot\delta\boldsymbol{y}\right]\Bigg|_{x_0}^{x_\mathrm{f}}=0$。为后续讨论方便，此处将自变量替换为 t，状态变量记为 $\boldsymbol{x}$，Lagrange 函数仍以 L 记，得

$$\left.\frac{\partial L}{\partial \dot{\boldsymbol{x}}}\right|_{t_\mathrm{f}}\delta\boldsymbol{x}(t_\mathrm{f})-\left.\frac{\partial L}{\partial \dot{\boldsymbol{x}}}\right|_{t_0}\delta\boldsymbol{x}(t_0)=0 \tag{3.42}$$

上式即为横截条件的一般表达式。在 Bernoulli 兄弟打赌的最速降线问题中，由于两端点固定，即 $\delta\boldsymbol{x}(t_\mathrm{f})$ 和 $\delta\boldsymbol{x}(t_0)$ 同时为零，式(3.42)自然满足。

在实际问题中，初始时刻 t_0、终端时刻 t_f、初始状态 $\boldsymbol{x}(t_0)$、终端状态 $\boldsymbol{x}(t_\mathrm{f})$ 均可以受约束，也可以自由。航天器轨道转移优化问题中，初始时刻可以是固定的，也可以是待求解的自由变量。同理，例 1.5 中的终端时刻是固定的，而例 1.6 传送带优化问题中 t_f 是自由的待求变量，例 1.7 中终端时刻为∞。通常情况下，最优控制问题中初始状态是已知的，有时 $\boldsymbol{x}(t_0)$ 也可能是待求解的自由变量，比如空对地导弹袭击地面固定目标问题。终端状态亦是如此，特别地，系统状态变量 $\boldsymbol{x}$ 与其对应的时刻 t 可以是相互独立的，比如 $\boldsymbol{x}(t_\mathrm{f})$ 固定但 t_f 自由。下面详细分析这些在实

际问题中常见的边界条件情况。

3.4.1 终端时刻固定

终端时刻固定(fixed terminal time)情形泛函极值的横截条件，就是分析 t_f 给定时式(3.42)成立的条件。依据初始状态和终端状态的不同共分为四类，包括自由起点和自由终点、自由起点和固定终点、固定起点和固定终点、固定起点和自由终点。起点自由时 $\delta\boldsymbol{x}(t_0)\neq 0$，起点固定时 $\boldsymbol{x}(t_0)=\boldsymbol{x}_0$ 使得 $\delta\boldsymbol{x}(t_0)=0$；同理可知终点自由时 $\delta\boldsymbol{x}(t_f)\neq 0$，终点固定时 $\boldsymbol{x}(t_f)=\boldsymbol{x}_f$ 使得 $\delta\boldsymbol{x}(t_f)=0$。为了使得式(3.42)成立，泛函极值必要条件除 Euler-Lagrange 方程外，还需满足如下横截条件：

(1) 自由起点和自由终点：$\left.\dfrac{\partial L}{\partial \dot{\boldsymbol{x}}}\right|_{t_0}=\boldsymbol{0}$，$\left.\dfrac{\partial L}{\partial \dot{\boldsymbol{x}}}\right|_{t_f}=\boldsymbol{0}$；

(2) 自由起点和固定终点：$\left.\dfrac{\partial L}{\partial \dot{\boldsymbol{x}}}\right|_{t_0}=\boldsymbol{0}$，$\boldsymbol{x}(t_f)=\boldsymbol{x}_f$；

(3) 固定起点和固定终点：$\boldsymbol{x}(t_0)=\boldsymbol{x}_0$，$\boldsymbol{x}(t_f)=\boldsymbol{x}_f$；

(4) 固定起点和自由终点：$\boldsymbol{x}(t_0)=\boldsymbol{x}_0$，$\left.\dfrac{\partial L}{\partial \dot{\boldsymbol{x}}}\right|_{t_f}=\boldsymbol{0}$。

例 3.5 某系统状态变量在 $t_0=0$ 时刻为 $x(t_0)=1$，终端时刻取 $t_f=2$，终点状态自由。求最优解 $x(t)$ 最小化性能指标 $J(x)=\int_0^2\sqrt{1+\dot{x}^2(t)}\,\mathrm{d}t$。

例题是一个终端时刻固定，终点自由的泛函极值问题[1]。记 Lagrange 函数

$$L(\dot{x})=\sqrt{1+\dot{x}^2(t)}$$

上式 $L(\dot{x})$ 中不显含状态变量 $x(t)$，为书写方便下文以 L 记。针对此情况的泛函极值必要条件为

$$\begin{cases}\dfrac{\partial L}{\partial x}-\dfrac{\mathrm{d}}{\mathrm{d}t}\left(\dfrac{\partial L}{\partial \dot{x}}\right)=0\\[2ex] \left.\dfrac{\partial L}{\partial \dot{x}}\right|_{t_f}=0\\[2ex] x(0)=1\end{cases}$$

式中 $\partial L/\partial x=0$，$\partial L/\partial \dot{x}=\dot{x}/\sqrt{1+\dot{x}^2}$。代入上式 Euler-Lagrange 方程整理可得 $\ddot{x}(t)=0$，于是

$$x(t)=c_1t+c_2,\quad t\in[0,2]$$

式中 c_1 和 c_2 为待定系数。终点自由的边界条件为

$$\frac{\dot{x}(2)}{\sqrt{1+\dot{x}^2(2)}}=0$$

得 $\dot{x}(2)=0$。将 $\dot{x}(2)=0$ 和 $x(0)=1$ 代入状态表达式，可得 $c_1=0$，$c_2=1$。最终解得问题最优解为

$$x(t)=1,\quad t\in[0,2]$$

狄多女王建城问题属于积分约束泛函极值问题原型,又称等周约束极值问题。在后世讨论中演化出多种问题描述方式,其中便包括固定终点的等周约束问题。将例 1.3 表述方式稍作修改。

例 3.6　在 Oxy 平面内给定位于 Ox 轴上的起点 $[-a,0]$ 和终点 $[a,0]$,$a>0$ 为一固定常值。如图 3.8 所示,已知 $y(-a)=y(a)=0$,求长度为 $l(l>2a)$ 的曲线 $y(x)$,使其与 Ox 轴围成的面积最大。

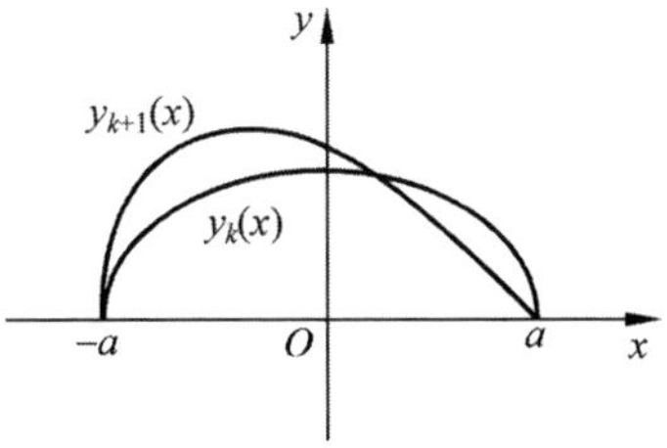

图 3.8　固定终点的等周约束问题

该问题在 a 固定情况下,可以表达为

$$\max J(y)=\int_{-a}^{a}y(x)\mathrm{d}x$$

$$\text{s. t. }\int_{-a}^{a}\sqrt{1+\dot{y}^2(x)}\,\mathrm{d}x=l$$

$$y(-a)=y(a)=0$$

$$a>0,\quad l>2a$$

其中当 $l=2a$ 时显然仅有 $[-a,a]$ 间的线段满足要求,是唯一可行解,不存在优化问题。而当 $l<2a$ 时在实际物理问题中无解,故有 $l>2a$ 的限定条件。

参考 3.3.2 节积分约束情况下极值问题求解方法,引入新变量 $\xi(x)$ 并定义

$$\xi(x)=\int_{-a}^{x}\sqrt{1+\dot{y}^2}\,\mathrm{d}x$$

则有

$$\dot{\xi}(x)=\sqrt{1+\dot{y}^2},\quad \xi(-a)=0,\quad \xi(a)=l$$

构造系统 Lagrange 函数

$$L(x,y,\dot{y},\lambda)=y(x)+\lambda(x)\cdot\left[\dot{\xi}(x)-\sqrt{1+\dot{y}^2(x)}\right]$$

由极值必要条件式(3.41),可得

$$\begin{cases}\dfrac{\partial L}{\partial y}-\dfrac{\mathrm{d}}{\mathrm{d}t}\left(\dfrac{\partial L}{\partial \dot{y}}\right)=0\\ \dot{\xi}(t)-\sqrt{1+\dot{y}^2}=0\\ \dot{\lambda}(t)=0\\ \xi(-a)=0,\quad \xi(a)=l\end{cases}\tag{3.43}$$

Lagrange 乘子 $\lambda(t)$ 为常值，设为 λ_0。代入 Euler-Lagrange 方程整理得

$$x=\frac{\lambda_0\dot{y}}{\sqrt{1+\dot{y}^2}}+c_1 \tag{3.44}$$

式中 c_1 为待定常值。令 $\dot{y}=\mathrm{d}y/\mathrm{d}x=\tan\theta$，代入式(3.44)得

$$x=\frac{\lambda_0\tan\theta}{\sqrt{1+\tan^2\theta}}+c_1=\lambda_0\sin\theta+c_1 \tag{3.45}$$

又 $\mathrm{d}y=\tan\theta\mathrm{d}x=\lambda_0\sin\theta\mathrm{d}\theta$，故

$$y=-\lambda_0\cos\theta+c_2 \tag{3.46}$$

式中 c_2 为待定常值。由式(3.45)和式(3.46)易得

$$(x-c_1)^2+(y-c_2)^2=\lambda_0^2 \tag{3.47}$$

将 $y(-a)=y(a)=0$ 代入上式得 $c_1=0$，$c_2=\pm\sqrt{\lambda_0^2-a^2}$，由此 $\theta=\arcsin(x/\lambda_0)$。对积分约束 $\xi(x)$ 做变量代换，可得

$$\begin{aligned}\xi(x)&=\int_{-a}^{x}\sqrt{1+\dot{y}^2}\,\mathrm{d}x=\int_{-\arcsin(a/\lambda_0)}^{\arcsin(x/\lambda_0)}\lambda_0\mathrm{d}\theta\\&=\lambda_0\left(\arcsin\frac{x}{\lambda_0}+\arcsin\frac{a}{\lambda_0}\right)\end{aligned}$$

将边界条件 $\xi(a)=l$ 代入，得

$$2\lambda_0\arcsin(a/\lambda_0)=l \tag{3.48}$$

综上，围成最大面积的最优轨线方程为

$$x^2+\left(y\pm\sqrt{\lambda_0^2-a^2}\right)^2=\lambda_0^2 \tag{3.49}$$

式中常值 λ_0 由式(3.48)给出。

3.4.2 终端时刻自由

终端时刻自由的极值问题，本质属于变动端点问题，指终端时刻 t_f 不固定、终点状态受约束或自由的情况。首先考察终端时刻 t_f 自由、终端状态固定的变分问题。航天探测中一类广泛存在的问题是时间最优轨迹优化问题，比如航天器自地球轨道出发，求解推进力的最优控制律，使得飞抵火星的时间最短。该问题中终端时刻自由为待求解变量，航天器的状态在终端时刻则必须与火星一致，方能完成交会任务。对于此类问题，泛函极值的必要条件由定理 3.3 给出。

定理 3.3 （终端时刻自由、终端状态固定的变分问题）状态变量 $\boldsymbol{x}(t)\in\mathbb{R}^n$ 连续可微，在给定的初始时刻 t_0 为 $\boldsymbol{x}(t_0)=\boldsymbol{x}_0$。终端时刻 t_f 自由，终端状态固定 $\boldsymbol{x}(t_f)=\boldsymbol{x}_f$。对于二阶连续可微函数 $L\in\mathbb{R}$，最小化性能指标

$$J(\boldsymbol{x})=\int_{t_0}^{t_f}L(\boldsymbol{x}(t),\dot{\boldsymbol{x}}(t),t)\mathrm{d}t$$

时状态变量 $\boldsymbol{x}(t)$ 满足的必要条件为

$$\frac{\partial}{\partial \boldsymbol{x}}L(\boldsymbol{x}(t),\dot{\boldsymbol{x}}(t),t)-\frac{\mathrm{d}}{\mathrm{d}t}\left[\frac{\partial}{\partial \dot{\boldsymbol{x}}}L(\boldsymbol{x}(t),\dot{\boldsymbol{x}}(t),t)\right]=\mathbf{0},\quad t\in[t_0,t_f] \tag{3.50}$$

和终端时刻横截条件

$$L(\boldsymbol{x}(t_f),\dot{\boldsymbol{x}}(t_f),t_f)-\dot{\boldsymbol{x}}(t_f)\cdot\frac{\partial}{\partial \dot{\boldsymbol{x}}}L(\boldsymbol{x}(t_f),\dot{\boldsymbol{x}}(t_f),t_f)=0 \tag{3.51}$$

终端时刻自由问题处理时最大的不同,在于不仅存在宗量变分 $\delta\boldsymbol{x}$,同时还有终端时刻的扰动 δt_f。在证明定理 3.3 之前,先从图 3.9 中分析一下终端时刻附近的变分。为讨论简单,令初始时刻 t_0 和初始状态 $x(t_0)=x_0$ 均固定,显然有 $\delta x_0=0$。假设最优曲线为图中 $x(t)$,施加“扰动”后曲线为 $x(t)+\delta x(t)$,则终点 t_f 邻域内受扰曲线终端状态应为 $x(t_f)+\delta x(t_f+\delta t_f)$。简洁起见,记 $\delta x_f=\delta x(t_f+\delta t_f)$,表示受扰函数与最优解之间在最优终端时刻的差值,实际由两部分组成:在最优时刻 t_f 函数变分带来的差值 $\delta x(t_f)$,以及终端时刻变分 δt_f 带来的变化。

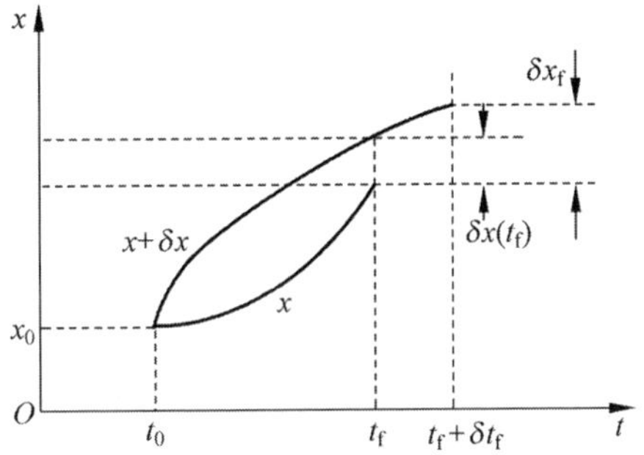

图 3.9　终端时刻自由的变分问题

将终端时刻变分差值 $\delta\boldsymbol{x}_f$ 在 t_f 处 Taylor 展开,忽略 $\delta\boldsymbol{x}$ 和 δt_f 的高阶小量,仅保留一阶项的**近似式**为

$$\delta\boldsymbol{x}_f=\delta\boldsymbol{x}(t_f+\delta t_f)\approx\delta\boldsymbol{x}(t_f)+\dot{\boldsymbol{x}}(t_f)\cdot\delta t_f \tag{3.52}$$

定理 3.3 中终端状态固定,即 $\delta\boldsymbol{x}_f=\mathbf{0}$,故

$$\delta\boldsymbol{x}(t_f)=-\dot{\boldsymbol{x}}(t_f)\cdot\delta t_f \tag{3.53}$$

下面将利用上述关系,从泛函极值的定义出发证明定理 3.3。

证明　对于容许的函数增量 $\delta\boldsymbol{x}$ 和 δt_f,泛函 $J(\boldsymbol{x})$的增量为

$$\begin{aligned}\Delta J&=\int_{t_0}^{t_f+\delta t_f}L[\boldsymbol{x}(t)+\delta\boldsymbol{x}(t),\dot{\boldsymbol{x}}(t)+\delta\dot{\boldsymbol{x}}(t),t]\mathrm{d}t-\int_{t_0}^{t_f}L[\boldsymbol{x}(t),\dot{\boldsymbol{x}}(t),t]\mathrm{d}t\\&=\int_{t_0}^{t_f}\{L[\boldsymbol{x}(t)+\delta\boldsymbol{x}(t),\dot{\boldsymbol{x}}(t)+\delta\dot{\boldsymbol{x}}(t),t]-L[\boldsymbol{x}(t),\dot{\boldsymbol{x}}(t),t]\}\mathrm{d}t+\\&\quad\int_{t_f}^{t_f+\delta t_f}L[\boldsymbol{x}(t)+\delta\boldsymbol{x}(t),\dot{\boldsymbol{x}}(t)+\delta\dot{\boldsymbol{x}}(t),t]\mathrm{d}t\end{aligned}$$

上式右端第二项依据积分中值定理可化简为

$$\int_{t_f}^{t_f+\delta t_f} L[\boldsymbol{x}(t)+\delta\boldsymbol{x}(t),\dot{\boldsymbol{x}}(t)+\delta\dot{\boldsymbol{x}}(t),t]\mathrm{d}t$$

$$=L[\boldsymbol{x}(t)+\delta\boldsymbol{x}(t),\dot{\boldsymbol{x}}(t)+\delta\dot{\boldsymbol{x}}(t),t]\Big|_{t_f+\theta\delta t_f}\cdot\delta t_f,\quad 0<\theta<1$$

函数 L 是连续的，故

$$L[\boldsymbol{x}(t)+\delta\boldsymbol{x}(t),\dot{\boldsymbol{x}}(t)+\delta\dot{\boldsymbol{x}}(t),t]\Big|_{t_f+\theta\delta t_f}$$

$$=L[\boldsymbol{x}(t),\dot{\boldsymbol{x}}(t),t]\Big|_{t_f}+\varepsilon \tag{3.54}$$

当 $\delta t_f\to 0$、$\delta\boldsymbol{x}_f\to\boldsymbol{0}$ 时有 $\varepsilon\to 0$，得

$$\int_{t_f}^{t_f+\delta t_f} L[\boldsymbol{x}(t)+\delta\boldsymbol{x}(t),\dot{\boldsymbol{x}}(t)+\delta\dot{\boldsymbol{x}}(t),t]\mathrm{d}t$$

$$=L[\boldsymbol{x}(t),\dot{\boldsymbol{x}}(t),t]\Big|_{t_f}\cdot\delta t_f+\varepsilon\delta t_f \tag{3.55}$$

针对 ΔJ 的右端第一项，在极值函数处 Taylor 展开

$$\int_{t_0}^{t_f}\{L[\boldsymbol{x}(t)+\delta\boldsymbol{x}(t),\dot{\boldsymbol{x}}(t)+\delta\dot{\boldsymbol{x}}(t),t]-L[\boldsymbol{x}(t),\dot{\boldsymbol{x}}(t),t]\}\mathrm{d}t$$

$$=\int_{t_0}^{t_f}\left[\frac{\partial L}{\partial\boldsymbol{x}}\delta\boldsymbol{x}+\frac{\partial L}{\partial\dot{\boldsymbol{x}}}\delta\dot{\boldsymbol{x}}+o(\delta\boldsymbol{x})\right]\mathrm{d}t$$

$$=\int_{t_0}^{t_f}\left[\frac{\partial L}{\partial\boldsymbol{x}}-\frac{\mathrm{d}}{\mathrm{d}t}\left(\frac{\partial L}{\partial\dot{\boldsymbol{x}}}\right)+o(\delta\boldsymbol{x})\right]\delta\boldsymbol{x}\,\mathrm{d}t+\left(\frac{\partial L}{\partial\dot{\boldsymbol{x}}}\delta\boldsymbol{x}\right)\Big|_{t_0}^{t_f} \tag{3.56}$$

将式(3.55)和式(3.56)代入泛函增量表达式，取其线性主部得泛函一次变分

$$\delta J=\int_{t_0}^{t_f}\left[\frac{\partial L}{\partial\boldsymbol{x}}-\frac{\mathrm{d}}{\mathrm{d}t}\left(\frac{\partial L}{\partial\dot{\boldsymbol{x}}}\right)\right]\delta\boldsymbol{x}\,\mathrm{d}t+\left(\frac{\partial L}{\partial\dot{\boldsymbol{x}}}\delta\boldsymbol{x}\right)\Big|_{t_0}^{t_f}+L[\boldsymbol{x}(t),\dot{\boldsymbol{x}}(t),t]\Big|_{t_f}\cdot\delta t_f$$

令 $\delta J=0$，考虑到 $\delta\boldsymbol{x}$ 的任意性，可得泛函极值必要条件为

$$\frac{\partial L}{\partial\boldsymbol{x}}-\frac{\mathrm{d}}{\mathrm{d}t}\left(\frac{\partial L}{\partial\dot{\boldsymbol{x}}}\right)=\boldsymbol{0},\quad t\in[t_0,t_f] \tag{3.57}$$

以及横截条件

$$\frac{\partial L}{\partial\dot{\boldsymbol{x}}}\Big|_{t_f}\delta\boldsymbol{x}(t_f)-\frac{\partial L}{\partial\dot{\boldsymbol{x}}}\Big|_{t_0}\delta\boldsymbol{x}(t_0)+L[\boldsymbol{x}(t),\dot{\boldsymbol{x}}(t),t]\Big|_{t_f}\cdot\delta t_f=0 \tag{3.58}$$

初始状态固定有 $\delta\boldsymbol{x}(t_0)=0$，将式(3.53)中 $\delta\boldsymbol{x}(t_f)$关系式代入式(3.58)，得

$$\left\{-\dot{\boldsymbol{x}}(t_f)\cdot\frac{\partial L}{\partial\dot{\boldsymbol{x}}}\Big|_{t_f}+L[\boldsymbol{x}(t),\dot{\boldsymbol{x}}(t),t]\Big|_{t_f}\right\}\cdot\delta t_f=0$$

由 δt_f 的任意性得到

$$L(\boldsymbol{x}(t_f),\dot{\boldsymbol{x}}(t_f),t_f)-\dot{\boldsymbol{x}}(t_f)\cdot\frac{\partial}{\partial\dot{\boldsymbol{x}}}L(\boldsymbol{x}(t_f),\dot{\boldsymbol{x}}(t_f),t_f)=\boldsymbol{0} \tag{3.59}$$

式(3.57)和式(3.59)即为终端时刻自由、终端状态固定时泛函极值的必要条件，证明完毕。

例 3.6(续)　求解长度为 l 的曲线 $y(x)$,使其与 Ox 轴上区间 $[0,b]$($b>0$ 且自由)围成的面积最大。已知 $y(0)=y(b)=0$,如图 3.10 所示,且假定 $l>b$ 保证问题可优化。

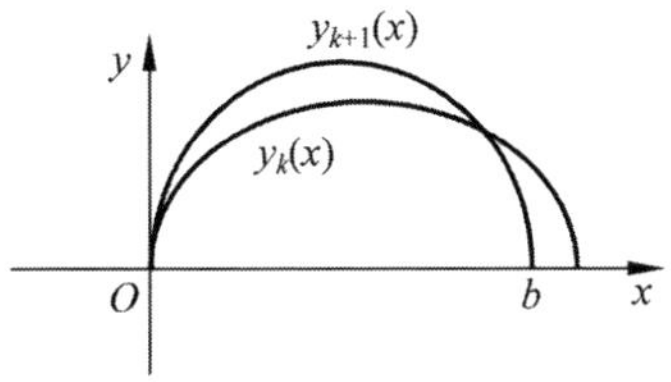

图 3.10　终端自由的等周约束问题

在终端 b 自由情况下,问题归结为

$$\max J(y)=\int_0^b y(x)\mathrm{d}x$$

$$\text{s.t.}\ \int_0^b \sqrt{1+\dot{y}^2(x)}\,\mathrm{d}x=l$$

$$y(0)=y(b)=0$$

$$b>0,\quad l>b$$

引入新变量

$$\xi(x)=\int_0^x \sqrt{1+\dot{y}^2(x)}\,\mathrm{d}x,\quad x\in[0,b]$$

则有

$$\dot{\xi}(x)=\sqrt{1+\dot{y}^2(x)},\quad \xi(0)=0,\quad \xi(b)=l$$

构造 Lagrange 函数

$$L(y,\dot{y},\lambda,x)=y(x)+\lambda(x)\left[\dot{\xi}(x)-\sqrt{1+\dot{y}^2(x)}\right]$$

类似例 3.6 中分析,可得 $y(x)$满足方程

$$(x-c_1)^2+(y-c_2)^2=\lambda_0^2 \tag{3.60}$$

式中 c_1、c_2 为待定常值,λ_0 含义与例 3.6 同。将边界条件 $y(0)=y(b)=0$ 代入得

$$c_1^2+c_2^2=\lambda_0^2$$

$$(b-c_1)^2+c_2^2=\lambda_0^2$$

故有 $c_1=b/2, c_2=\pm\sqrt{\lambda_0^2-b^2/4}$。该问题属于终端时刻自由、终端状态固定的问题,其横截条件由定理 3.3 知为

$$L(y,\dot{y},\lambda,x)\Big|_b-\left\{\begin{bmatrix}\dfrac{\partial L}{\partial \dot{y}} & \dfrac{\partial L}{\partial \dot{\xi}}\end{bmatrix}\begin{bmatrix}\dot{y}\\ \dot{\xi}\end{bmatrix}\right\}\Big|_b=0 \tag{3.61}$$

式中$\partial L/\partial\dot{y}=-\lambda\dot{y}/\sqrt{1+\dot{y}^2}$,$\partial L/\partial\dot{\xi}=\lambda$,代入上式并整理得

$$\frac{\lambda_0}{\sqrt{1+\dot{y}^2(b)}}=0 \tag{3.62}$$

由问题实际知 $\lambda_0 \neq 0$，上式成立应有 $y(b)=\infty$。据式(3.60)可解得

$$y = \pm\sqrt{\lambda_0^2 - (x - b/2)^2} + c_2$$

结合 $y(b)=\infty$ 的条件可知 $\lambda_0^2 = b^2/4$，从而 $c_2 = 0$，得最优曲线为

$$\left(x - \frac{b}{2}\right)^2 + y^2 = \frac{b^2}{4}$$

再由 $\xi(b)=l$ 的约束条件可求得 $b=2l/\pi$，最终得最优轨线方程

$$\left(x - \frac{l}{\pi}\right)^2 + y^2 = \frac{l^2}{\pi^2}$$

问题求解完毕。所得曲线实际上是以 $[l/\pi, 0]^{\mathrm{T}}$ 为圆心、以 l/π 为半径的半圆，其与 Ox 轴所围面积最大，为 $l^2/(2\pi)$。这正是狄多女王建城传说中她的智慧之选，今日巴黎的城市分布亦能看到该问题的身影。

以上两例中关于等周问题的讨论依然有着较强的几何色彩，对于更一般的等周问题探究，通常指欧氏平面上周长相等的封闭图形其面积最大化问题，其性能泛函由格林公式①形式的面积给出 $J(x,y)=\int_{t_0}^{t_f} \frac{1}{2}(x\dot{y} - y\dot{x})\mathrm{d}t$，等周约束是在$[t_0, t_f]$上满足$\int_{t_0}^{t_f}\sqrt{\dot{x}^2+\dot{y}^2}\,\mathrm{d}t = l$。等周问题在 17 世纪引起了数学家的极大兴趣，对变分法的产生和发展具有重要推动作用。将该问题拓展至三维，可以得出结论：体积相等的三维物体中，球体的表面积最小。中国“神舟十号”飞船航天员王亚平在太空授课中展示了微重力环境中水球的形成，物理学中一般以 3.2.3 节中最小作用量原理阐释，它实际上是受约束的泛函极值问题。

式(3.57)和式(3.58)给出了终端时刻自由情况下泛函极值必要条件，除了定理 3.3 讨论的终端时刻自由、终端状态固定情况外，还存在终端时刻自由且终端状态自由的情况，此时的横截条件容易由式(3.58)给出。由 $\delta\boldsymbol{x}(t_f)$ 和 δt_f 的任意性，可得终端时刻和状态均自由时的横截条件为

$$\frac{\partial}{\partial \dot{\boldsymbol{x}}} L[\boldsymbol{x}(t), \dot{\boldsymbol{x}}(t), t]\Big|_{t_f} = \boldsymbol{0}$$

$$L[\boldsymbol{x}(t), \dot{\boldsymbol{x}}(t), t]\Big|_{t_f} = 0 \tag{3.63}$$

练习 3.7 推导终端时刻和终端状态固定情况下，初始时刻自由且初始状态自由时泛函极值必要条件与横截条件。

提示：考虑 t_0 自由时泛函增量 $\Delta J = \int_{t_0+\delta t_0}^{t_f} L\,\mathrm{d}t - \int_{t_0}^{t_f} L\,\mathrm{d}t$，参照式(3.58)，得该

---

① 格林公式(Green formula)：平面闭区域 D 由分段光滑曲线 L 围成，函数 $P(x,y)$ 和 $Q(x,y)$ 在 D 上具有一阶连续偏导数，则有 $\iint_D \left(\frac{\partial P}{\partial x} + \frac{\partial Q}{\partial y}\right)\mathrm{d}x\,\mathrm{d}y = \oint_{L^+}(P\mathrm{d}y - Q\mathrm{d}x)$，$L^+$ 表示逆时针沿 D 的边界积分。令 $P = x/2$ 和 $Q = y/2$ 可得等周问题性能泛函。

问题横截条件的一般表达式为

$$\left.\frac{\partial L}{\partial \dot{\boldsymbol{x}}}\right|_{t_f} \delta \boldsymbol{x}(t_f) - \left.\frac{\partial L}{\partial \dot{\boldsymbol{x}}}\right|_{t_0} \delta \boldsymbol{x}(t_0) - L[\boldsymbol{x}(t), \dot{\boldsymbol{x}}(t), t]\Big|_{t_0} \cdot \delta t_0 = 0 \tag{3.64}$$

当终端时刻和终端状态固定时,上式第一项为零。借助变动端点变分关系近似表达式 $\delta \boldsymbol{x}_0 = \delta \boldsymbol{x}(t_0) + \dot{\boldsymbol{x}}(t_0)\delta t_0$,可化简上式为

$$-\left.\frac{\partial L}{\partial \dot{\boldsymbol{x}}}\right|_{t_0} \delta \boldsymbol{x}_0 - \left.\left(L - \frac{\partial L}{\partial \dot{\boldsymbol{x}}}\dot{\boldsymbol{x}}\right)\right|_{t_0} \cdot \delta t_0 = 0$$

3.5 角点条件与一般目标集

至此,本书已经讨论了泛函定义域为连续可微函数时的典型极值问题,这些问题本质上都是 Euler-Lagrange 方程不同边界情况的拓展。如果沿着这个思路研究下去,还可以继续讨论起点和终点都自由情况的极值条件,推导不同具体端点约束形式的横截条件,并进一步把上述理论应用于悬链线求解等实际问题。依此方向研究显然没有将泛函极值问题引向新的深度,而是陷于类似形式的数学技巧,颇有 Lagrange 当年的感慨[31]:“在我看来似乎[数学的]矿井已挖掘很深了,除非发现新的矿脉,否则迟早势必放弃它。”实际上,19 世纪有大量耳熟能详的数学大家从地平线上冉冉升起,为此,有必要回望一下那段数学大发展的峥嵘岁月。

19 世纪的欧洲为数学和自然科学的发展提供了广阔的舞台和适宜的环境,代数、分析、几何等数学分支雨后春笋般涌现,是数学史上创造精神和严格精神高度发展的时代。19 世纪中叶,第一次工业革命达到辉煌的顶点,即将从蒸汽时代(the age of steam)跨入电气时代(the age of electricity),1851 年英国伦敦举办了世界上第一次博览会,1863 年伦敦已建成世界上第一条地铁,1866 年德国人西门子成功研制发电机。此时的数学界亦是潮起潮落,数学王子高斯 1855 年去世,非欧几何重要创始人罗巴切夫斯基 1856 年去世,1857 年数学分析严格化的重要推动者柯西去世。正如柯西临终遗言:人总是要死的,但是,他们的功绩永存。

19 世纪数学分析严格化的浪潮为数学发展注入了新的活力,开始奠定数学严密的理论基础。在这些数学家中,有一位“以其酷爱批判的精神和深邃的洞察力,为数学分析建立了坚实的基础”,他就是被誉为“现代分析之父”的魏尔斯特拉斯(Karl Weierstrass,1815—1897)。他不热衷于发表自己的研究,大部分工作都是通过授课和学生的传播才为人熟知。在他之前变分法讨论的极值函数(或极值曲线)均是连续可微的,他则注意到了分段光滑(piecewise smooth)函数的情况,即泛函的宗量在有限个点上连续但不可微。这些连续不可微的点被称为角点(corner point),Weierstrass 针对具有连续不可微函数的泛函极值问题,给出了极值必要条件:分段满足 Euler-Lagrange 方程,同时满足角点条件。1877 年 G. Erdmann 独立得出上述结论,因而角点条件又称“Weierstrass-Erdmann condition”(或 Weierstrass-

Erdmann corner condition)[14]。

3.5.1 角点条件

之前讨论的变分问题中均假定变分宗量为连续可微函数全体。以标量函数为例，要求 $x(t):[t_0,t_f]\in\mathbb{R}$ 在区间 $[t_0,t_f]$ 上处处可微，且 $\dot{x}(t)$ 处处连续。在实际问题中，宗量函数很可能在有限个点处连续但不可导：即存在有限个点 $t_i(i=1,2,\cdots,N-1)$ 满足 $t_0<t_1<\cdots<t_N=t_f$，函数 $x(t)$ 在任意区间 $[t_k,t_{k+1}]_{k\in[0,N-1]}$ 上都连续可微，且在 $[t_0,t_f]$ 整个区间上 $x(t)$ 连续，但 $\dot{x}(t)$ 在 $t_i(i=1,2,\cdots,N-1)$ 处不连续。称 $t_i(i=1,2,\cdots,N-1)$ 为角点(corner point)。为简单起见，下面仅讨论单一角点情形，即假定函数仅在 t_1 处连续不可导，如图 3.11 所示。

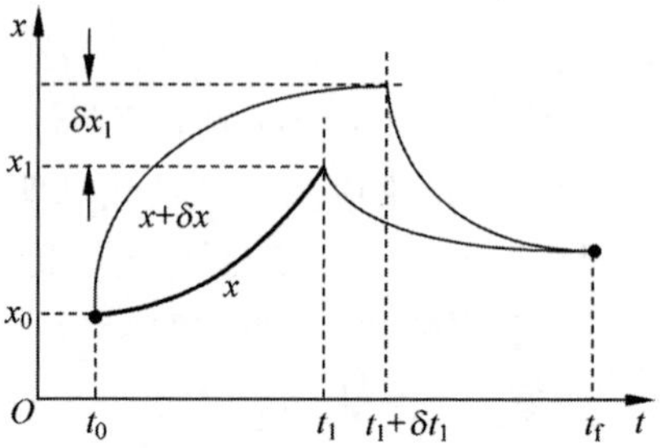

图 3.11 角点情况变分问题

例 3.7 设 $x(t):[t_0,t_f]\in\mathbb{R}$ 分段光滑，$\dot{x}(t)$ 在 $t_1\in(t_0,t_f)$ 处不连续且 t_1 未知。求使得泛函

$$J(x)=\int_{t_0}^{t_f}L(x(t),\dot{x}(t),t)\mathrm{d}t$$

取得极值的必要条件，其中 t_0 和 t_f 时刻及其对应状态为定值。

首先自角点处将问题划分为两个区间 $[t_0,t_1]$ 和 $[t_1,t_f]$，函数 $x(t)$ 在两个区间上连续可微。将待求解泛函重新表达为

$$J(x)=\int_{t_0}^{t_1^-}L(x(t),\dot{x}(t),t)\mathrm{d}t+\int_{t_1^+}^{t_f}L(x(t),\dot{x}(t),t)\mathrm{d}t \tag{3.65}$$

不妨记为 $J_1(x)=\int_{t_0}^{t_1^-}L(x(t),\dot{x}(t),t)\mathrm{d}t$，$J_2(x)=\int_{t_1^+}^{t_f}L(x(t),\dot{x}(t),t)\mathrm{d}t$，式中 t_1^-、t_1^+ 分别表示 t_1 的左极限和右极限。参考图 3.11，$J_1(x)$ 为固定起点、终点自由的泛函极值问题，$J_2(x)$ 为起点自由、终点固定的泛函极值问题。

根据 3.4.2 节定理 3.3 的推导，得泛函 $J_1(x)$ 的一次变分为

$$\delta J_1=\int_{t_0}^{t_1}\left(\frac{\partial L}{\partial x}-\frac{\mathrm{d}}{\mathrm{d}t}\frac{\partial L}{\partial \dot{x}}\right)\delta x(t)\mathrm{d}t+\left[\frac{\partial L}{\partial \dot{x}}\cdot\delta x(t)\right]\Bigg|_{t_1^-}+L(x,\dot{x},t)\Bigg|_{t_1^-}\cdot\delta t_1 \tag{3.66}$$

在角点处 $\delta x(t_1^-)$ 与 δx_1 满足一阶近似关系

$$\delta x_1 = \delta x(t_1^-) + \dot{x}(t_1^-)\delta t_1 \tag{3.67}$$

将上式代入式(3.66)第二项并化简得

$$\delta J_1 = \int_{t_0}^{t_1} \left(\frac{\partial L}{\partial x} - \frac{\mathrm{d}}{\mathrm{d}t}\frac{\partial L}{\partial \dot{x}}\right)\delta x \,\mathrm{d}t + \left.\frac{\partial L}{\partial \dot{x}}\right|_{t_1^-} \cdot \delta x_1 + \left.\left(L - \frac{\partial L}{\partial \dot{x}}\dot{x}\right)\right|_{t_1^-} \cdot \delta t_1 \tag{3.68}$$

类似可得 $J_2(x)$的一次变分为

$$\delta J_2 = \int_{t_1}^{t_f} \left(\frac{\partial L}{\partial x} - \frac{\mathrm{d}}{\mathrm{d}t}\frac{\partial L}{\partial \dot{x}}\right)\delta x \,\mathrm{d}t - \left.\frac{\partial L}{\partial \dot{x}}\right|_{t_1^+} \cdot \delta x_1 - \left.\left(L - \frac{\partial L}{\partial \dot{x}}\dot{x}\right)\right|_{t_1^+} \cdot \delta t_1 \tag{3.69}$$

将式(3.68)和式(3.69)代入式(3.65)，得到泛函 $J(x)$的一次变分

$$\begin{aligned}\delta J &= \delta J_1 + \delta J_2 \\ &= \int_{t_0}^{t_f} \left(\frac{\partial L}{\partial x} - \frac{\mathrm{d}}{\mathrm{d}t}\frac{\partial L}{\partial \dot{x}}\right)\delta x \,\mathrm{d}t + \left(\left.\frac{\partial L}{\partial \dot{x}}\right|_{t_1^-} - \left.\frac{\partial L}{\partial \dot{x}}\right|_{t_1^+}\right) \cdot \delta x_1 + \\ &\quad \left[\left.\left(L - \frac{\partial L}{\partial \dot{x}}\dot{x}\right)\right|_{t_1^-} - \left.\left(L - \frac{\partial L}{\partial \dot{x}}\dot{x}\right)\right|_{t_1^+}\right] \cdot \delta t_1\end{aligned} \tag{3.70}$$

由 δx_1 和 δt_1 的任意性，泛函 $J(x)$取得极值的一阶必要条件为

$$\frac{\partial L}{\partial x} - \frac{\mathrm{d}}{\mathrm{d}t}\frac{\partial L}{\partial \dot{x}} = 0 \tag{3.71}$$

$$\left.\frac{\partial L}{\partial \dot{x}}\right|_{t_1^-} - \left.\frac{\partial L}{\partial \dot{x}}\right|_{t_1^+} = 0 \tag{3.72}$$

$$\left.\left(L - \frac{\partial L}{\partial \dot{x}}\dot{x}\right)\right|_{t_1^-} - \left.\left(L - \frac{\partial L}{\partial \dot{x}}\dot{x}\right)\right|_{t_1^+} = 0 \tag{3.73}$$

至此，带有一个角点的泛函极值问题得解。其中，式(3.72)和式(3.73)被称为 Weierstrass-Erdmann 角点条件，简称为角点条件。式(3.71)则是我们熟悉的 Euler-Lagrange 方程。

3.5.2 一般目标集的处理

横看成岭侧成峰，远近高低各不同。至此，书中已经从多个角度讨论了泛函极值问题，处理了是否有约束、以及终端状态变化的情况。情况一多，仿佛一直身处各类泛函极值问题的“崇山峻岭”中，而缺少了一点对问题整体的认知。为此，本节将考察带有一般目标集的泛函极值问题，力求构建“一览众山小”的学习体验。

考虑如下泛函极值问题：设状态变量 $x(t)$：$[t_0, t_f] \in \mathbb{R}$ 连续可微，系统初始时刻 t_0 固定且满足 $x(t_0) = x_0$。最小化性能指标

$$J(x) = \varphi(x(t_f), t_f) + \int_{t_0}^{t_f} L(x(t), \dot{x}(t), t)\,\mathrm{d}t \tag{3.74}$$

使得系统在终端时刻达到目标集 $\phi(x(t_f), t_f) = 0$，其中终端时刻 t_f 可以固定或自由。简单起见，问题中各变量均假设为标量。

显然，问题中 t_f 时刻具有等式约束。为了采用变分法求解泛函极值，需要采

用 2.2 节的 Lagrange 乘子法，将约束泛函极值转化为无约束的泛函极值问题。引入 Lagrange 乘子 λ（维数与目标集 ϕ 一致，此处为标量），得到增广性能泛函

$$\bar{J}(x,\lambda)=\lambda\cdot\phi(x(t_f),t_f)+\varphi(x(t_f),t_f)+\int_{t_0}^{t_f}L(x(t),\dot{x}(t),t)\mathrm{d}t \tag{3.75}$$

接下来就是求解 $\bar{J}(x,\lambda)$ 变分为零时的一阶必要条件。该问题性能指标与本章前几节讨论的 Lagrange 型不同，是带有末端项的 Bolza 型指标，目标集的引入只是进一步增加了性能指标中的末值项而已。由 1.4 节知，泛函极值问题中包含一类 Mayer 型性能指标，一般记为

$$\tilde{J}(x)=\varphi(x(t_f),t_f) \tag{3.76}$$

我们之前的大量分析均针对 Lagrange 型性能指标，那么是否有可能将式(3.76)指标转换为 Lagrange 型呢？这样便可以采用 Lagrange 型指标求解方式形式化地求解 Mayer 型和 Bolza 型泛函极值问题。实际上，在 ϕ 和 φ 连续可微的情况下，三类性能指标间确实是可以相互转换的。

性能指标的转化

对于式(3.76)中性能指标，当 $\varphi(x(t_f),t_f)$ 连续可微时，可表达为积分形式

$$\tilde{J}(x)=\varphi(x(t_0),t_0)+\int_{t_0}^{t_f}\frac{\mathrm{d}}{\mathrm{d}t}(\varphi(x(t),t))\mathrm{d}t \tag{3.77}$$

式中 $\varphi(x(t_0),t_0)$ 为初始时刻取值，在 t_0 和初始状态给定情况下是一个定值。由此便将 Mayer 型指标成功转化为 Lagrange 型。Bolza 型为混合型指标，只需将其终端型指标部分按照以上方式重新表达为积分形式，便得到了 Lagrange 型指标。

为了求解式(3.75)的泛函极值，可以分为两步：首先将式中右端第一项和第二项转化为积分形式，之后再针对转化后的 Lagrange 型指标求变分。下面先以式(3.76)为性能指标考察其变分问题，不妨引入新的函数 $g(x(t),\dot{x}(t),t)$，并取

$$g(x(t),\dot{x}(t),t)=\frac{\mathrm{d}}{\mathrm{d}t}[\varphi(x(t),t)]=\frac{\partial\varphi(x,t)}{\partial x}\cdot\dot{x}(t)+\frac{\partial\varphi(x,t)}{\partial t}$$

即式(3.77)性能指标可记为 $\tilde{J}(x)=\varphi(x(t_0),t_0)+\int_{t_0}^{t_f}g(x,\dot{x},t)\mathrm{d}t$，对该指标泛函求变分，有

$$\begin{aligned}\delta\tilde{J}=&\frac{\partial g}{\partial x}(x(t_f),\dot{x}(t_f),t_f)\cdot\delta x_f+\\&\left[g(x(t_f),\dot{x}(t_f),t_f)-\frac{\partial g}{\partial\dot{x}}(x(t_f),\dot{x}(t_f),t_f)\cdot\dot{x}(t_f)\right]\cdot\delta t_f+\\&\int_{t_0}^{t_f}\left[\frac{\partial g}{\partial x}(x(t_f),\dot{x}(t_f),t_f)-\frac{\mathrm{d}}{\mathrm{d}t}\left(\frac{\partial g}{\partial\dot{x}}(x(t_f),\dot{x}(t_f),t_f)\right)\right]\cdot\delta x(t)\mathrm{d}t\end{aligned}$$

将 $g(x(t),\dot{x}(t),t)$代入上式并展开，得

$$\frac{\partial g}{\partial x}(x(t),\dot{x}(t),t)=\frac{\partial^2 \varphi}{\partial x^2}(x(t),t)\cdot \dot{x}(t)+\frac{\partial^2 \varphi}{\partial x \partial t}(x(t),t)$$

$$\frac{\partial g}{\partial \dot{x}}(x(t),\dot{x}(t),t)=\frac{\partial \varphi}{\partial x}(x(t),t)$$

$$\frac{\mathrm{d}}{\mathrm{d}t}\left(\frac{\partial g}{\partial \dot{x}}(x(t_f),\dot{x}(t_f),t_f)\right)=\frac{\partial^2 \varphi}{\partial x^2}(x(t),t)\cdot \dot{x}(t)+\frac{\partial^2 \varphi}{\partial x \partial t}(x(t),t)$$

将以上三式代入 $\delta\tilde{J}$ 并整理可得

$$\delta\tilde{J}=\frac{\partial \varphi}{\partial x}(x(t_f),t_f)\cdot \delta x_f+\frac{\partial \varphi}{\partial t}(x(t_f),t_f)\cdot \delta t_f \tag{3.78}$$

以上就是基于 Lagrange 型指标的求解方法推导 Mayer 型泛函极值的过程。

一般目标集的 Bolza 型泛函极值

借鉴性能指标转化讨论结果，处理式(3.75)的极值问题：

$$\begin{aligned}\delta\bar{J}=&\lambda\cdot\left[\frac{\partial \phi}{\partial x}(x(t_f),t_f)\delta x_f+\frac{\partial \phi}{\partial t}(x(t_f),t_f)\delta t_f\right]+\\&\frac{\partial \varphi}{\partial x}(x(t_f),t_f)\delta x_f+\frac{\partial \varphi}{\partial t}(x(t_f),t_f)\delta t_f+\\&\int_{t_0}^{t_f}\left[\frac{\partial L}{\partial x}\delta x(t)+\frac{\partial L}{\partial \dot{x}}\delta \dot{x}(t)\right]\mathrm{d}t+L(x(t_f),\dot{x}(t_f),t_f)\delta t_f\\=&\left[\lambda\cdot\frac{\partial \phi}{\partial t}(x(t_f),t_f)+\frac{\partial \varphi}{\partial t}(x(t_f),t_f)+L(x(t_f),\dot{x}(t_f),t_f)\right]\delta t_f+\\&\left[\lambda\cdot\frac{\partial \phi}{\partial x}(x(t_f),t_f)+\frac{\partial \varphi}{\partial x}(x(t_f),t_f)\right]\delta x_f+\\&\int_{t_0}^{t_f}\left[\frac{\partial L}{\partial x}-\frac{\mathrm{d}}{\mathrm{d}t}\frac{\partial L}{\partial \dot{x}}\right]\delta x(t)\mathrm{d}t+\frac{\partial L}{\partial \dot{x}}(x(t_f),\dot{x}(t_f),t_f)\cdot\delta x(t_f)\end{aligned}$$

为书写方便，上式中将 $L(x(t),\dot{x}(t),t)$简记为 L。利用 $\delta x_f=\delta x(t_f)+\dot{x}(t_f)\delta t_f$ 处理上式中 $\delta x(t_f)$项，得

$$\begin{aligned}\delta\bar{J}=&\left[\lambda\cdot\frac{\partial \phi}{\partial t}(x(t_f),t_f)+\frac{\partial \varphi}{\partial t}(x(t_f),t_f)+L\bigg|_{t_f}-\frac{\partial L}{\partial \dot{x}}\bigg|_{t_f}\cdot\dot{x}(t_f)\right]\delta t_f+\\&\left[\lambda\cdot\frac{\partial \phi}{\partial x}(x(t_f),t_f)+\frac{\partial \varphi}{\partial x}(x(t_f),t_f)+\frac{\partial L}{\partial \dot{x}}\bigg|_{t_f}\right]\delta x_f+\\&\int_{t_0}^{t_f}\left[\frac{\partial L}{\partial x}-\frac{\mathrm{d}}{\mathrm{d}t}\frac{\partial L}{\partial \dot{x}}\right]\delta x(t)\mathrm{d}t\end{aligned}$$

由 δt_f、δx_f 和 $\delta x(t)$的任意性且相互独立，可得式(3.75)Bolza 型泛函极值必要条件为

$$\frac{\partial L}{\partial x}-\frac{\mathrm{d}}{\mathrm{d}t}\frac{\partial L}{\partial \dot{x}}=0 \tag{3.79}$$

$$\lambda \cdot \frac{\partial \phi}{\partial t}(x(t_{\mathrm{f}}),t_{\mathrm{f}})+\frac{\partial \varphi}{\partial t}(x(t_{\mathrm{f}}),t_{\mathrm{f}})+L\bigg|_{t_{\mathrm{f}}}-\frac{\partial L}{\partial \dot{x}}\bigg|_{t_{\mathrm{f}}}\cdot \dot{x}(t_{\mathrm{f}})=0 \tag{3.80}$$

$$\lambda \cdot \frac{\partial \phi}{\partial x}(x(t_{\mathrm{f}}),t_{\mathrm{f}})+\frac{\partial \varphi}{\partial x}(x(t_{\mathrm{f}}),t_{\mathrm{f}})+\frac{\partial L}{\partial \dot{x}}\bigg|_{t_{\mathrm{f}}}=0 \tag{3.81}$$

其中式(3.79)为 Euler-Lagrange 方程,式(3.80)、(3.81)为横截条件,问题需同时满足 $\phi(x(t_{\mathrm{f}}),t_{\mathrm{f}})=0$ 约束。当问题没有目标集 $\phi(x(t_{\mathrm{f}}),t_{\mathrm{f}})=0$ 约束时,简化式(3.79)~式(3.81),即可得到标准 Bolza 型泛函极值问题必要条件

$$\begin{cases}\dfrac{\partial L}{\partial x}-\dfrac{\mathrm{d}}{\mathrm{d}t}\dfrac{\partial L}{\partial \dot{x}}=0\\[2mm] \dfrac{\partial \varphi}{\partial t}(x(t_{\mathrm{f}}),t_{\mathrm{f}})+L\bigg|_{t_{\mathrm{f}}}-\dfrac{\partial L}{\partial \dot{x}}\bigg|_{t_{\mathrm{f}}}\cdot \dot{x}(t_{\mathrm{f}})=0\\[2mm] \dfrac{\partial \varphi}{\partial x}(x(t_{\mathrm{f}}),t_{\mathrm{f}})+\dfrac{\partial L}{\partial \dot{x}}\bigg|_{t_{\mathrm{f}}}=0\end{cases} \tag{3.82}$$

类似地,当式(3.74)中 $\varphi(x(t_{\mathrm{f}}),t_{\mathrm{f}})$ 不存在时,问题便退化为带有终端目标集约束的 Lagrange 型泛函极值问题,对应极值一阶必要条件为

$$\begin{cases}\dfrac{\partial L}{\partial x}-\dfrac{\mathrm{d}}{\mathrm{d}t}\dfrac{\partial L}{\partial \dot{x}}=0\\[2mm] \lambda \cdot \dfrac{\partial \phi}{\partial t}(x(t_{\mathrm{f}}),t_{\mathrm{f}})+L\bigg|_{t_{\mathrm{f}}}-\dfrac{\partial L}{\partial \dot{x}}\bigg|_{t_{\mathrm{f}}}\cdot \dot{x}(t_{\mathrm{f}})=0\\[2mm] \lambda \cdot \dfrac{\partial \phi}{\partial x}(x(t_{\mathrm{f}}),t_{\mathrm{f}})+\dfrac{\partial L}{\partial \dot{x}}\bigg|_{t_{\mathrm{f}}}=0\end{cases} \tag{3.83}$$

例 3.8 假设零时刻为初始时刻,即 $t_0=0$,此时系统状态为 $x(t_0)=1$。终端时刻 t_{f} 自由,终端状态需满足要求 $x(t_{\mathrm{f}})=2-t_{\mathrm{f}}$。求解最优轨线使得如下泛函达到极值:

$$J(x)=\int_0^{t_{\mathrm{f}}}\sqrt{1+\dot{x}^2(t)}\,\mathrm{d}t$$

本题属于 t_{f} 自由、初态固定、终端状态给定(或称受约束)的泛函极值问题,终端目标集为 $x(t_{\mathrm{f}})+t_{\mathrm{f}}-2=0$。引入协态变量 λ,将带有约束的泛函极值问题转化为无约束泛函极值,即最小化 $J(x)=\lambda(x(t_{\mathrm{f}})+t_{\mathrm{f}}-2)+\int_0^{t_{\mathrm{f}}}\sqrt{1+\dot{x}^2(t)}\,\mathrm{d}t$。略去推导过程,对照式(3.75)可将本例中各分量记为

$$\begin{cases}\phi(x(t_{\mathrm{f}}),t_{\mathrm{f}})=x(t_{\mathrm{f}})+t_{\mathrm{f}}-2=0\\ \varphi(x(t_{\mathrm{f}}),t_{\mathrm{f}})=0\\ L(x(t),\dot{x}(t),t)=\sqrt{1+\dot{x}^2(t)}\end{cases}$$

对应的泛函极值必要条件为式(3.83)，由 Euler-Lagrange 方程可得

$$\frac{\mathrm{d}}{\mathrm{d}t}\left(\frac{\dot{x}}{\sqrt{1+\dot{x}^2}}\right)=0 \Rightarrow \dot{x}=a$$

积分并整理可得 $x(t)=at+b$，式中 a、b 为待定常值。由 $\left.\frac{\partial\phi}{\partial t}\right|_{t_f}=\dot{x}(t_f)$ 和 $\left.\frac{\partial\phi}{\partial x}\right|_{t_f}=1$，代入式(3.83)整理得 $a=1$、$\lambda=-1/\sqrt{2}$、$t_f^*=1/2$，即泛函取得极值的最优轨线为 $x^*(t)=t+1$，最优终端时刻为 1/2，泛函极值为 $J^*=\sqrt{2}/2$。极值轨线如图 3.12 所示，$x^*(t)=t+1$ 与目标集约束 $x(t_f)+t_f-2=0$ 满足正交关系。为此，Lagrange 型泛函极值的横截条件有时又称为正交条件[15]。

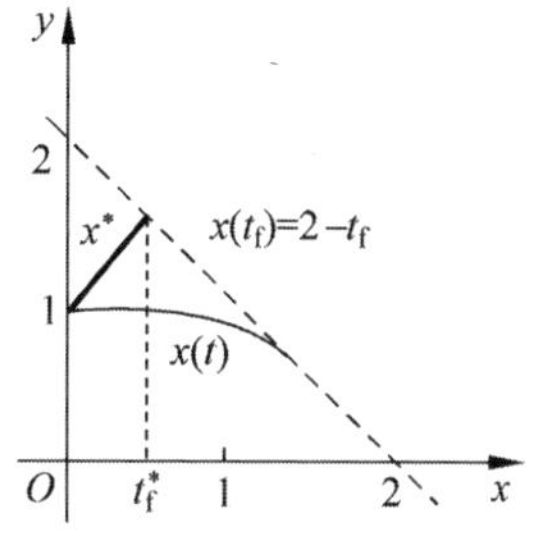

图 3.12　例 3.8 的极值轨线

3.6　小结

泛函是函数概念的一种拓展，常以函数积分的形式出现。变分法则是求解泛函极值的一种方法，常被称为经典变分法。本章循序渐进地给出了泛函、泛函变分及其相关概念，证明了泛函极值条件。整理了定义法和微积分法求解泛函极值，详细讨论了 Euler-Lagrange 方程的推导过程，对比分析了 Euler 几何法和 Lagrange 分析方法。简单介绍了最小作用量原理和 Hamilton 方程组，为后续最优控制问题学习提供参考。应用 Lagrange 乘子法处理了约束泛函极值，为带有微分方程约束的最优控制学习奠定基础。讨论了终端时刻固定与自由情况的横截条件，并进一步推导了 Weierstrass-Erdmann 角点条件。最后求解了带有一般目标集约束的 Bolza 型泛函极值问题，得到了一般形式的泛函极值一阶必要条件。

思考题与习题

3.1　求解下列泛函的一次变分：

(1) $J(x)=\int_{t_0}^{t_f}[x^3(t)-x^2(t)\dot{x}(t)]\mathrm{d}t$

(2) $J(x)=\int_{t_0}^{t_f}\mathrm{e}^{x(t)}\mathrm{d}t$

(3) $J(x,t)=\int_{t_0}^{t_f}[t^2+x^2(t)-\dot{x}^2(t)]\mathrm{d}t$

(4) $J(x,t)=\int_0^1[x^2(t)+tx(t)]\mathrm{d}t$

3.2 计算下列泛函的极值轨线和极值：

(1) $J(x)=\int_0^1[x^2(t)-\dot{x}^2(t)]\mathrm{d}t, x(0)=0, x(1)=1$

(2) $J(x)=\int_0^1[x^2(t)+\dot{x}^2(t)]\mathrm{d}t, x(0)=1, x(1)$ 自由

3.3 设连续可微函数 $x(t)$在初始 $t_0=1$ 时刻的初值为 $x(t_0)=4$，具有固定的终端状态 $x(t_f)=4$ 且终端时刻 t_f 自由。求极值轨线 $x^*(t)$使得性能泛函

$$J(x)=\int_1^{t_f}\left[2x(t)+\frac{1}{2}\dot{x}^2(t)\right]\mathrm{d}t$$

达到最小。

3.4 求解 Lagrange 型性能指标

$$J(x)=\int_0^{t_f}\sqrt{1+\dot{x}^2(t)}\,\mathrm{d}t$$

的泛函极值，满足条件：

(1) $x(0)=1, x(t_f)$位于曲线 $\theta(t)=-2t+3$ 上。

(2) $x(0)=5, x(t_f)$位于曲线 $x^2(t)+(t-5)^2=4$ 上。

3.5 试求泛函极值轨线 $x^*(t)$，其中性能泛函为

$$J(x,\dot{x})=\int_{t_0}^{t_f}\left(\frac{1}{2}\dot{x}^2(t)+x(t)\dot{x}(t)+\dot{x}(t)+x(t)\right)\mathrm{d}t$$

已知 $t_0=0, x(t_0)=1/2$；$t_f=1, x(t_f)$自由。

3.6 在 t-$x(t)$平面内，确定最短的分段光滑曲线。该曲线连接点 $x(0)=1$ 和 $x(1.5)=0$，且与直线 $x(t)=2-t$ 相交于一点。

提示：求泛函 $J(x)=\int_0^{1.5}\sqrt{1+\dot{x}^2(t)}\,\mathrm{d}t$ 极值。使用 3.5 节角点条件。

参考文献

[1] 张杰，王飞跃. 最优控制——数学理论与智能方法（上册）[M]. 北京：清华大学出版社，2017.

[2] 张恭庆. 变分学讲义[M]. 北京：高等教育出版社，2011.

[3] M. 克莱因. 数学：确定性的丧失[M]. 李宏魁，译. 长沙：湖南科技出版社，2007.

[4] 郭铁丁. 深空探测小推力轨迹优化的间接法与伪谱法研究[D]. 北京：清华大学，2012.

[5] BETTS J T. Survey of numerical methods for trajectory optimization[J]. Journal of Guidance, Control, and Dynamics, 1998, 21(2): 193-207.

[6] ROSS I M, FAHROO F. Legendre pseudospectral approximations of optimal control problems[M]. Lecture Notes in Control and Information Sciences, New York: Springer-Verlag, 2003.

[7] 赵亚溥. 力学讲义[M]. 北京：科学出版社，2018.

[8] 朗道，栗弗席兹. 力学[M]. 5 版. 李俊峰，译. 北京：高等教育出版社，2007.

[9]　余书田. 从拉格朗日到哈密顿——浅谈分析力学的发展[J]. 现代物理知识，1994(S1)：195-196.

[10]　贾小勇. 19 世纪以前的变分法[D]. 西安：西北大学，2008.

[11]　何毓琼. 科学人生纵横：何毓琼博文集萃[M]. 北京：清华大学出版社，2009.

[12]　R. 柯朗，希尔伯特. 数学物理方法(第一卷)[M]. 钱敏，郭敦仁，译. 北京：科学出版社，1958.

[13]　M. 克莱因. 古今数学思想(第二册)[M]. 石生明，等译. 上海：上海科学技术出版社，2013.

[14]　LIBERZON D. Calculus of variations and optimal control theory：A concise introduction [M]. New Jersey：Princeton University Press，2012.

[15]　胡寿松，王执铨，胡维礼. 最优控制理论与系统[M]. 3 版. 北京：科学出版社，2017.

第4章 极小值原理

我们知道的，是很微小的；我们不知道的，是无限的。

——拉普拉斯(Laplace,1749—1827)

内容提要

极小值原理是现代控制理论的重要组成部分，为控制受约束情况的优化问题提供了有效的求解方法，极大地拓展了变分法的应用范围。本章从容许控制集为开集问题入手，利用变分法求解最优控制，讨论终端时刻固定或自由时的各类情况。给出极小值原理的数学描述并加以证明，在此基础上应用极小值原理处理仿射非线性系统的优化控制问题，主要分析控制受约束时的时间最短控制和燃料最省控制问题。

极小值原理是最优控制的核心基石之一，在现代最优控制问题求解中发挥了重要作用。该原理最早被称作极大值原理[1]，由庞特里亚金(Pontryagin)等人提出，故又名“庞特里亚金极大值原理”(Pontryagin's maximum principle)。在学术工作方面，Pontryagin 是一位励志的典范，14 岁不幸失明后坚持学习，师从著名拓扑学家亚历山德罗夫(Aleksandrov)，终成一代名家。牛顿曾言“如果我比别人看得远些，那是因为我站在巨人的肩膀上”。这句话同样可以用在 Pontryagin 身上，不过促其成长的“巨人”除了导师及其合作者外，还应包括那位读书给他听的母亲。

20 世纪 50 年代，美苏争霸的格局基本形成。1957 年苏联成功发射人类历史上第一颗人造卫星，进一步加剧了冷战的军备竞赛。想转向应用数学研究的 Pontryagin 适逢其时，开始攻关一类最优控制问题。1956—1957 年，Pontryagin 与他的学生未加证明地提出了最大化 Mayer 型性能指标的极大值原理。自极大值原理诞生后，第 3 章的变分法便被称为古典

庞特里亚金 (1908—1988)　亚历山德罗夫 (1896—1982)　柯尔莫哥洛夫 (1903—1987)

变分法或经典变分法了。这是因为极大值原理能够得到全局最优解的必要条件，而且适用于系统控制变量分段连续的问题，放宽了变分法中控制域为开集的约束，从而极大地拓展了方法的应用范围。本书遵从 Pontryagin 等人后来的叫法，下文取"极小值原理"(minimum principle)[1-2]，同时也与前一章变分法在形式上保持统一。

极小值原理的提出和证明，离不开古典变分法的数学基础和核心思想。古典变分法在求解泛函极值时要求控制量 $u(t)$ 为开集，即不受任何约束。该条件在实际物理系统中显然难以满足，无论是登月着陆器推进系统的推进能力，还是汽车的加速和制动能力，都会存在一定的约束，甚至极端情况下 $u(t)$ 只能取某些离散值。对于这些控制变量不连续或有界的控制问题，古典变分法不再适用，需要发展的新的理论和方法。为方便极小值原理的学习，本章先从古典变分法求解最优控制问题入手，逐步深入至原理的证明和应用。

4.1　变分法求解最优控制

第 3 章讨论约束泛函极值问题时，用单独的 3.3.1 节推导了带有微分约束方程的泛函极值问题，将 $\dot{\boldsymbol{x}}(t)-\boldsymbol{f}(\boldsymbol{x}(t),\boldsymbol{u}(t),t)=\boldsymbol{0}$ 中的 $\boldsymbol{u}(t)$ 视作独立的自变量。本节分析过程中，将 $\boldsymbol{u}(t)$: $[t_0,t_f]\in\mathbb{R}^m$ 称为"控制变量"(control variable)，并假定其连续可微，同样设状态变量 $\boldsymbol{x}(t)$: $[t_0,t_f]\in\mathbb{R}^n$ 连续可微。

4.1.1　终端时刻固定的最优控制

例 4.1　假设状态变量 $\boldsymbol{x}(t)$ 和控制变量 $\boldsymbol{u}(t)$ 在区间 $[t_0,t_f]$ 上连续可微，系统具有状态微分方程

$$\dot{\boldsymbol{x}}(t)=\boldsymbol{f}(\boldsymbol{x}(t),\boldsymbol{u}(t),t),\quad t\in[t_0,t_f] \tag{4.1}$$

且在初始时刻 t_0 处满足状态 $\boldsymbol{x}(t_0)=\boldsymbol{x}_0$，终端时刻 t_f 固定，终端状态 $\boldsymbol{x}(t_f)$ 自由。

现要求解开集中的最优控制 $\boldsymbol{u}(t)$，使得性能指标

$$J(\boldsymbol{u})=\varphi(\boldsymbol{x}(t_f),t_f)+\int_{t_0}^{t_f}L(\boldsymbol{x}(t),\boldsymbol{u}(t),t)\mathrm{d}t \tag{4.2}$$

取得极小值。其中，函数 f、φ、L 均二阶连续可微。

该问题未对终端状态 $\boldsymbol{x}(t_f)$ 施加任何约束，初始时刻、初始状态和终端时刻均给定。性能指标(4.2)显含状态 $\boldsymbol{x}(t)$ 和控制 $\boldsymbol{u}(t)$，但在给定初始状态 $\boldsymbol{x}(t_0)$ 和控制 $\boldsymbol{u}(t)$ 时 $\boldsymbol{x}(t)$ 是唯一确定的，因此其仅是控制变量 $\boldsymbol{u}(t)$ 的泛函，简记为 $J(\boldsymbol{u})$。状态方程(4.1)是一个微分等式约束，引入 **Lagrange 乘子** $\boldsymbol{\lambda}(t)$：$[t_0,t_f]\in\mathbb{R}^n$，将式(4.2)转化为无约束泛函极值，增广性能指标为

$$\bar{J}=\varphi(\boldsymbol{x}(t_f),t_f)+\int_{t_0}^{t_f}[L(\boldsymbol{x}(t),\boldsymbol{u}(t),t)+\boldsymbol{\lambda}^{\mathrm{T}}(t)\cdot(\boldsymbol{f}(\boldsymbol{x},\boldsymbol{u},t)-\dot{\boldsymbol{x}}(t))]\mathrm{d}t \tag{4.3}$$

为推导方便，定义 **Hamilton 函数**

$$H(\boldsymbol{x},\boldsymbol{u},\boldsymbol{\lambda},t)=L(\boldsymbol{x},\boldsymbol{u},t)+\boldsymbol{\lambda}^{\mathrm{T}}(t)\cdot\boldsymbol{f}(\boldsymbol{x},\boldsymbol{u},t) \tag{4.4}$$

则增广性能指标(generalized performance index)可重新表达为

$$\bar{J}=\varphi(\boldsymbol{x}(t_f),t_f)+\int_{t_0}^{t_f}[H(\boldsymbol{x}(t),\boldsymbol{u}(t),t)-\boldsymbol{\lambda}^{\mathrm{T}}(t)\cdot\dot{\boldsymbol{x}}(t)]\mathrm{d}t \tag{4.5}$$

对上式中 $\boldsymbol{\lambda}^{\mathrm{T}}(t)\dot{\boldsymbol{x}}(t)$ 项作分部积分，得

$$\begin{aligned}\bar{J}=&\varphi(\boldsymbol{x}(t_f),t_f)-\boldsymbol{\lambda}^{\mathrm{T}}(t_f)\boldsymbol{x}(t_f)+\boldsymbol{\lambda}^{\mathrm{T}}(t_0)\boldsymbol{x}(t_0)+\\&\int_{t_0}^{t_f}[H(\boldsymbol{x}(t),\boldsymbol{u}(t),\boldsymbol{\lambda}^{\mathrm{T}}(t),t)+\dot{\boldsymbol{\lambda}}^{\mathrm{T}}(t)\cdot\boldsymbol{x}(t)]\mathrm{d}t\end{aligned}$$

在考察上式变分之前，先简单分析下控制变量变分 $\delta\boldsymbol{u}(t)$ 对系统各相关量的影响。由于状态方程(4.1)的关联，$\delta\boldsymbol{u}(t)$ 会引起 $\boldsymbol{x}(t)$ 的变分 $\delta\boldsymbol{x}(t)$；由于 $\boldsymbol{x}(t_f)$ 自由，$\delta\boldsymbol{u}(t)$ 也会引起它的变分 $\delta\boldsymbol{x}(t_f)$；初始时刻 $\boldsymbol{x}(t_0)=\boldsymbol{x}_0$ 为一定值，$\boldsymbol{u}(t)$ 不会对初始产生影响，同理 $\delta\boldsymbol{u}(t)$ 也不会引起初始状态量的变分；Lagrange 乘子 $\boldsymbol{\lambda}(t)$ 为待定函数向量，一般没有实际的物理意义，与系统控制量 $\boldsymbol{u}(t)$ 以及状态量 $\boldsymbol{x}(t)$ 没有直接关联，因而 $\delta\boldsymbol{u}(t)$ 不会引起 $\boldsymbol{\lambda}(t)$ 的变分。为此，控制量变分 $\delta\boldsymbol{u}(t)$ 引起的泛函变分为

$$\boxed{\begin{aligned}\delta\bar{J}=&\frac{\partial\varphi}{\partial\boldsymbol{x}}(\boldsymbol{x}(t_f),t_f)\delta\boldsymbol{x}(t_f)-\boldsymbol{\lambda}^{\mathrm{T}}(t_f)\delta\boldsymbol{x}(t_f)+\\&\int_{t_0}^{t_f}\left[\frac{\partial H}{\partial\boldsymbol{x}}(\boldsymbol{x},\boldsymbol{u},\boldsymbol{\lambda},t)\delta\boldsymbol{x}(t)+\dot{\boldsymbol{\lambda}}^{\mathrm{T}}(t)\cdot\delta\boldsymbol{x}(t)+\frac{\partial H}{\partial\boldsymbol{u}}\delta\boldsymbol{u}(t)\right]\mathrm{d}t\\=&\left[\frac{\partial\varphi}{\partial\boldsymbol{x}}(\boldsymbol{x}(t_f),t_f)-\boldsymbol{\lambda}(t_f)\right]\cdot\delta\boldsymbol{x}(t_f)+\\&\int_{t_0}^{t_f}\left[\left(\frac{\partial H}{\partial\boldsymbol{x}}+\dot{\boldsymbol{\lambda}}(t)\right)\delta\boldsymbol{x}(t)\right]\mathrm{d}t+\int_{t_0}^{t_f}\left[\frac{\partial H}{\partial\boldsymbol{u}}\delta\boldsymbol{u}(t)\right]\mathrm{d}t\end{aligned}} \tag{4.6}$$

为清晰起见，式(4.6)中将状态量变分 $\delta\boldsymbol{x}(t)$ 项与控制量变分 $\delta\boldsymbol{u}(t)$ 分开写。

泛函取得极值时应有 $\delta \bar{J}=0$，若引入的 Lagrange 乘子满足微分方程

$$\dot{\boldsymbol{\lambda}}(t)=-\frac{\partial H(\boldsymbol{x}(t),\boldsymbol{u}(t),\boldsymbol{\lambda}(t),t)}{\partial \boldsymbol{x}(t)}$$

和终端条件

$$\boldsymbol{\lambda}(t_{\mathrm{f}})=\frac{\partial \varphi(\boldsymbol{x}(t_{\mathrm{f}}),t_{\mathrm{f}})}{\partial \boldsymbol{x}(t_{\mathrm{f}})}$$

那么，泛函极值对应的最优控制必然满足

$$\frac{\partial H(\boldsymbol{x}(t),\boldsymbol{u}(t),\boldsymbol{\lambda}(t),t)}{\partial \boldsymbol{u}(t)}=\boldsymbol{0},\quad \forall t\in[t_0,t_{\mathrm{f}}]$$

基于以上分析，可得如下结论：

定理 4.1　对于状态微分方程(4.1)描述的受控系统，控制变量 $\boldsymbol{u}(t)\in U$ 的容许控制集为开集。假设系统初始时刻 t_0、初态 $\boldsymbol{x}(t_0)$、终端时刻 t_{f} 均为定值。使得性能指标(4.2)取得极值的最优控制、极值轨线、以及引入的 Lagrange 乘子需满足如下条件：

(1) 规范方程(canonical equations)

$$\begin{cases}\dot{\boldsymbol{x}}(t)=\dfrac{\partial H(\boldsymbol{x}(t),\boldsymbol{u}(t),\boldsymbol{\lambda}(t),t)}{\partial \boldsymbol{\lambda}(t)}=\boldsymbol{f}(\boldsymbol{x}(t),\boldsymbol{u}(t),t)\\ \dot{\boldsymbol{\lambda}}(t)=-\dfrac{\partial H(\boldsymbol{x}(t),\boldsymbol{u}(t),\boldsymbol{\lambda}(t),t)}{\partial \boldsymbol{x}(t)}\end{cases}\tag{4.7}$$

(2) 边值条件(boundary conditions)

$$\begin{cases}\boldsymbol{x}(t_0)=\boldsymbol{x}_0\\ \boldsymbol{\lambda}(t_{\mathrm{f}})=\dfrac{\partial \varphi(\boldsymbol{x}(t_{\mathrm{f}}),t_{\mathrm{f}})}{\partial \boldsymbol{x}(t_{\mathrm{f}})}\end{cases}\tag{4.8}$$

(3) 极值条件(optimality conditions)

$$\frac{\partial H(\boldsymbol{x}(t),\boldsymbol{u}(t),\boldsymbol{\lambda}(t),t)}{\partial \boldsymbol{u}(t)}=\boldsymbol{0}\tag{4.9}$$

上述定理中规范方程(4.7)和极值条件(4.9)在系统整个运行区间$[t_0,t_{\mathrm{f}}]$均成立，其中 Hamilton 函数定义见式(4.4)。式(4.7)中第一个方程为控制系统的状态微分方程，在本书中均为已知，但在实际问题中需要读者根据经验和以往模型等抽象建立，状态微分方程的准确程度显然会直接影响控制分析结果。Lagrange 乘子 $\boldsymbol{\lambda}(t)$是相对状态变量引入的，称为**协态变量**(costate variable 或 adjoint variable)，对应的微分方程称为**协态方程**。在控制容许集为开集情况下，极值条件为 Hamilton 函数关于控制量的梯度为零，故又称为**驻点条件**(stationary condition)。极值条件有时也被记为**耦合方程**，这是因为它通常给出了 $\boldsymbol{u}(t)$与$[\boldsymbol{x}(t),\boldsymbol{\lambda}(t)]$间“耦合”关系的代数方程。边值条件有时也称为横截条件。

此外，状态微分方程和协态微分方程(4.7)在 t_0 和 t_{f} 时刻都存在边值条件，见式(4.8)，此类问题被称为**两点边值问题**(two-point boundary value problem，有时

简记为 TPBVP)。也就是说,通过应用变分法,我们已将例 4.1 的最优控制问题转化为两点边值问题。对于本书中简单算例,通常可由极值条件解析求解控制量和协态变量间关系,进而由系统微分方程给出含有待定系数的协态和状态变量函数,最终由边值条件确定各待定常数,得到最优控制和最优轨线,具体过程见下文例 4.2。如果要确定系统极值为极大或极小,还需进一步考虑性能指标的二阶变分,本书不再展开,感兴趣的读者可参见 Bryson AE 和 Ho YC 的 *Applied Optimal Control: Optimization, estimation, and control*(第 6 章[3])。

例 4.2 设一阶系统方程为 $\dot{x}(t)=u(t), t\in[t_0,t_f]$,性能指标取为

$$J(u)=\frac{1}{2}x^2(t_f)+\frac{1}{2}\int_{t_0}^{t_f}u^2(t)\mathrm{d}t$$

其中,t_0 和 t_f 给定,$x(t_0)=x_0$,$x(t_f)$ 自由。试求使得性能指标 $J(u)$ 取极小值的最优控制 $u(t)$。

本题为始端固定末端自由、初始时刻和终端时刻固定的 Bolza 型指标最优控制问题。为书写方便,求解过程中各变量采用简记方式。参考例 4.1 可记 $f=u$、$L=u^2/2$、$\varphi=x^2(t_f)/2$,引入 Lagrange 乘子 $\lambda(t)$,构造 Hamilton 函数

$$H(x,u,\lambda,t)=L+\lambda\dot{x}=\frac{u^2}{2}+\lambda u$$

根据定理 4.1 推导最优解必要条件:

$$\dot{x}=\frac{\partial H}{\partial \lambda}=u, x(t_0)=x_0$$

$$\dot{\lambda}=-\frac{\partial H}{\partial x}=0\Rightarrow\lambda(t)=\text{const}$$

$$\lambda(t_f)=\frac{\partial\varphi}{\partial x(t_f)}=x(t_f)$$

$$\frac{\partial H}{\partial u}=u+\lambda=0\Rightarrow u(t)=-\lambda(t)$$

由上式协态变量为常值,故有

$$\lambda(t)=\lambda(t_f)=x(t_f)$$
$$u(t)=-\lambda(t)=-x(t_f)$$

于是得

$$\dot{x}(t)=u(t)=-x(t_f)$$

从而

$$x(t)=-x(t_f)\cdot t+c$$

式中 c 为待定常值。由 $x(t_0)=x_0$ 得 $c=x_0+x(t_f)t_0$,再将 t_f 代入上式,可得

$$x(t_f)=\frac{x_0}{t_f-t_0+1}$$

故最优解为

$$u(t)=\frac{-x_0}{t_f-t_0+1};\quad x(t)=\frac{-x_0\cdot t}{t_f-t_0+1}+x_0$$

$$\lambda(t)=\frac{x_0}{t_f-t_0+1};\quad J^*=\frac{1}{2}\frac{x_0^2}{t_f-t_0+1}$$

当问题取得极值时，$u(t)$和 $\lambda(t)$均为定值，由此可知 Hamilton 函数在整个控制区间$[t_0,t_f]$上也是一个定值。关于 Hamilton 函数取值问题将在本节结尾处详述。

例 4.1(续)　对于例 4.1 中的最优控制问题，增加终端状态约束 $x(t_f)=x_f$，求解能够使得性能指标(4.2)取得极值的最优解 $x(t)$和 $u(t)$。

当终端固定 $x(t_f)=x_f$ 时，性能指标中 $\varphi(x(t_f),t_f)$的末值项约束也就不再需要。状态变量 $x(t_0)$和 $x(t_f)$均固定，对应有 $\delta x(t_0)=0$ 和 $\delta x(t_f)=0$，那么与其对应的协态变量自由。增广性能泛函的变分(4.6)则改变为

$$\delta\bar{J}=\int_{t_0}^{t_f}\left[\left(\frac{\partial H}{\partial x}+\dot{\lambda}(t)\right)\delta x(t)\right]\mathrm{d}t+\int_{t_0}^{t_f}\left[\frac{\partial H}{\partial u}\delta u(t)\right]\mathrm{d}t \tag{4.10}$$

考虑到 $\delta x(t)$的任意性，若取协态变量满足协态方程

$$\dot{\lambda}(t)=-\frac{\partial H}{\partial x}$$

那么，$\delta\bar{J}$ 的极值将完全取决于式(4.10)右端第二项。例 4.1 中由 $\delta u(t)$的任意性直接得到了极值条件，但本例中并不能由 $\delta\bar{J}=0$ 推得极值条件。这是因为 $\delta x(t_f)=0$ 的约束使得 $\delta u(t)$不再能完全任意取值。简单分析如下[4]：首先对系统状态微分方程取变分

$$\delta\dot{x}(t)=\frac{\partial f}{\partial x}\delta x(t)+\frac{\partial f}{\partial u}\delta u(t) \tag{4.11}$$

可解得

$$\delta x(t)=\Phi(t,t_0)\delta x(t_0)+\int_{t_0}^{t}\Phi(t,s)\frac{\partial f}{\partial u}\delta u(s)\mathrm{d}s \tag{4.12}$$

式中 $\Phi(t,t_0)$是微分方程(4.11)的状态转移矩阵。在式(4.12)中令 $t=t_f$，又 $\delta x(t_0)=\delta x(t_f)=0$，可得

$$\delta x(t_f)=\int_{t_0}^{t_f}\Phi(t,s)\frac{\partial f}{\partial u}\delta u(s)\mathrm{d}s=0 \tag{4.13}$$

也就是说，$\delta u(t)$在终端状态固定的最优控制问题中，由于状态微分方程的约束而需要满足式(4.13)的限制，从而不能完全任意取值。不过，在系统状态完全可控的情况下，已经证明，极值条件$\partial H/\partial u=0$ 依然成立。

定理 4.2　对于终端状态固定的最优控制问题

$$\min J(\boldsymbol{u})=\int_{t_0}^{t_f}L(\boldsymbol{x},\boldsymbol{u},t)\mathrm{d}t$$

$$\text{s.t.}\ \dot{\boldsymbol{x}}(t)=\boldsymbol{f}(\boldsymbol{x},\boldsymbol{u},t),\boldsymbol{x}(t_0)=\boldsymbol{x}_0,\boldsymbol{x}(t_f)=\boldsymbol{x}_f$$

式中 t_f 固定。若系统完全可控，选取合适的 Lagrange 乘子$\boldsymbol{\lambda}(t)$定义 Hamilton 函

数 $H(\boldsymbol{x},\boldsymbol{u},\boldsymbol{\lambda},t)=L(\boldsymbol{x},\boldsymbol{u},t)+\boldsymbol{\lambda}^{\mathrm{T}}(t)\cdot\boldsymbol{f}(\boldsymbol{x},\boldsymbol{u},t)$，可得最优控制必要条件为：

(1) 规范方程

$$\dot{\boldsymbol{x}}(t)=\frac{\partial H}{\partial\boldsymbol{\lambda}}=\boldsymbol{f}(\boldsymbol{x},\boldsymbol{u},t)$$

$$\dot{\boldsymbol{\lambda}}(t)=-\frac{\partial H}{\partial\boldsymbol{x}}$$

(2) 边值条件

$$\boldsymbol{x}(t_0)=\boldsymbol{x}_0,\quad \boldsymbol{x}(t_{\mathrm{f}})=\boldsymbol{x}_{\mathrm{f}}$$

(3) 极值条件

$$\frac{\partial H(\boldsymbol{x},\boldsymbol{u},\boldsymbol{\lambda},t)}{\partial\boldsymbol{u}}=\boldsymbol{0}$$

定理 4.2 中规范方程和极值条件与定理 4.1 一致，受终端状态固定影响，边值条件中不再出现协态变量终端约束，取而代之的是状态终端约束。这就是协态变量和状态变量间的关系，状态自由时协态有约束，状态固定时协态自由，该关系可在最优控制条件推导时作为检验的一个方面。

例 4.3 某一阶系统状态微分方程为 $\dot{x}(t)=-x(t)+u(t)$，系统状态在 $t_0=0$ 时满足 $x(t_0)=3$，且在 $t_{\mathrm{f}}=2$ 时有 $x(t_{\mathrm{f}})=0$。试求解最优控制函数 $u(t)$ 使得性能指标 $J=\int_{t_0}^{t_{\mathrm{f}}}(1+u^2)\mathrm{d}t$ 取得极值。

该问题属于初末时刻和对应初末状态均固定的约束泛函极值问题。应用定理 4.2 求解其最优控制，对应各项应为

$$L(x,u,t)=1+u^2$$
$$f(x,u,t)=-x+u$$

引入 Lagrange 乘子 $\lambda(t)$，定义 Hamilton 函数 $H=L+\lambda f=u^2+\lambda u-\lambda x+1$，由规范方程

$$\dot{x}=-x+u$$
$$\dot{\lambda}=-\frac{\partial H}{\partial x}=\lambda$$

根据极值条件可得 $\partial H/\partial u=2u+\lambda=0$。基于状态方程解出 $u=\dot{x}+x$ 代入极值条件，得到控制量 u 和协态 λ 间关系为 $\lambda=-2\dot{x}-2x$，由此得 $\dot{\lambda}=-2\ddot{x}-2\dot{x}$。将其代入协态微分方程，有

$$\dot{\lambda}=-2\ddot{x}-2\dot{x}=\lambda=-2\dot{x}-2x$$

即 $x-\ddot{x}=0$，求解得

$$x(t)=c_1\mathrm{e}^t+c_2\mathrm{e}^{-t}$$

式中 c_1、c_2 为待定常数。问题边值条件为 $x(0)=3$ 和 $x(2)=0$，代入 $x(t)$ 表达式可确定

$$c_1=3(1-\mathrm{e}^4)^{-1}$$

$$c_2 = 3(1-\mathrm{e}^{-4})^{-1}$$

由此可得性能泛函取极值时的最优控制为

$$u(t) = \frac{6\mathrm{e}^t}{1-\mathrm{e}^4}$$

关于例 4.3 有几个问题值得说明。第一,问题求解的最优控制由一阶必要条件给出,若要判定泛函取极大或极小,还需要二阶条件。而对于复杂的实际问题,性能泛函的二阶条件一般难以求解,故更多时候是根据问题的物理涵义来判定是否为极大或极小值。第二,以上问题基于状态微分方程可以解出 $u=\dot{x}+x$,将其代入 Lagrange 型性能指标,可得泛函对应的被积函数 $L=1+\dot{x}^2+2x\dot{x}+x^2$,即最优控制问题已转化为无约束的 Lagrange 型泛函极值问题。应用 Euler-Lagrange 方程即可求解,所得结论(即最优控制)与上例中新方法一致,读者可试之。对于转化后的无约束泛函极值问题,还可应用二阶条件:

$$\frac{\partial^2 L}{\partial x^2} - \frac{\mathrm{d}}{\mathrm{d}t}\frac{\partial^2 L}{\partial x \partial \dot{x}} = 2 > 0$$

$$\frac{\partial^2 L}{\partial \dot{x}^2} > 0$$

故所求的最优控制 $u(t)$ 可使得性能泛函取得极小值。第三,对于一般系统而言很难由状态方程中解出 $u(t)$ 表达式。例如,简化建模后的月球软着陆问题(例 1.1)或高度简化的航天器最优轨迹转移问题(例 1.5),都无法从状态微分方程直接得到控制变量的简单表达式。若再加上终端约束等条件,将含有约束的最优控制问题转化为无约束泛函极值问题再应用 Euler-Lagrange 方程直接求解的方法便失去了一般性。此时,例 4.3 中通过引入 Lagrange 乘子处理约束、定义 Hamilton 函数将约束极值转化为无约束泛函极值问题的方法显然更有通用性。

例 4.1(再续)　对于例 4.1 中的最优控制问题,增加终端等式约束 $\boldsymbol{\phi}(\boldsymbol{x}(t_\mathrm{f}), t_\mathrm{f}) = 0 \in \mathbb{R}^l$,求解能够使得性能指标(4.2)取得极值的最优解 $\boldsymbol{x}(t)$ 和 $\boldsymbol{u}(t)$。其中,函数 $\boldsymbol{\phi}$ 对于 $\boldsymbol{x}(t_\mathrm{f})$ 存在一阶连续偏导数,且 $l \leqslant n$。

为了处理终端时刻固定、具有终端等式约束的最优控制问题,引入新的 Lagrange 乘子 $\boldsymbol{\mu} \in \mathbb{R}^l$,并定义泛函

$$\bar{J} = \varphi(\boldsymbol{x}(t_\mathrm{f}), t_\mathrm{f}) + \boldsymbol{\phi}(\boldsymbol{x}(t_\mathrm{f}), t_\mathrm{f}) \cdot \boldsymbol{\mu} + \int_{t_0}^{t_\mathrm{f}} [H(\boldsymbol{x}, \boldsymbol{u}, \boldsymbol{\lambda}, t) - \boldsymbol{\lambda}\dot{\boldsymbol{x}}]\mathrm{d}t$$

其中 Hamilton 函数由式(4.4)定义给出。类似地,考虑最优控制变分 $\delta\boldsymbol{u}(t)$ 带来的性能泛函的变分

$$\delta\bar{J} = \frac{\partial\varphi}{\partial\boldsymbol{x}}\delta\boldsymbol{x}(t_\mathrm{f}) - \boldsymbol{\lambda}(t_\mathrm{f})\delta\boldsymbol{x}(t_\mathrm{f}) + \boldsymbol{\mu}\frac{\partial\boldsymbol{\phi}}{\partial\boldsymbol{x}}\delta\boldsymbol{x}(t_\mathrm{f}) + \int_{t_0}^{t_\mathrm{f}}\left[\left(\frac{\partial H}{\partial\boldsymbol{x}} + \dot{\boldsymbol{\lambda}}(t)\right)\delta\boldsymbol{x}(t) + \frac{\partial H}{\partial\boldsymbol{u}}\delta\boldsymbol{u}(t)\right]\mathrm{d}t$$

泛函取得极值应有 $\delta\bar{J}=0$，为此需要选取合适的 Lagrange 乘子满足协态方程和

$$\boldsymbol{\lambda}(t_f)=\frac{\partial\varphi(\boldsymbol{x}(t_f),t_f)}{\partial\boldsymbol{x}(t_f)}+\frac{\partial\boldsymbol{\phi}(\boldsymbol{x}(t_f),t_f)}{\partial\boldsymbol{x}(t_f)}\cdot\boldsymbol{\mu}$$

则有

$$\delta\bar{J}=\int_{t_0}^{t_f}\left[\frac{\partial H}{\partial\boldsymbol{u}}\delta\boldsymbol{u}(t)\right]\mathrm{d}t$$

当受控对象状态完全可控时，同样可证明极值条件成立。

定理 4.3 对于终端时刻 t_f 固定的最优控制问题

$$\min J(\boldsymbol{u})=\varphi(\boldsymbol{x}(t_f),t_f)+\int_{t_0}^{t_f}L(\boldsymbol{x},\boldsymbol{u},t)\mathrm{d}t$$

$$\text{s.t.}\ \dot{\boldsymbol{x}}(t)=\boldsymbol{f}(\boldsymbol{x},\boldsymbol{u},t),\boldsymbol{x}(t_0)=\boldsymbol{x}_0,$$

$$\boldsymbol{\phi}(\boldsymbol{x}(t_f),t_f)=0$$

式中 $\boldsymbol{\phi}\in\mathbb{R}^l$。若系统完全可控，选取合适的 Lagrange 乘子 $\boldsymbol{\lambda}(t)$ 和 $\boldsymbol{\mu}$，定义 Hamilton 函数 $H(\boldsymbol{x},\boldsymbol{u},\boldsymbol{\lambda},t)=L(\boldsymbol{x},\boldsymbol{u},t)+\boldsymbol{\lambda}^{\mathrm{T}}(t)\cdot\boldsymbol{f}(\boldsymbol{x},\boldsymbol{u},t)$，可得最优解必要条件为：

(1) 规范方程

$$\dot{\boldsymbol{x}}(t)=\frac{\partial H}{\partial\boldsymbol{\lambda}}=f(\boldsymbol{x},\boldsymbol{u},t)$$

$$\dot{\boldsymbol{\lambda}}(t)=-\frac{\partial H}{\partial\boldsymbol{x}}$$

(2) 边值条件

$$\boldsymbol{x}(t_0)=\boldsymbol{x}_0$$

$$\boldsymbol{\lambda}(t_f)=\frac{\partial\varphi(\boldsymbol{x}(t_f),t_f)}{\partial\boldsymbol{x}(t_f)}+\frac{\partial\boldsymbol{\phi}(\boldsymbol{x}(t_f),t_f)}{\partial\boldsymbol{x}(t_f)}\cdot\boldsymbol{\mu}$$

$$\boldsymbol{\phi}(\boldsymbol{x}(t_f),t_f)=\mathbf{0}$$

(3) 极值条件

$$\frac{\partial H(\boldsymbol{x},\boldsymbol{u},\boldsymbol{\lambda},t)}{\partial\boldsymbol{u}}=\mathbf{0}$$

与定理 4.1 和定理 4.2 比较，定理 4.3 中规范方程和极值条件没有变化，边值条件在终端状态处发生了改变，增加了末端时刻协态变量 $\boldsymbol{\lambda}(t_f)$ 相关的**横截条件**(transversality condition)以及终端等式约束。各定理中均提到了“选取合适的 Lagrange 乘子”，这是因为引入的 Lagrange 乘子初值未知，需猜测其初值来求解转化后的无约束优化问题。

练习 4.1 试求被控系统

$$\begin{cases}\dot{x}_1(t)=x_2(t)\\ \dot{x}_2(t)=u(t)\end{cases}$$

使得性能指标 $J=\frac{1}{2}\int_0^1 u^2(t)\mathrm{d}t$ 取得极值的最优控制 $u(t)$以及对应的最优轨线 $\boldsymbol{x}(t)$。其中,已知系统 $t_1=0$ 时初态 $x_i(0)=0(i=1,2)$,在末态 $t_f=1$ 时转移至目标集 $x_1(1)+x_2(1)=1$。

练习 4.2　对于终端时刻 t_f 固定的最优控制问题[19]

$$\min J(u)=\varphi(x(t_f),t_f)+\int_{t_0}^{t_f}L(x,u,t)\mathrm{d}t$$

$$\text{s.t. } \dot{x}(t)=f(x,u,t),x(t_0)=x_0,$$

$$\phi(x(t_f),t_f)=0$$

试证明使得性能泛函 $J(u)$取得极小值的充分条件是下列等价勒让德①条件之一成立:

$$(1)\quad \begin{bmatrix}\frac{\partial^2 H}{\partial x^2} & \frac{\partial^2 H}{\partial u\partial x}\\ \frac{\partial^2 H}{\partial u\partial x} & \frac{\partial^2 H}{\partial u^2}\end{bmatrix}>0,\quad \frac{\partial^2\Psi(x(t_f),\mu,t_f)}{\partial x^2(t_f)}\geqslant 0$$

$$(2)\quad \begin{bmatrix}\frac{\partial^2 H}{\partial x^2} & \frac{\partial^2 H}{\partial u\partial x}\\ \frac{\partial^2 H}{\partial u\partial x} & \frac{\partial^2 H}{\partial u^2}\end{bmatrix}\geqslant 0,\quad \frac{\partial^2\Psi(x(t_f),\mu,t_f)}{\partial x^2(t_f)}>0$$

式中

$$H(x,u,\lambda,t)=L(x,u,t)+\lambda(t)\cdot f(x,u,t)$$

$$\Psi(x(t_f),\mu,t_f)=\varphi(x(t_f),t_f)+\mu\cdot\phi(x(t_f),t_f)$$

且容许控制集为开集。

例 4.4　应用定理 4.3 求解例 1.5 的航天器能量最优轨道转移问题。为方便阅读,现将例 1.5 问题简单整理如下:

$$\min J=\int_{t_0}^{t_f}[a_r^2(t)+a_\theta^2(t)]\mathrm{d}t$$

$$\text{s.t. } \dot{r}(t)=u(t);\quad \dot{\theta}(t)=\frac{v(t)}{r(t)};$$

$$\dot{u}(t)=\frac{v^2(t)}{r(t)}-\frac{\mu_C}{r^2(t)}+a_r(t);$$

$$\dot{v}(t)=-\frac{u(t)v(t)}{r(t)}+a_\theta(t);$$

---

① 勒让德(Adrien Marie Legendre,1752—1833),法国数学家。1785 年升任巴黎科学院院士,1795 年当选法兰西研究院常任院士。与同时期的 Lagrange 和 Laplace 并称“三 L”,在数学教科书中以勒让德多项式和勒让德变换而闻名。

$$r(t_0)=r_0,\quad \theta(t_0)=0,\quad u(t_0)=0,\quad v(t_0)=\sqrt{\frac{\mu_C}{r_0}};$$

$$r(t_f)=r_f,\quad u(t_f)=0,\quad v(t_f)=\sqrt{\frac{\mu_C}{r(t_f)}}$$

暂且假设控制量 $a_r(t)$和 $a_\theta(t)$的容许控制集为开集。不失一般性，设轨道转移时间 t_f 给定，初始时刻 $t_0=0$。

该问题属于终端时刻固定、Lagrange 型性能指标的最优控制问题，可以采用定理 4.3 求解。虽然是简化的平面轨迹转移问题，相比于本章之前的例题，其表达式显然已复杂了不少。在终端时刻 t_f 处有状态量的三个等式约束，为此，引入 3 个 Lagrange 乘子 $\gamma_i(i=1,2,3)$。对应四个状态微分方程，分别引入 4 个 Lagrange 乘子 λ_r、λ_θ、λ_u、λ_v，由此得到增广性能泛函为

$$\bar{J}=\gamma_1[r(r_f)-r_f]+\gamma_2 u(t_f)+\gamma_3\left[v(t_f)-\sqrt{\frac{\mu_C}{r(t_f)}}\right]+\int_{t_0}^{t_f}[a_r^2(t)+a_\theta^2(t)]\mathrm{d}t$$

定义 Hamilton 函数

$$H=a_r^2(t)+a_\theta^2(t)+\lambda_r u(t)+\lambda_\theta\frac{v(t)}{r(t)}+$$
$$\lambda_u\left[\frac{v^2(t)}{r(t)}-\frac{\mu_C}{r^2(t)}+a_r(t)\right]+\lambda_v\left[-\frac{u(t)v(t)}{r(t)}+a_\theta(t)\right]$$

则可得协态微分方程：

$$\dot{\lambda}_r=-\frac{\partial H}{\partial r}=\lambda_\theta\left(\frac{-v}{r^2}\right)+\lambda_u\left(\frac{-v^2}{r^2}+\frac{2\mu_C}{r^3}\right)+\lambda_v\left(\frac{uv}{r^2}\right)$$

$$\dot{\lambda}_\theta=-\frac{\partial H}{\partial \theta}=0$$

$$\dot{\lambda}_u=-\frac{\partial H}{\partial u}=\lambda_r+\lambda_v\left(\frac{-v}{r}\right)$$

$$\dot{\lambda}_v=-\frac{\partial H}{\partial v}=\frac{\lambda_\theta}{r}+\lambda_u\left(\frac{2v}{r}\right)+\lambda_v\left(\frac{-u}{r}\right)$$

问题的边值条件为

$$r(t_f)-r_f=0$$

$$u(t_f)=0$$

$$v(t_f)-\sqrt{\frac{\mu_C}{r(t_f)}}=0$$

$$\lambda_r(t_f)-\left[\gamma_1+\frac{\gamma_3\sqrt{\mu_C}}{2r(t_f)^{\frac{3}{2}}}\right]=0$$

$$\lambda_\theta(t_f)=0$$

$$\lambda_u(t_f) - \gamma_2 = 0$$

$$\lambda_v(t_f) - \gamma_3 = 0$$

根据极值条件有

$$\frac{\partial H}{\partial a_r} = 2a_r + \lambda_u = 0$$

$$\frac{\partial H}{\partial a_\theta} = 2a_\theta + \lambda_v = 0$$

至此,我们已经基于定理 4.3 给出了所求最优控制问题的规范方程、边值条件和极值条件。由于问题本身较为复杂,很难再基于协态微分方程直接得到协态变量的解析解,导致无法给出最优控制的解析表达式。这也是求解实际最优控制问题时经常遇到的情况,一般通过数值方法求解所需的最优控制。此处简述数值求解例 4.4 过程,供读者参考。

观察例 4.4 问题及最优控制求解过程,待求最优控制 $a_r(t)$ 和 $a_\theta(t)$,通过极值条件与协态变量建立了联系。控制过程 $t \in [t_0, t_f]$ 中任一时刻的协态变量值,可在找到合适初值的情况下由协态微分方程积分求解,并最终在终端时刻满足问题的 7 个约束条件。那么,该最优控制问题实际上已转化为寻求合适的 Lagrange 乘子 $[\lambda_r(t_0), \lambda_\theta(t_0), \lambda_u(t_0), \lambda_v(t_0), \gamma_1, \gamma_2, \gamma_3]^T$,满足 7 个边值条件,即 7 个未知量对应 7 个打靶方程。数值求解时,给出一组 Lagrange 乘子的猜测值,将 $[\lambda_r(t_0), \lambda_\theta(t_0), \lambda_u(t_0), \lambda_v(t_0), r(t_0), \theta(t_0), u(t_0), v(t_0)]^T$ 构成的 8 维状态量代入规范方程,积分规范方程得到每一时刻对应的状态量,由各个时刻的 $\lambda_u(t)$ 和 $\lambda_v(t)$ 确定所需最优控制 $a_r(t)$ 和 $a_\theta(t)$(注:极值条件),在最优控制作用下积分至终端时刻,将 t_f 时刻各状态量代入边值条件,若条件满足,则 7 个乘子的猜测初值即为所求,对应的控制策略 $[a_r(t), a_\theta(t)]^T|_{t\in[t_0,t_f]}$ 即为最优控制序列,所得转移轨迹为能量最优轨迹。若该组初值所得终端状态量不满足边值条件,则根据边值条件误差调整初值的猜测值,直至满足边值条件为止。

随着人类深空探测需求的不断增长,航天器深空推进系统的比冲也在不断提高,由传统化学火箭进步至连续小推力系统,甚至不需要燃料消耗的无工质推进系统。连续小推力系统的持续作用力导致航天器轨道运动微分方程不可积,在求解燃料最优或时间最优轨迹时需要用到上文提到的数值求解过程,其中没有明确物理意义的协态变量初值猜测至今仍是轨道设计领域的一个难题,感兴趣的读者可参阅文献[5-7]。

至此,应用变分法求解终端时刻固定的最优控制问题已结束。值得说明的一点是,本节例 4.1 中直接从泛函变分角度推导了规范方程,通过选取合适的协态变量推得极值条件。实际上,将 Euler-Lagrange 二阶微分方程化为一阶微分方程组的 Hamilton 函数,也可以通过上一章中 Euler-Lagrange 方程推导,参见 3.3.1 节公式(3.28)。将例 4.1 中增广性能指标式(4.5)重新表达为

$$\bar{J}=\varphi(\boldsymbol{x}(t_{\mathrm{f}}),t_{\mathrm{f}})-\boldsymbol{\lambda}^{\mathrm{T}}(t_{\mathrm{f}})\boldsymbol{x}(t_{\mathrm{f}})+\boldsymbol{\lambda}^{\mathrm{T}}(t_0)\boldsymbol{x}(t_0)+\int_{t_0}^{t_{\mathrm{f}}}[H(\boldsymbol{x}(t),\boldsymbol{u}(t),\boldsymbol{\lambda}(t),t)+\dot{\boldsymbol{\lambda}}^{\mathrm{T}}(t)\cdot\boldsymbol{x}(t)]\mathrm{d}t \tag{4.14}$$

式中被积函数 $\widetilde{L}(\boldsymbol{x}(t),\boldsymbol{u}(t),\boldsymbol{\lambda}(t),t)=H(\boldsymbol{x}(t),\boldsymbol{u}(t),\boldsymbol{\lambda}(t),t)+\dot{\boldsymbol{\lambda}}^{\mathrm{T}}(t)\cdot\boldsymbol{x}(t)$是关于状态变量、协态变量和控制变量的函数。不再采用式(4.6)中一阶变分形式，此处采用 Euler-Lagrange 方程，则有

$$\begin{cases}\dfrac{\partial\widetilde{L}}{\partial\boldsymbol{x}}=\dfrac{\partial H}{\partial\boldsymbol{x}}+\dot{\boldsymbol{\lambda}}, & \dfrac{\partial\widetilde{L}}{\partial\dot{\boldsymbol{x}}}=\boldsymbol{0}\\[2ex] \dfrac{\partial\widetilde{L}}{\partial\boldsymbol{\lambda}}=\dfrac{\partial H}{\partial\boldsymbol{\lambda}}, & \dfrac{\partial\widetilde{L}}{\partial\dot{\boldsymbol{\lambda}}}=\boldsymbol{x}\\[2ex] \dfrac{\partial\widetilde{L}}{\partial\boldsymbol{u}}=\dfrac{\partial H}{\partial\boldsymbol{u}}, & \dfrac{\partial\widetilde{L}}{\partial\dot{\boldsymbol{u}}}=\boldsymbol{0}\end{cases}$$

代入 Euler-Lagrange 方程，由$\dfrac{\partial\widetilde{L}}{\partial\boldsymbol{x}}-\dfrac{\mathrm{d}}{\mathrm{d}t}\left(\dfrac{\partial\widetilde{L}}{\partial\dot{\boldsymbol{x}}}\right)=\boldsymbol{0}$得

$$\dot{\boldsymbol{\lambda}}=-\frac{\partial H}{\partial\boldsymbol{x}}$$

即为协态微分方程。同理可得状态微分方程

$$\dot{\boldsymbol{x}}=\frac{\partial H}{\partial\boldsymbol{\lambda}}$$

以及极值条件

$$\frac{\partial H}{\partial\boldsymbol{u}}=\boldsymbol{0}$$

求解上述最优控制问题时由极值条件确定最优控制律后，Hamilton 函数变成状态变量和协态变量的函数，由正则方程积分可解，其中积分常数由边值条件确定(边值条件由式(4.14)中非积分项变分获得)。在实际的高维非线性问题中，状态变量各个分量可能出现不同的约束情况，此时需要针对每一维变量做相应处理。

4.1.2 终端时刻自由的最优控制

日常生活中最小耗能充电问题、军事对抗中导弹打击飞机问题等都是终端时刻自由的最优控制问题。参照 4.1.1 节，此处不加推导地给出增广性能指标的一般变分形式：

$$\begin{aligned}\delta\widetilde{J}&=\delta\left\{\varphi+\boldsymbol{\mu}^{\mathrm{T}}\boldsymbol{\phi}+\int_{t_0}^{t_{\mathrm{f}}}[L+\boldsymbol{\lambda}^{\mathrm{T}}(\boldsymbol{f}-\dot{\boldsymbol{x}})]\mathrm{d}t\right\}\\&=\delta\left\{\varphi+\boldsymbol{\mu}^{\mathrm{T}}\boldsymbol{\phi}+\int_{t_0}^{t_{\mathrm{f}}}[H-\boldsymbol{\lambda}^{\mathrm{T}}\dot{\boldsymbol{x}}]\mathrm{d}t\right\}\\&=\int_{t_0}^{t_{\mathrm{f}}}\left[\left(\frac{\partial H}{\partial\boldsymbol{x}}+\dot{\boldsymbol{\lambda}}\right)\delta\boldsymbol{x}+\frac{\partial H}{\partial\boldsymbol{u}}\delta\boldsymbol{u}\right]\mathrm{d}t+\left[\boldsymbol{\lambda}(t_0)+\frac{\partial\varphi}{\partial\boldsymbol{x}(t_0)}+\boldsymbol{\mu}^{\mathrm{T}}\frac{\partial\boldsymbol{\phi}}{\partial\boldsymbol{x}(t_0)}\right]\delta\boldsymbol{x}(t_0)+\end{aligned}$$

$$\left[-\boldsymbol{\lambda}(t_f)+\frac{\partial\varphi}{\partial\boldsymbol{x}(t_f)}+\boldsymbol{\mu}^{\mathrm{T}}\frac{\partial\boldsymbol{\phi}}{\partial\boldsymbol{x}(t_f)}\right]\delta\boldsymbol{x}(t_f)+$$

$$\left[-H(t_0)+\frac{\partial\varphi}{\partial t_0}+\boldsymbol{\mu}^{\mathrm{T}}\frac{\partial\boldsymbol{\phi}}{\partial t_0}\right]\delta t_0+\left[H(t_f)+\frac{\partial\varphi}{\partial t_f}+\boldsymbol{\mu}^{\mathrm{T}}\frac{\partial\boldsymbol{\phi}}{\partial t_f}\right]\delta t_f$$

式中 $\varphi=\varphi[\boldsymbol{x}(t_0),\boldsymbol{x}(t_f),t_0,t_f]$是关于初态和末态的 Meyer 型指标，当初始时刻和初态给定时退化为常见的末值项指标。变量$\boldsymbol{\phi}=\boldsymbol{\phi}[x(t_0),x(t_f),t_0,t_f]$表示状态等式约束，可以显含初态和末态时间，$\boldsymbol{\mu}$ 为对应的乘子。

当系统初始时刻和初始状态固定时，有 $\delta t_0=0$ 和 $\delta\boldsymbol{x}(t_0)=\boldsymbol{0}$。此时根据性能指标一般变分表达式，可以给出终端时刻自由、最优控制无约束时，应用变分法求解最优控制时需要满足的一阶必要条件。

定理 4.4　对于终端时刻 t_f 自由、终端状态 $\boldsymbol{x}(t_f)$也自由的最优控制问题

$$\min J(\boldsymbol{u})=\varphi(\boldsymbol{x}(t_f),t_f)+\int_{t_0}^{t_f}L(\boldsymbol{x},\boldsymbol{u},t)\mathrm{d}t$$

$$\text{s.t. }\dot{\boldsymbol{x}}(t)=\boldsymbol{f}(\boldsymbol{x},\boldsymbol{u},t),\boldsymbol{x}(t_0)=\boldsymbol{x}_0,$$

其中控制可行域为开集。若系统完全可控，选取合适的 Lagrange 乘子$\boldsymbol{\lambda}(t)$，定义 Hamilton 函数 $H(\boldsymbol{x},\boldsymbol{u},\boldsymbol{\lambda},t)=L(\boldsymbol{x},\boldsymbol{u},t)+\boldsymbol{\lambda}^{\mathrm{T}}(t)\cdot\boldsymbol{f}(\boldsymbol{x},\boldsymbol{u},t)$，可得最优解必要条件为：

(1) 规范方程

$$\dot{\boldsymbol{x}}(t)=\frac{\partial H}{\partial\boldsymbol{\lambda}}=\boldsymbol{f}(\boldsymbol{x},\boldsymbol{u},t)$$

$$\dot{\boldsymbol{\lambda}}(t)=-\frac{\partial H}{\partial\boldsymbol{x}}$$

(2) 边值条件

$$\boldsymbol{x}(t_0)=\boldsymbol{x}_0$$

$$\boldsymbol{\lambda}(t_f)=\frac{\partial\varphi(\boldsymbol{x}(t_f),t_f)}{\partial\boldsymbol{x}(t_f)}$$

(3) 极值条件

$$\frac{\partial H(\boldsymbol{x},\boldsymbol{u},\boldsymbol{\lambda},t)}{\partial\boldsymbol{u}}=\boldsymbol{0}$$

(4) 静态条件

$$H(\boldsymbol{x}(t_f),\boldsymbol{u}(t_f),\boldsymbol{\lambda}(t_f),t_f)=-\frac{\partial\varphi(\boldsymbol{x}(t_f),t_f)}{\partial t_f}$$

上述定理中**静态条件**(stationary condition)的出现是由于终端时刻自由变分时引起的极值必要条件，也称为终端条件。显然，若性能指标为 Lagrange 型，静态条件退化为 $H(\boldsymbol{x}(t_f),\boldsymbol{u}(t_f),\boldsymbol{\lambda}(t_f),t_f)=0$。

练习 4.3　证明定理 4.4。

当终端时刻自由、终端状态受约束时，定理 4.4 中的规范方程和极值条件仍然

成立。假设存在终端等式约束

$$\boldsymbol{\phi}(\boldsymbol{x}(t_f),t_f)=\boldsymbol{0},\quad \boldsymbol{\phi}\in\mathbb{R}^l$$

式中$\boldsymbol{\phi}$关于$\boldsymbol{x}(t_f)$连续可微，通过引入 Lagrange 乘子$\boldsymbol{\mu}$可令

$$\tilde{\varphi}(\boldsymbol{x}(t_f),t_f)=\varphi(\boldsymbol{x}(t_f),t_f)+\boldsymbol{\mu}^{\mathrm{T}}\cdot\boldsymbol{\phi}(\boldsymbol{x}(t_f),t_f)$$

以增广末态约束$\tilde{\varphi}(\boldsymbol{x}(t_f),t_f)$替换上述定理中$\varphi(\boldsymbol{x}(t_f),t_f)$，在系统可控性假设下可得定理 4.4 中类似结论。

练习 4.4 若定理 4.4 最优控制问题状态变量为$\boldsymbol{x}(t)=[x_1(t),x_2(t)]^{\mathrm{T}}$，终端时刻自由，终端状态$x_1(t_f)$固定、$x_2(t_f)$自由。给出该问题的极值必要条件。

例 4.5 某系统状态方程为$\dot{x}(t)=u(t)$，初始时刻$t_0=0$且有$x(0)=1$，终端时刻t_f自由但需满足$x(t_f)=0$。要求确定最优控制$u(t)$，使得性能指标$J[u(t)]$达到最小，性能指标为$J(u)=t_f+\frac{1}{2}\int_0^{t_f}u^2(t)\mathrm{d}t$。

这是终端时刻自由、终端状态固定的 Bolza 型指标最优控制问题，针对系统状态微分方程引入 Lagrange 乘子$\lambda(t)$，定义 Hamilton 函数并简记为

$$H(x,u,\lambda,t)=\frac{1}{2}u^2+\lambda u$$

先利用极值条件得

$$\frac{\partial H}{\partial u}=u(t)+\lambda(t)=0\quad\Rightarrow\quad u(t)=-\lambda(t)$$

再求解正则方程

$$\dot{x}(t)=\frac{\partial H}{\partial\lambda}=u,\quad \dot{\lambda}(t)=-\frac{\partial H}{\partial x}=0$$

可知$\lambda(t)=c_1$，其中c_1为某一待定常值。由此得$\dot{x}(t)=u(t)=-c_1$，即$x(t)=-c_1t+c_2$，式中c_2为另一待定常数。由边值条件推得

$$x(0)=c_2=1$$
$$x(t_f)=-c_1t_f+1=0$$

再由静态条件$H(x,u,\lambda,t_f)=-\frac{\partial\varphi}{\partial t_f}=-\frac{\partial t_f}{\partial t_f}=-1$，将 Hamilton 函数在终端时刻表达式代入可得$H(x,u,\lambda,t_f)=\frac{1}{2}u^2(t_f)+\lambda(t_f)u(t_f)=-\frac{c_1^2}{2}=-1$，确定常值$c_1=\sqrt{2}$。至此，我们得到最优控制$u(t)=-\sqrt{2}$，最优终端时刻$t_f=\sqrt{2}/2$，最优轨线为$x(t)=-\sqrt{2}t+1$。

在分析完上述各类情况后，下面简单讨论下 Hamilton 函数的性质。当$\boldsymbol{u}(t)$为开集中的最优控制时有$\partial H/\partial\boldsymbol{u}=\boldsymbol{0}$，Hamilton 函数关于时间的导数满足

$$\frac{\mathrm{d}H}{\mathrm{d}t}=\frac{\partial H}{\partial\boldsymbol{x}}\frac{\mathrm{d}\boldsymbol{x}}{\mathrm{d}t}+\frac{\partial H}{\partial\boldsymbol{u}}\frac{\mathrm{d}\boldsymbol{u}}{\mathrm{d}t}+\frac{\partial H}{\partial\boldsymbol{\lambda}}\frac{\mathrm{d}\boldsymbol{\lambda}}{\mathrm{d}t}+\frac{\partial H}{\partial t}$$

$$
=\frac{\partial H}{\partial \boldsymbol{x}}\frac{\partial H}{\partial \boldsymbol{\lambda}}+\frac{\partial H}{\partial \boldsymbol{u}}\frac{\mathrm{d}\boldsymbol{u}}{\mathrm{d}t}+\frac{\partial H}{\partial \boldsymbol{\lambda}}\left(-\frac{\partial H}{\partial \boldsymbol{x}}\right)+\frac{\partial H}{\partial t}
$$

$$
=\frac{\partial H}{\partial t} \tag{4.15}
$$

因此，对于定常系统(time-invariant system，或称稳态系统)，Hamilton 函数不显含时间 t，由 $\mathrm{d}H/\mathrm{d}t=0$ 知 Hamilton 函数在整个控制过程中为常值 $H=\text{const}$。若系统终端时刻自由且性能指标中末值项不显含 t_{f} 时，Hamilton 函数恒为零，即

$$
H(\boldsymbol{x},\boldsymbol{u},\boldsymbol{\lambda},t)=0,\quad t\in[t_0,t_{\mathrm{f}}] \tag{4.16}
$$

当 Hamilton 函数显含时间 t 时其沿最优解等式满足

$$
\begin{aligned}
&H(\boldsymbol{x}(t),\boldsymbol{u}(t),\boldsymbol{\lambda}(t),t)\\
&=H(\boldsymbol{x}(t_{\mathrm{f}}),\boldsymbol{u}(t_{\mathrm{f}}),\boldsymbol{\lambda}(t_{\mathrm{f}}),t_{\mathrm{f}})+\int_{t_{\mathrm{f}}}^{t}\frac{\partial H(\boldsymbol{x}(\tau),\boldsymbol{u}(\tau),\boldsymbol{\lambda}(\tau),\tau)}{\partial \tau}\mathrm{d}\tau
\end{aligned} \tag{4.17}
$$

下面 4.2 节即将介绍的极小值原理中，在容许控制集不是开集情况时，式(4.17)仍然成立。

4.1.3　内点等式约束问题

在实际控制问题中，除了前文讨论的终端 t_{f} 时刻有约束的情况外，在控制过程的某个时刻 $t_1\in[t_0,t_{\mathrm{f}}]$或某几个时刻也需要满足一定的约束条件。例如，机械臂运送物品至指定位置后返回初始位置的控制过程，在能量最优或时间最优的指标约束下，还需在中间某时刻到达指定位置。类似的约束即为内点约束，既可以是等式约束，也可以是不等式约束，一般表达为

$$
\boldsymbol{\phi}[\boldsymbol{x}(t_i),t_i]=\boldsymbol{0},\quad \boldsymbol{\phi}\in\mathbb{R}^l,\quad i=1,2,3,\cdots \tag{4.18}
$$

或

$$
\bar{\boldsymbol{\phi}}[\boldsymbol{x}(t_i),t_i]\leqslant\boldsymbol{0},\quad \bar{\boldsymbol{\phi}}\in\mathbb{R}^l,\quad i=1,2,3,\cdots \tag{4.19}
$$

其中$\boldsymbol{\phi}$ 或$\bar{\boldsymbol{\phi}}$ 是 l 维连续可微函数向量。上述约束中 i 取值为有限个正整数，即这些约束将原来的连续可微问题转变为“分段连续可微”的最优控制问题。为方便理解，以一个实际的航天探测任务来说明约束情况。图 4.1 为美国土星系统探测任务 Cassini-Hyugens(中译“卡西尼-惠更斯”)从地球发射至最终交会土星的日心转移轨道，中间两次近距离飞掠金星、一次飞掠地球、一次飞掠木星，通过这四次“引力甩摆”(planetary gravity assist maneuver)节省大量燃料。在轨道优化设计时，若应用极小值原理求解最优控制律，就需要将上述四次引力甩摆时刻作为内点约束。引力甩摆轨道设计至今仍在众多航天任务和理论研究[5]中被采用，感兴趣的读者可参阅文献[8]。

为讨论简单，下面仅就等式约束情形(4.18)的最优控制问题进行讨论，且取约束为一维，问题中仅有一个内点 t_1，此时约束表达式为

$$
\boldsymbol{\phi}[\boldsymbol{x}(t_1),t_1]=\boldsymbol{0} \tag{4.20}
$$

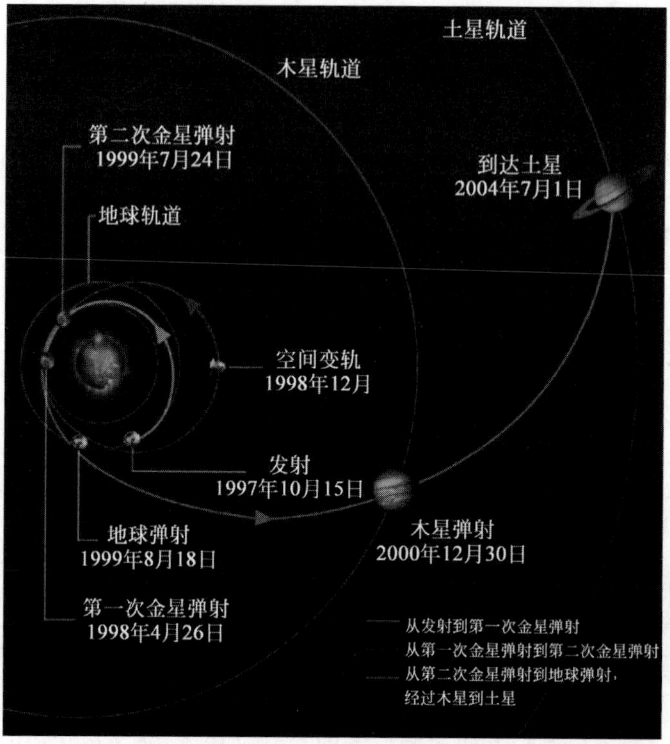

图 4.1　Cassini-Huygens 土星探测任务飞行轨迹示意图①

对于不等式约束情况，可结合本节分析方法及 2.3 节 KKT 条件自行求解。接下来我们考察定理 4.4 的问题在内点等式约束(4.20)存在时的极值必要条件，此时 $\delta\boldsymbol{u}(t)$和 δt_{f} 除了产生定理 4.4 已有变分外，还会引起内点时刻和内点状态的变分 δt_1 与 $\delta\boldsymbol{x}(t_1)$，以 t_1^- 和 t_1^+ 分别表示 t_1 时刻的左右极限，在系统状态变量连续可微假设下，可得

$$\begin{cases}\delta\boldsymbol{x}(t_1^-)-\delta\boldsymbol{x}(t_1^+)=\boldsymbol{0}\\ \dot{\boldsymbol{x}}(t_1^-)-\dot{\boldsymbol{x}}(t_1^+)=\boldsymbol{0}\end{cases}\tag{4.21}$$

为了求解内点等式约束的最优控制问题，引入协态变量$\boldsymbol{\lambda}(t)$和乘子$\boldsymbol{\mu}$，定义 Hamilton 函数 $H(\boldsymbol{x},\boldsymbol{u},\boldsymbol{\lambda},t)=L(\boldsymbol{x},\boldsymbol{u},t)+\boldsymbol{\lambda}^{\mathrm{T}}(t)\cdot\boldsymbol{f}(\boldsymbol{x},\boldsymbol{u},t)$，得原问题的增广性能指标

$$\begin{aligned}\hat{J}(\boldsymbol{u})&=\varphi(\boldsymbol{x}(t_{\mathrm{f}}),t_{\mathrm{f}})+\boldsymbol{\mu}^{\mathrm{T}}\cdot\boldsymbol{\phi}[\boldsymbol{x}(t_1),t_1]+\int_{t_0}^{t_{\mathrm{f}}}[H-\boldsymbol{\lambda}^{\mathrm{T}}(t)\cdot\dot{\boldsymbol{x}}(t)]\mathrm{d}t\\&=\varphi+\boldsymbol{\mu}^{\mathrm{T}}\cdot\boldsymbol{\phi}+\int_{t_0}^{t_1^-}[H-\boldsymbol{\lambda}^{\mathrm{T}}\cdot\dot{\boldsymbol{x}}]\mathrm{d}t+\int_{t_1^+}^{t_{\mathrm{f}}}[H-\boldsymbol{\lambda}^{\mathrm{T}}\cdot\dot{\boldsymbol{x}}]\mathrm{d}t\end{aligned}\tag{4.22}$$

① 图片源网址：http://n1.itc.cn/img8/wb/recom/2015/12/11/144978854934993359.jpeg

练习 4.5　求解式(4.22)中增广性能指标 $\hat{J}(\boldsymbol{u})$ 的变分 $\delta\hat{J}(\boldsymbol{u})$。提示：应用变分基本方法和分部积分等技巧，对性能指标中两段分别求变分[9]。

定理 4.5　对于终端时刻 t_f 自由、终端状态 $\boldsymbol{x}(t_f)$ 也自由的最优控制问题

$$\min J(\boldsymbol{u})=\varphi(\boldsymbol{x}(t_f),t_f)+\int_{t_0}^{t_f}L(\boldsymbol{x},\boldsymbol{u},t)\mathrm{d}t$$

$$\text{s.t. }\dot{\boldsymbol{x}}(t)=\boldsymbol{f}(\boldsymbol{x},\boldsymbol{u},t),\boldsymbol{x}(t_0)=\boldsymbol{x}_0,\boldsymbol{\phi}[\boldsymbol{x}(t_1),t_1]=\boldsymbol{0}$$

其中控制可行域为开集。若系统完全可控，选取合适的 Lagrange 乘子 $\boldsymbol{\lambda}(t)$ 和 $\boldsymbol{\mu}$，定义 Hamilton 函数 $H(\boldsymbol{x},\boldsymbol{u},\boldsymbol{\lambda},t)=L(\boldsymbol{x},\boldsymbol{u},t)+\boldsymbol{\lambda}^{\mathrm{T}}(t)\cdot\boldsymbol{f}(\boldsymbol{x},\boldsymbol{u},t)$，可得最优解必要条件为：

(1) 规范方程

$$\dot{\boldsymbol{x}}(t)=\frac{\partial H}{\partial\boldsymbol{\lambda}}=\boldsymbol{f}(\boldsymbol{x},\boldsymbol{u},t)$$

$$\dot{\boldsymbol{\lambda}}(t)=-\frac{\partial H}{\partial\boldsymbol{x}}$$

(2) 边值条件

$$\boldsymbol{x}(t_0)=\boldsymbol{x}_0$$

$$\boldsymbol{\lambda}(t_f)=\frac{\partial\varphi(\boldsymbol{x}(t_f),t_f)}{\partial\boldsymbol{x}(t_f)}$$

$$\boldsymbol{\lambda}(t_1^+)-\boldsymbol{\lambda}(t_1^-)=-\boldsymbol{\mu}^{\mathrm{T}}\cdot\frac{\partial\boldsymbol{\phi}(\boldsymbol{x}(t_1),t_1)}{\partial\boldsymbol{x}(t_1)}$$

$$H\Big|_{t_1^+}-H\Big|_{t_1^-}=\boldsymbol{\mu}^{\mathrm{T}}\cdot\frac{\partial\boldsymbol{\phi}(\boldsymbol{x}(t_1),t_1)}{\partial t_1}$$

(3) 极值条件

$$\frac{\partial H(\boldsymbol{x},\boldsymbol{u},\boldsymbol{\lambda},t)}{\partial\boldsymbol{u}}=\boldsymbol{0}$$

(4) 静态条件

$$H(\boldsymbol{x}(t_f),\boldsymbol{u}(t_f),\boldsymbol{\lambda}(t_f),t_f)=-\frac{\partial\varphi(\boldsymbol{x}(t_f),t_f)}{\partial t_f}$$

比较上述最优性条件与定理 4.4 中各条件，发现不同之处在于边值条件增加了两个内点条件，刚好对应两个待求解的变量(内点时刻 t_1 和内点乘子 $\boldsymbol{\mu}$)，其他条件不变。由内点条件可知，Lagrange 乘子 $\boldsymbol{\lambda}(t)$ 和 Hamilton 函数 H 在 t_1 时刻的值可能发生跳变。即对于分段连续可微的最优控制问题，其对应的协态变量和 Hamilton 函数在分段点处可能不连续，故又称此类问题为多点边值问题(multi-point boundary value problem，MPBVP)。定理 4.5 中假设只有一个内点时，称为三点边值问题。

定理 4.5 中的三点边值问题，当微分方程约束非常简单，可由极值条件和规范

方程求得协态变量解析表达式，代入边值条件和静态条件可以求得最优控制。当问题状态微分方程$\dot{\boldsymbol{x}}(t)=\boldsymbol{f}(\boldsymbol{x},\boldsymbol{u},t)$为高维非线性方程而难以解析求解时，一般求助于数值求解方法。此时待求解变量为$[\boldsymbol{\lambda}(t_0),\boldsymbol{\mu},t_1,t_f]^{\mathrm{T}}$，分别对应协态变量初值、内点时刻 Lagrange 乘子、内点时刻和终端时刻，基于极值条件求得系统控制$\boldsymbol{u}(t)$与系统状态量间关系并代入状态微分方程。再把$\boldsymbol{\lambda}(t_0)$的猜测值（待求量）和$\boldsymbol{x}(t_0)$作为初值，在$[t_0,t_f]$区间积分规范方程，将积分所得 t_1 时刻的协态变量和对应 Hamilton 函数值代入内点条件（第(2)点的后两个等式），将积分所得 t_f 时刻的协态变量和 Hamilton 函数代入边值条件（第(2)点第二个等式）和静态条件。若这四个条件刚好得到满足，那么此时的待求解变量的猜测值即为所求，将这些值代入原问题，即可得到最优控制律$\boldsymbol{u}(t)$。若边值条件和静态条件有任何一个未得到满足，那么需要重新猜测待求解变量的值，再次迭代求解，直至满足四个条件为止。由以上讨论可知，数值求解最优控制问题时，最优性条件中未利用的边值条件和静态条件维数刚好等于待求未知量的维数。下面通过一个可解析求解的例题说明最优控制问题的求解过程。

例 4.6 对于本书中例 1.6 的传送带最优控制问题，以常见的状态变量 $x_1(t)$ 和 $x_2(t)$替换原问题中的位置和速度变量，其系统状态微分方程可重新表达为

$$\begin{cases}\dot{x}_1(t)=x_2(t)\\ \dot{x}_2(t)=u(t)\end{cases}$$

记问题初始时刻 $t_0=0$，初始状态给定 $x_1(0)=x_2(0)=0$。系统状态在 $t_f=2$ 时刻回到初始位置，即 $x_1(2)=x_2(2)=0$，且在某内点时刻 $t_1\in(t_0,t_f)$处满足状态约束

$$x_1(t_1)=h$$

在上述条件下，求解最优控制律使得性能指标 $J(u)$达到最小，$J(u)$表达式为

$$J(u)=\frac{1}{2}\int_{t_0}^{t_f}u^2(t)\mathrm{d}t$$

算例中内点状态值暂取为 $h=2$，控制可行域为开集。

上例是一个终端时刻固定，终端状态给定且有内点约束的最优控制问题，针对状态微分方程约束、终端状态约束和内点等式约束，引入 5 个 Lagrange 乘子$[\lambda_1(t),\lambda_2(t),\mu,\eta_1,\eta_2]^{\mathrm{T}}$，定义 Hamilton 函数

$$H[x_2(t),u(t),\lambda_1(t),\lambda_2(t)]=\frac{1}{2}u^2(t)+\lambda_1(t)x_2(t)+\lambda_2(t)u(t)$$

则增广性能指标

$$\hat{J}=\eta_1x_1(2)+\eta_2x_2(2)+\mu[x_1(t_1)-2]+\int_0^2[H-\lambda_1x_2-\lambda_2u]\mathrm{d}t$$

根据极值条件可得

$$u(t)=-\lambda_2(t)$$

确定了协态变量表达式即可得到最优控制。为此,利用规范方程求得

$$\dot{\lambda}_1(t) = -\frac{\partial H}{\partial x_1(t)} = 0$$

$$\dot{\lambda}_2(t) = -\frac{\partial H}{\partial x_2(t)} = -\lambda_1(t)$$

再利用边值条件,在终端时刻 $t_f = 2$ 和内点 t_1 处有

$$\lambda_1(2) = \eta_1$$

$$\lambda_2(2) = \eta_2$$

$$\lambda_1(t_1^+) - \lambda_1(t_1^-) = -\mu$$

$$\lambda_2(t_1^+) - \lambda_2(t_1^-) = 0$$

由以上几式可知,协态变量 $\lambda_1(t)$ 在内点处存在跳变,故为分段常值,而 $\lambda_2(t)$ 连续。联立以上六式,可得

$$\lambda_1(t) = \begin{cases} \eta_1 + \mu, & t \in [0, t_1) \\ \eta_1, & t \in [t_1, 2] \end{cases}$$

$$\lambda_2(t) = \begin{cases} -(\eta_1 + \mu)t + 2\eta_1 + \eta_2 + \mu t_1, & t \in [0, t_1) \\ -\eta_1 t + 2\eta_1 + \eta_2, & t \in [t_1, 2] \end{cases}$$

将上式代入极值条件,得到最优控制律满足

$$u(t) = -\lambda_2(t) = \begin{cases} (\eta_1 + \mu)t - 2\eta_1 - \eta_2 - \mu t_1, & t \in [0, t_1) \\ \eta_1 t - 2\eta_1 - \eta_2, & t \in [t_1, 2] \end{cases}$$

代入系统状态微分方程(也可理解为利用了规范方程的第一个微分等式),并考虑初始时刻状态约束条件和内点处状态连续性假设,解得

$$x_2(t) = \begin{cases} \frac{1}{2}(\eta_1 + \mu)t^2 - (2\eta_1 + \eta_2 + \mu t_1)t, & t \in [0, t_1) \\ \frac{\eta_1}{2}(t-2)^2 - \eta_2 t - \frac{\mu}{2}t_1^2 - 2\eta_1, & t \in [t_1, 2] \end{cases}$$

$$x_1(t) = \begin{cases} \frac{1}{6}(\eta_1 + \mu)t^3 - \frac{1}{2}(2\eta_1 + \eta_2 + \mu t_1)t^2, & t \in [0, t_1) \\ \frac{\eta_1}{6}(t-2)^3 - \frac{\eta_2}{2}t^2 - \left(\frac{\mu}{2}t_1^2 + 2\eta_1\right)t + \frac{\mu}{6}t_1^3 + \frac{4}{3}\eta_1, & t \in [t_1, 2] \end{cases}$$

内点边值条件还有关于 Hamilton 函数的等式约束 $H\big|_{t_1^+} - H\big|_{t_1^-} = \mu \cdot \partial\varphi/\partial t_1 = 0$,即

$$\frac{1}{2}u^2(t_1^+) + \lambda_1(t_1^+)x_2(t_1^+) + \lambda_2(t_1^+)u(t_1^+)$$

$$= \frac{1}{2}u^2(t_1^-) + \lambda_1(t_1^-)x_2(t_1^-) + \lambda_2(t_1^-)u(t_1^-)$$

问题中状态变量和控制变量分段连续可微，故有

$$x_2(t_1^+)=x_2(t_1^-)=x_2(t_1),\quad u(t_1^+)=u(t_1^-)$$

结合内点处边值条件 $\lambda_2(t_1^+)-\lambda_2(t_1^-)=0$，由 Hamilton 函数等式可得 $\mu x_2(t_1)=0$，即 $x_2(t_1)=0$。最后再结合内点和终端状态约束 $x_1(2)=x_2(2)=0$ 及 $x_1(t_1)=2$，由状态表达式可解得待定系数：

$$\eta_1=24,\quad \eta_2=-12,\quad \mu=-48,\quad t_1=1$$

最优控制律

$$u(t)=\begin{cases}-24t+12, & t\in[0,1)\\ 24t-36, & t\in[1,2]\end{cases}$$

最优控制律变化趋势见图 4.2，为关于内点 $t_1=1$ 时刻分段连续可微函数，内点处为拐点。在最优控制律作用下，最优状态曲线如图 4.3 所示，状态 $x_1(t)$ 对应位置变化时，可以看到在 $t_1=1$ 时刻达到内点约束 $x_1(t_1)=2$，之后逐渐减小至回到原点。

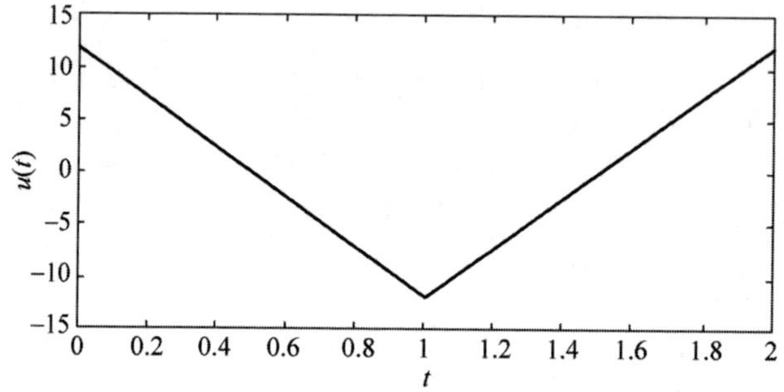

图 4.2　最优控制律 $u(t)$

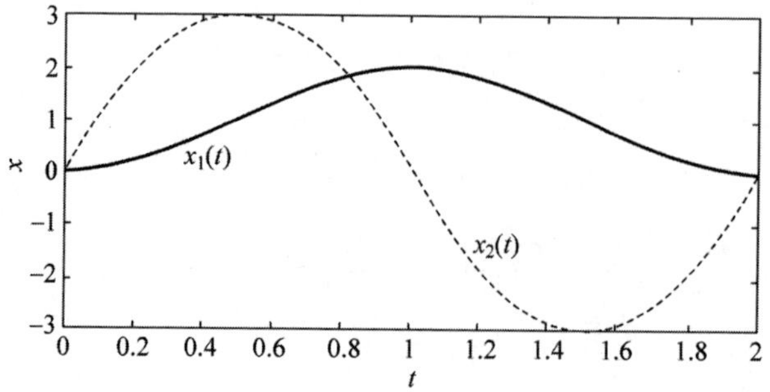

图 4.3　最优状态变化律

4.2　极小值原理及证明

极小值原理是现代控制理论中的一个里程碑，极大地拓展了变分法这门学科在实际问题中的应用，将最优控制的“驻点条件”拓展至极值必要条件。1999 年，

极小值原理的创建者之一 Revaz V. Gamkrelidze(1927—)发表了"*Discovery of the Maximum Principle*"的文章[10],致敬 Lev Pontryagin(1908—1988)的 90 岁诞辰。文中简述了 Pontryagin 离开拓扑学转向最优控制问题的缘由,指出自 1955 年开始研究该问题后,1956 年发表了初步结果,至最终给出完整证明又经历了近一年时间(It took approximately a year before a full proof of the maximum principle was found。作者注:本书统一称其为极小值原理[11])。

本章 4.1 节讨论了应用变分法求解最优控制问题的各类典型情况,无论状态变量连续可微还是分段连续可微,对于控制可行域为开集的问题均满足极值条件 $\partial H(\boldsymbol{x},\boldsymbol{u},\boldsymbol{\lambda},t)/\partial\boldsymbol{u}=\boldsymbol{0}$。而对于很多实际问题,控制变量会存在边界约束,甚至也不连续,此时第 3 章中的古典变分法不再适用,需要寻求新的求解方法,诚如 Prontryagin 之玩笑话"We must invent a new calculus of variations"。

4.2.1 极小值原理的表述

本节以定常系统①、终端状态自由、控制受约束的 Mayer 型指标最优控制问题为例,给出极小值原理的表述并加以证明。

定理 4.6 对于给定的定常系统其状态变量 $\boldsymbol{x}(t)$:$[t_0,t_f]\in\mathbb{R}^n$ 分段连续可微,系统控制变量 $\boldsymbol{u}(t)$:$[t_0,t_f]\in\mathbb{R}^m$ 分段连续。容许控制集 $\widetilde{U}$ 为一有界闭集,$\boldsymbol{u}(t)$可在 $\widetilde{U}$ 内任意取值。系统状态方程和初值条件为

$$\dot{\boldsymbol{x}}(t)=\boldsymbol{f}(\boldsymbol{x}(t),\boldsymbol{u}(t)),\quad \boldsymbol{x}(t_0)=\boldsymbol{x}_0$$

终端状态 $\boldsymbol{x}(t_f)$自由,终端时刻 t_f 或给定或自由。待优化性能指标为

$$\min_{\boldsymbol{u}(t)\in\widetilde{U}} J(\boldsymbol{u})=\varphi(\boldsymbol{x}(t_f))$$

并约定问题满足如下假设:

(1) 函数 $\boldsymbol{f}(\boldsymbol{x}(t),\boldsymbol{u}(t))$和 $\varphi(\boldsymbol{x}(t))$均是其自变量的连续函数;

(2) 函数 $\boldsymbol{f}(\boldsymbol{x}(t),\boldsymbol{u}(t))$和 $\varphi(\boldsymbol{x}(t))$对于状态变量 $\boldsymbol{x}(t)$连续可微,即$\partial\boldsymbol{f}/\partial\boldsymbol{x}$ 和 $\partial\varphi/\partial\boldsymbol{x}$ 存在且连续;

(3) 函数 $\boldsymbol{f}(\boldsymbol{x}(t),\boldsymbol{u}(t))$在状态空间为有界闭集时对变量 $\boldsymbol{x}(t)\in X$ 满足 Lipschitz 条件:当 $U_1\subset\widetilde{U}$ 为有界集时,存在某一常值 $a>0$,使得$\bar{\boldsymbol{x}}_1(t),\bar{\boldsymbol{x}}_2(t)\in X$、对于任意的 $\boldsymbol{u}(t)\in U_1$,有

$$|\, f(\bar{\boldsymbol{x}}_1(t),\boldsymbol{u}(t))-f(\bar{\boldsymbol{x}}_2(t),\quad \boldsymbol{u}(t))\,|\leqslant a\,|\bar{\boldsymbol{x}}_1(t)-\bar{\boldsymbol{x}}_2(t)\,|$$

在上述假设成立时,适当选取 Lagrange 乘子$\boldsymbol{\lambda}(t)$,可得最优控制问题取得极值的必要条件为:

(1) 极值条件:对于容许控制集内的控制变量,最优控制 $\boldsymbol{u}^*(t)\in U_1$,在系统

① 定常系统(time-invariant system),又称时不变系统,指系统自身性质不随时间而改变。此处指系统状态微分方程中不显含时间。

$[t_0,t_f]$的几乎任意时刻①，均有

$$H(\boldsymbol{x}^*(t),\boldsymbol{u}^*(t),\boldsymbol{\lambda}(t)) \leqslant H(\boldsymbol{x}^*(t),\boldsymbol{u}(t),\boldsymbol{\lambda}(t)) \tag{4.23}$$

式中 Hamilton 函数 $H(\boldsymbol{x}(t),\boldsymbol{u}(t),\boldsymbol{\lambda}(t))=\boldsymbol{\lambda}^{\mathrm{T}}(t)\cdot \boldsymbol{f}(\boldsymbol{x}(t),\boldsymbol{u}(t))$，上标"$*$"表示最优状态或最优控制，以区分容许状态和容许控制。式(4.23)亦可记为

$$H(\boldsymbol{x}^*(t),\boldsymbol{u}^*(t),\boldsymbol{\lambda}(t)) = \min_{\boldsymbol{u}(t)\in\widetilde{U}} H(\boldsymbol{x}^*(t),\boldsymbol{u}(t),\boldsymbol{\lambda}(t)) \tag{4.24}$$

(2) 规范方程：

$$\text{状态方程：}\quad \dot{\boldsymbol{x}}(t)=\frac{\partial H}{\partial \boldsymbol{\lambda}}(\boldsymbol{x}(t),\boldsymbol{u}(t),\boldsymbol{\lambda}(t))$$

$$\text{协态方程：}\quad \dot{\boldsymbol{\lambda}}(t)=-\frac{\partial H}{\partial \boldsymbol{x}}(\boldsymbol{x}(t),\boldsymbol{u}(t),\boldsymbol{\lambda}(t)) \tag{4.25}$$

(3) 边值条件：

$$\begin{cases}\boldsymbol{x}(t_0)=\boldsymbol{x}_0\\ \boldsymbol{\lambda}(t_f)=\dfrac{\partial\varphi(\boldsymbol{x}(t_f))}{\partial \boldsymbol{x}(t_f)}\end{cases} \tag{4.26}$$

(4) 静态条件：

当终端时刻 t_f 自由时，Hamilton 函数满足

$$H(\boldsymbol{x}^*(t_f^*),\quad \boldsymbol{u}^*(t_f^*),\boldsymbol{\lambda}(t_f^*))=0 \tag{4.27}$$

当终端时刻 t_f 固定时，除了 $\boldsymbol{u}^*(t)\in U_1$ 不连续时刻外，Hamilton 函数沿最优轨线满足

$$H(\boldsymbol{x}^*(t),\quad \boldsymbol{u}^*(t),\boldsymbol{\lambda}(t))=\mathrm{const} \tag{4.28}$$

注意，终端时刻固定时 Hamilton 函数为常值的条件(4.28)一般用来检验所求最优控制是否合理，而不参与最优控制的解算。当终端时刻自由时，静态条件式(4.27)则作为求解条件之一，用以确定系统状态等变量中的待定参数。与应用变分法求解控制域为开集的最优控制问题比较(定理 4.4)，定理 4.6 中的几类条件也都有，最大的不同来自于极值条件。控制域为开集时极值条件为 $\partial H/\partial \boldsymbol{u}=\boldsymbol{0}$，即 Hamilton 函数对最优控制 $\boldsymbol{u}^*(t)$取驻值；当容许控制集为有界闭集时，极值条件改变为 $H(\boldsymbol{x}^*(t),\boldsymbol{u}^*(t),\boldsymbol{\lambda}(t))\leqslant H(\boldsymbol{x}^*(t),\boldsymbol{u}(t),\boldsymbol{\lambda}(t))$，且此时 $\boldsymbol{u}(t)$遍历容许控制集中所有点，故 $\boldsymbol{u}^*(t)$使得 H 为绝对极小值。**极小值原理问世后，第 3 章中的变分法便被称为经典变分法了。**问题最初寻求分段连续容许控制 $\boldsymbol{u}(t)$使得性能指标 $J(\boldsymbol{u})$达到最大值时，被称为极大值原理，对应的极值条件为

$$H(\boldsymbol{x}^*(t),\boldsymbol{u}^*(t),\quad \boldsymbol{\lambda}(t)) \geqslant H(\boldsymbol{x}^*(t),\boldsymbol{u}(t),\boldsymbol{\lambda}(t))$$

极小值原理给出了最优控制的必要而非充分条件，故上述极值条件求解的最优控制要根据问题的物理意义等进行判断，最终确定是否使得性能指标取得极小

---

① 几乎任意时刻，指极小值原理不要求控制变量逐点连续，即仅在可数个时刻改变控制量值不影响性能指标。

值。即便如此，极小值原理依然具有重要的现实意义，不仅放宽了容许控制条件（可取有界闭集），还使得 Hamilton 函数取全局极小值，同时极值条件中也不再要求 Hamilton 函数对控制的可微性。下面通过一个简单算例说明极小值原理的应用，与古典变分法以示区别。

例 4.7　现有某系统状态方程

$$\dot{x}_1(t) = -x_1(t) + u(t)$$

$$\dot{x}_2(t) = x_1(t)$$

其 $t_0=0$ 时刻的状态初值分别为 $x_1(0)=1$ 和 $x_2(0)=0$。系统控制满足约束

$$|u(t)| \leqslant 1$$

若终端状态 $x(t_f)$ 是自由的，求解最优控制 $u(t)$ 使得性能指标 $J=x_2(1)$ 达到最小。

本例是定常系统、终端状态自由、终端时刻 t_f 固定、控制受约束的 Mayer 型指标最优控制问题。对于二维状态微分方程系统，引入对应的 Lagrange 乘子 $\lambda_1(t)$ 和 $\lambda_2(t)$，定义 Hamilton 函数

$$H(x,u,\lambda) = \lambda_1(-x_1+u) + \lambda_2 x_1$$

由规范方程得

$$\dot{\lambda}_1 = -\frac{\partial H}{\partial x_1} = \lambda_1 - \lambda_2$$

$$\dot{\lambda}_2 = -\frac{\partial H}{\partial x_2} = 0$$

引入待定常数 c_1 和 c_2，求解得

$$\lambda_2(t) = c_1$$

$$\lambda_1(t) = c_2 \mathrm{e}^t + c_1$$

由边值条件中的横截条件

$$\lambda_1(1) = \frac{\partial \varphi}{\partial x_1(1)} = 0$$

$$\lambda_2(1) = \frac{\partial \varphi}{\partial x_2(1)} = 1$$

解得 $c_1=1, c_2=-\mathrm{e}^{-1}$，故 $\lambda_1(t)=1-\mathrm{e}^{t-1}$，$\lambda_2(t)=1$。再由极小值条件，为使 Hamilton 函数取得全局极小值，应满足

$$u(t) = -\operatorname{sgn}[\lambda_1(t)]$$

式中“sgn”为符号函数。由协态方程 $\dot{\lambda}_1=-\mathrm{e}^{t-1}<0$，$\lambda_1(0)=1-\mathrm{e}^{-1}>0$ 和 $\lambda_1(1)=0$，知

$$\lambda_1(t) = 1-\mathrm{e}^{t-1} > 0,\quad t \in [0,1)$$

因此，所求最优控制为

$$u(t)=\begin{cases}-1, & t\in[0,1)\\ *, & t=1\end{cases}$$

式中 $t=1$ 时 $u(t)=*$ 表示最优控制可取 $[-1,1]$ 内某一任意值，因为在终点处控制变量对 Hamilton 函数无作用。

特别地，在控制变量有约束情况下若仍然采用驻值条件 $\partial H/\partial u=0$，本例会得出 $\lambda_1=0$ 的错误结果，也无法解出想要的最优控制。因此，驻值条件虽求解方便，但在实际问题应用中会存在诸多限制。极小值原理的出现，可以说极大地拓展了变分法的应用。

4.2.2 极小值原理的证明

极小值原理最初的证明可参阅 Pontryagin 等人的著作，用了很大篇幅给出了严格的数学证明。之后 Gamkrelidze 等人曾尝试从不同角度证明极小值原理，目前最优控制教材中多采用增量法证明，步骤简单清晰易懂，且证明过程中也用到了 Vladimir Boltyanski(1925—2019)引入的“针状变分”(needle variations)。文章[10]评价该变分的引入为 Boltyanski 的重要贡献，指出“...there was no real progress in proving the maximum principle in the general nonlinear case, until Boltyanski introduced the ‘needle variations’ of the control function”。

为了能够清楚地给出极小值原理的证明，图 4.4 给出了一个简易流程图，大致分为五个步骤。证明中除了可用的已知信息(如初始状态、状态方程等)和假设外，关键要用到泛函极值的定义，即对于 $\min J(\boldsymbol{u})$ 的最优控制 $\boldsymbol{u}^*(t)$，总满足

$$\Delta J(\boldsymbol{u})=J(\boldsymbol{u}^*+\Delta\boldsymbol{u})-J(\boldsymbol{u}^*)\geqslant 0$$

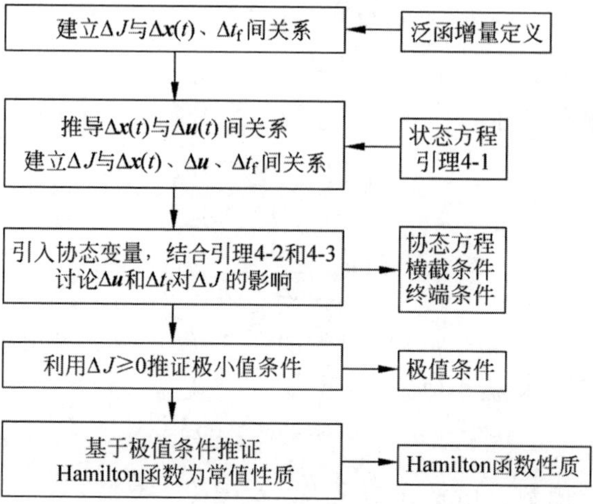

图 4.4 极小值原理证明过程流程图

当 $\Delta J(\boldsymbol{u})=0$ 时解得泛函极值必要条件。为此，证明过程的前两步是建立泛函增量 $\Delta J(\boldsymbol{u})$ 在控制变量 $\Delta\boldsymbol{u}$、自由终端时刻增量 Δt_f 和由此引起的状态增量 $\Delta\boldsymbol{x}(t)$ 间

的关系。之后，通过选取合适的协态变量推证协态方程、横截条件和终端条件，在此基础上利用泛函极值定义推证极小值条件，最后给出 Hamilton 函数沿最优轨迹性质。证明过程中多次用到"加减项"和 Taylor 展开等技巧，同时用到了三个引理，下面逐一列出。

引理 4-1　对于连续时间线性定常系统

$$\dot{\boldsymbol{x}}(t)=\boldsymbol{A}\boldsymbol{x}(t)+\boldsymbol{B}\boldsymbol{\zeta}(t),\quad t\geqslant 0$$

系统在 $\boldsymbol{x}(t_0)=\boldsymbol{0}$ 时的解为

$$\boldsymbol{x}(t)\big|_{\boldsymbol{x}(t_0)=\boldsymbol{0}}=\int_0^t \mathrm{e}^{\boldsymbol{A}(t-\tau)}\boldsymbol{B}\boldsymbol{\zeta}(\tau)\mathrm{d}\tau,\quad t\geqslant 0$$

证明　考察如下等式

$$\begin{aligned}\frac{\mathrm{d}}{\mathrm{d}t}[\mathrm{e}^{-\boldsymbol{A}t}\boldsymbol{x}(t)]&=\frac{\mathrm{d}}{\mathrm{d}t}(\mathrm{e}^{-\boldsymbol{A}t})\boldsymbol{x}+\mathrm{e}^{-\boldsymbol{A}t}\dot{\boldsymbol{x}}\\&=\mathrm{e}^{-\boldsymbol{A}t}(\dot{\boldsymbol{x}}-\boldsymbol{A}\boldsymbol{x})=\mathrm{e}^{-\boldsymbol{A}t}\boldsymbol{B}\boldsymbol{\zeta}\end{aligned}$$

将上式从 t_0 到 t 积分，并展开得

$$\mathrm{e}^{-\boldsymbol{A}t}\boldsymbol{x}(t)-\mathrm{e}^{-\boldsymbol{A}t_0}\boldsymbol{x}(t_0)=\int_{t_0}^t \mathrm{e}^{-\boldsymbol{A}\tau}\boldsymbol{B}\boldsymbol{\zeta}(\tau)\mathrm{d}\tau$$

将左侧第二项移至等式右侧，然后两边同乘 $\mathrm{e}^{\boldsymbol{A}t}$ 可得

$$\boldsymbol{x}(t)=\mathrm{e}^{\boldsymbol{A}(t-t_0)}\boldsymbol{x}(t_0)+\int_{t_0}^t \mathrm{e}^{\boldsymbol{A}(t-\tau)}\boldsymbol{B}\boldsymbol{\zeta}(\tau)\mathrm{d}\tau$$

引入状态转移矩阵$\boldsymbol{\Phi}(t,t_0)=\mathrm{e}^{\boldsymbol{A}(t-t_0)}$，则有

$$\boldsymbol{\Phi}(t_0,t_0)=\boldsymbol{I},\quad \dot{\boldsymbol{\Phi}}(t,t_0)=\boldsymbol{A}\cdot\boldsymbol{\Phi}(t,t_0)$$

故有 $\mathrm{e}^{\boldsymbol{A}(t-\tau)}=\boldsymbol{\Phi}(t,\tau)$，此时 $\boldsymbol{x}(t)$表达式可重写为

$$\boldsymbol{x}(t)=\boldsymbol{\Phi}(t,t_0)\boldsymbol{x}(t_0)+\int_{t_0}^t \boldsymbol{\Phi}(t,\tau)\boldsymbol{B}\boldsymbol{\zeta}(\tau)\mathrm{d}\tau$$

对于 $\boldsymbol{x}(t_0)=\boldsymbol{0}$ 时的解有

$$\begin{aligned}\boldsymbol{x}(t)&=\int_{t_0}^t \boldsymbol{\Phi}(t,\tau)\boldsymbol{B}\boldsymbol{\zeta}(\tau)\mathrm{d}\tau\\&=\int_0^t \mathrm{e}^{\boldsymbol{A}(t-\tau)}\boldsymbol{B}\boldsymbol{\zeta}(\tau)\mathrm{d}\tau,\quad t\geqslant 0\end{aligned}$$

引理 4-2　假设 $\Delta\boldsymbol{x}(t)$是连续可微函数向量，且其欧氏范数 $\|\Delta\boldsymbol{x}(t)\|\neq 0$，则

$$\frac{\mathrm{d}}{\mathrm{d}t}\|\Delta\boldsymbol{x}(t)\|\leqslant\|\Delta\dot{\boldsymbol{x}}(t)\|$$

证明　已知 $\|\Delta\boldsymbol{x}(t)\|\neq 0$，根据欧氏范数的定义可得

$$\frac{\mathrm{d}}{\mathrm{d}t}\|\Delta\boldsymbol{x}(t)\|=\frac{\Delta\boldsymbol{x}^{\mathrm{T}}(t)\cdot\Delta\dot{\boldsymbol{x}}(t)}{\|\Delta\boldsymbol{x}(t)\|}\leqslant\frac{\|\Delta\boldsymbol{x}^{\mathrm{T}}(t)\|\cdot\|\Delta\dot{\boldsymbol{x}}(t)\|}{\|\Delta\boldsymbol{x}(t)\|}=\|\Delta\dot{\boldsymbol{x}}(t)\|$$

引理 4-3　假设在区间$[t_0,t_{\mathrm{f}}]$上有一可积函数 $\boldsymbol{b}(t)$，给定实数 a，若函数 $\boldsymbol{x}(t)$满足微分不等式

$$\dot{\boldsymbol{x}}(t)=\frac{\mathrm{d}}{\mathrm{d}t}\boldsymbol{x}(t)\leqslant a\boldsymbol{x}(t)+\boldsymbol{b}(t)$$

且 $\boldsymbol{x}(t_0)=\boldsymbol{0}$，则有

$$\boldsymbol{x}(t)\leqslant\int_{t_0}^{t}\mathrm{e}^{a(t-\tau)}\boldsymbol{b}(t)\mathrm{d}\tau,\quad t\in[t_0,t_\mathrm{f}]$$

证明 首先看一个微分表达式

$$\begin{aligned}\frac{\mathrm{d}}{\mathrm{d}t}[\mathrm{e}^{-at}\boldsymbol{x}(t)]&=\mathrm{e}^{-at}(-a)\boldsymbol{x}(t)+\mathrm{e}^{-at}\dot{\boldsymbol{x}}(t)\\&=\dot{\boldsymbol{x}}(t)\mathrm{e}^{-at}-a\boldsymbol{x}(t)\mathrm{e}^{-at}=[\dot{\boldsymbol{x}}(t)-a\boldsymbol{x}(t)]\mathrm{e}^{-at}\end{aligned}$$

故将给定的不等式改写为

$$\dot{\boldsymbol{x}}(t)-a\boldsymbol{x}(t)\leqslant\boldsymbol{b}(t)$$

不等式两侧同乘 e^{-at}（$\mathrm{e}^{-at}>0,t\in[t_0,t_\mathrm{f}]$），得

$$\frac{\mathrm{d}}{\mathrm{d}t}[\mathrm{e}^{-at}\boldsymbol{x}(t)]\leqslant\boldsymbol{b}(t)\mathrm{e}^{-at}$$

从 t_0 到 t 积分上式

$$[\mathrm{e}^{-at}\boldsymbol{x}(t)]\Big|_{t_0}^{t}\leqslant\int_{t_0}^{t}\boldsymbol{b}(\tau)\mathrm{e}^{-a\tau}\mathrm{d}\tau$$

不等式左侧项展开为 $\mathrm{e}^{-at}\boldsymbol{x}(t)-\mathrm{e}^{-at_0}\boldsymbol{x}(t_0)$，又已知 $\boldsymbol{x}(t_0)=\boldsymbol{0}$，故上式可化简为

$$\mathrm{e}^{-at}\boldsymbol{x}(t)\leqslant\int_{t_0}^{t}\boldsymbol{b}(\tau)\mathrm{e}^{-a\tau}\mathrm{d}\tau$$

两侧同乘 e^{at} 可得

$$\boldsymbol{x}(t)\leqslant\int_{t_0}^{t}\mathrm{e}^{a(t-\tau)}\boldsymbol{b}(t)\mathrm{d}\tau,\quad t\in[t_0,t_\mathrm{f}]$$

下面采用增量法给出定理 4.6 的一种浅近证明，定理 4.6 的三条假设是证明的前提，其中假设(3)保证了微分方程解的存在性和唯一性。遵循图 4.4 中的证明流程，下文证明终端时刻自由和终端状态自由的 Mayer 型指标最优控制问题。

证明 针对终端时刻和终端状态均自由、末值型指标最优控制问题，不妨假设 $\boldsymbol{u}^*(t)$、t_f^* 和 $\boldsymbol{x}^*(t)$分别为系统的最优控制、最优终端时刻及其对应的最优轨线。若有一分段连续的充分小控制增量 $\Delta\boldsymbol{u}(t)$，以及终端时刻充分小增量 Δt_f，会引起状态增量 $\Delta\boldsymbol{x}(t)$，即

$$\begin{cases}\boldsymbol{u}(t)=\boldsymbol{u}^*(t)+\Delta\boldsymbol{u}(t)\\t_\mathrm{f}=t_\mathrm{f}^*+\Delta t_\mathrm{f}\\\boldsymbol{x}(t)=\boldsymbol{x}^*(t)+\Delta\boldsymbol{x}(t)\end{cases}\tag{4.29}$$

注意到此处各增量均以“Δ”代替了变分法时的“δ”，以示极小值原理中控制量受约束时的变分不同于控制域为开集时的任意变分。

Step-1 估计性能指标增量 ΔJ

式(4.29)中各增量会引起性能泛函的增量 ΔJ，由 $J(\boldsymbol{u})=\varphi(\boldsymbol{x}(t_\mathrm{f}))$知

$$\Delta J = J[\boldsymbol{u}^*(t)+\Delta\boldsymbol{u}(t)] - J[\boldsymbol{u}(t)] = \varphi[\boldsymbol{x}(t_f)] - \varphi[\boldsymbol{x}^*(t_f^*)]$$
$$= \varphi[\boldsymbol{x}(t_f)] - \varphi[\boldsymbol{x}^*(t_f)] + \varphi[\boldsymbol{x}^*(t_f)] - \varphi[\boldsymbol{x}^*(t_f^*)] \tag{4.30}$$

式中第二行利用了加减项技巧，其中前两项可在 $\boldsymbol{x}^*(t_f)$处 Taylor 展开，第三项和第四项 $\varphi[\boldsymbol{x}^*(\cdot)]$在最优终端时刻 t_f^* 处 Taylor 展开，得到

$$\Delta J = \frac{\partial\varphi[\boldsymbol{x}^*(t_f)]}{\partial\boldsymbol{x}^*(t_f)}\Delta\boldsymbol{x}(t_f) + o(|\Delta\boldsymbol{x}(t_f)|) + \frac{\partial\varphi[\boldsymbol{x}^*(t_f^*)]}{\partial\boldsymbol{x}^*(t_f^*)}\cdot\frac{\partial\boldsymbol{x}^*(t_f^*)}{\partial t_f^*}\Delta t_f + o(|\Delta t_f|) \tag{4.31}$$

结合状态方程$\dot{\boldsymbol{x}}(t)=\boldsymbol{f}(\boldsymbol{x}(t),\boldsymbol{u}(t))$，可进一步化简上式

$$\Delta J = \frac{\partial\varphi[\boldsymbol{x}^*(t_f)]}{\partial\boldsymbol{x}^*(t_f)}\Delta\boldsymbol{x}(t_f) + \frac{\partial\varphi[\boldsymbol{x}^*(t_f^*)]}{\partial\boldsymbol{x}^*(t_f^*)}\cdot\dot{\boldsymbol{x}}^*(t_f^*)\Delta t_f + o(\cdot)$$
$$= \frac{\partial\varphi[\boldsymbol{x}^*(t_f)]}{\partial\boldsymbol{x}^*(t_f)}\Delta\boldsymbol{x}(t_f) + \frac{\partial\varphi[\boldsymbol{x}^*(t_f^*)]}{\partial\boldsymbol{x}^*(t_f^*)}\cdot\boldsymbol{f}[\boldsymbol{x}^*(t_f^*),\boldsymbol{u}^*(t_f^*)]\Delta t_f + o(\cdot) \tag{4.32}$$

式中 $o(\cdot)$表示关于$|\Delta\boldsymbol{x}(t_f)|$和$|\Delta t_f|$的高阶小量。由定理 4.6 假设(2)知$\partial\varphi/\partial\boldsymbol{x}$ 存在且连续，注意到 $\varphi[\boldsymbol{x}^*(t_f)]=\varphi[\boldsymbol{x}^*(t_f^*+\Delta t_f)]$，故可将$\partial\varphi[\boldsymbol{x}^*(t_f)]/\partial\boldsymbol{x}^*(t_f)$在$\partial\varphi[\boldsymbol{x}^*(t_f^*)]/\partial\boldsymbol{x}^*(t_f^*)$处 Taylor 展开。再次利用加减项技巧和 Taylor 展开，可将式(4.32)简化为

$$\Delta J = \frac{\partial\varphi[\boldsymbol{x}^*(t_f)]}{\partial\boldsymbol{x}^*(t_f)}\cdot\Delta\boldsymbol{x}(t_f) + \frac{\partial\varphi[\boldsymbol{x}^*(t_f^*)]}{\partial\boldsymbol{x}^*(t_f^*)}\cdot\boldsymbol{f}[\boldsymbol{x}^*(t_f^*),\boldsymbol{u}^*(t_f^*)]\Delta t_f + o(\cdot)$$
$$= \left\{\frac{\partial\varphi[\boldsymbol{x}^*(t_f)]}{\partial\boldsymbol{x}^*(t_f)} - \frac{\partial\varphi[\boldsymbol{x}^*(t_f^*)]}{\partial\boldsymbol{x}^*(t_f^*)}\right\}\cdot\Delta\boldsymbol{x}(t_f) + \frac{\partial\varphi[\boldsymbol{x}^*(t_f^*)]}{\partial\boldsymbol{x}^*(t_f^*)}\cdot\Delta\boldsymbol{x}(t_f) + \frac{\partial\varphi[\boldsymbol{x}^*(t_f^*)]}{\partial\boldsymbol{x}^*(t_f^*)}\cdot\boldsymbol{f}[\boldsymbol{x}^*(t_f^*),\boldsymbol{u}^*(t_f^*)]\Delta t_f + o(\cdot)$$
$$= \frac{\partial^2\varphi[\boldsymbol{x}^*(t_f^*)]}{\partial\boldsymbol{x}^*(t_f^*)\partial t_f^*}\Delta t_f\cdot\Delta\boldsymbol{x}(t_f) + o(|\Delta t_f\cdot\Delta\boldsymbol{x}(t_f)|) + \frac{\partial\varphi[\boldsymbol{x}^*(t_f^*)]}{\partial\boldsymbol{x}^*(t_f^*)}\cdot\Delta\boldsymbol{x}(t_f) + \frac{\partial\varphi[\boldsymbol{x}^*(t_f^*)]}{\partial\boldsymbol{x}^*(t_f^*)}\cdot\boldsymbol{f}[\boldsymbol{x}^*(t_f^*),\boldsymbol{u}^*(t_f^*)]\Delta t_f + o(\cdot)$$
$$= \frac{\partial\varphi[\boldsymbol{x}^*(t_f^*)]}{\partial\boldsymbol{x}^*(t_f^*)}\cdot\Delta\boldsymbol{x}(t_f) + \frac{\partial\varphi[\boldsymbol{x}^*(t_f^*)]}{\partial\boldsymbol{x}^*(t_f^*)}\cdot\boldsymbol{f}[\boldsymbol{x}^*(t_f^*),\boldsymbol{u}^*(t_f^*)]\Delta t_f + o(\cdot) \tag{4.33}$$

其中上式最后一行 $o(\cdot)$包含了推导过程中涉及的所有高阶小量。

式(4.33)建立了最优控制问题性能指标增量 $\Delta J(\boldsymbol{u})$与系统状态增量 $\Delta\boldsymbol{x}(t_f)$，以

及终端时刻增量 Δt_f 间关系。系统控制量 $\boldsymbol{u}(t)$ 通过状态微分方程 $\dot{\boldsymbol{x}}(t)=\boldsymbol{f}(\boldsymbol{x}(t),\boldsymbol{u}(t))$ 与状态耦合，但式中并未直接出现 $\Delta\boldsymbol{u}(t)$ 项。为了依据 $\Delta J\geqslant 0$ 的条件导出最优控制的必要条件，需要进一步建立 $\Delta\boldsymbol{x}(t)$ 与 $\Delta\boldsymbol{u}(t)$ 间关系，从而估计 $\Delta\boldsymbol{x}(t)$ 并得到 $\Delta J(\boldsymbol{u})$ 与 $\Delta\boldsymbol{u}(t)$ 间关系。

Step-2 状态增量 $\Delta\boldsymbol{x}(t)$ 及其与 ΔJ 的关系

状态增量 $\Delta\boldsymbol{x}(t)$ 可由 $\Delta\dot{\boldsymbol{x}}(t)$ 积分得到，而 $\Delta\dot{\boldsymbol{x}}(t)$ 可由式(4.29)的第三式求解，即

$$\begin{aligned}\Delta\dot{\boldsymbol{x}}(t)&=\dot{\boldsymbol{x}}(t)-\dot{\boldsymbol{x}}^*(t)=\boldsymbol{f}(\boldsymbol{x}^*+\Delta\boldsymbol{x},\boldsymbol{u}^*+\Delta\boldsymbol{u})-\boldsymbol{f}(\boldsymbol{x}^*,\boldsymbol{u}^*)\\&=\boldsymbol{f}(\boldsymbol{x}^*+\Delta\boldsymbol{x},\boldsymbol{u}^*+\Delta\boldsymbol{u})-\boldsymbol{f}(\boldsymbol{x}^*,\boldsymbol{u}^*+\Delta\boldsymbol{u})+\\&\quad\ \boldsymbol{f}(\boldsymbol{x}^*,\boldsymbol{u}^*+\Delta\boldsymbol{u})-\boldsymbol{f}(\boldsymbol{x}^*,\boldsymbol{u}^*)\end{aligned}\tag{4.34}$$

式中第二个等号利用了状态方程。第三个等号为加减项，目的是将上式第二行的前两项在 $\boldsymbol{f}(\boldsymbol{x}^*,\boldsymbol{u}^*+\Delta\boldsymbol{u})$ 处 Taylor 展开，有

$$\begin{aligned}\Delta\dot{\boldsymbol{x}}(t)&=\boldsymbol{f}(\boldsymbol{x}^*+\Delta\boldsymbol{x},\boldsymbol{u}^*+\Delta\boldsymbol{u})-\boldsymbol{f}(\boldsymbol{x}^*,\boldsymbol{u}^*+\Delta\boldsymbol{u})+\boldsymbol{f}(\boldsymbol{x}^*,\boldsymbol{u}^*+\Delta\boldsymbol{u})-\boldsymbol{f}(\boldsymbol{x}^*,\boldsymbol{u}^*)\\&=\frac{\partial\boldsymbol{f}(\boldsymbol{x}^*,\boldsymbol{u}^*+\Delta\boldsymbol{u})}{\partial\boldsymbol{x}}\Delta\boldsymbol{x}(t)+o(|\Delta\boldsymbol{x}(t)|)+\boldsymbol{f}(\boldsymbol{x}^*,\boldsymbol{u}^*+\Delta\boldsymbol{u})-\boldsymbol{f}(\boldsymbol{x}^*,\boldsymbol{u}^*)\\&=\left[\frac{\partial\boldsymbol{f}(\boldsymbol{x}^*,\boldsymbol{u}^*+\Delta\boldsymbol{u})}{\partial\boldsymbol{x}}-\frac{\partial\boldsymbol{f}(\boldsymbol{x}^*,\boldsymbol{u}^*)}{\partial\boldsymbol{x}}+\frac{\partial\boldsymbol{f}(\boldsymbol{x}^*,\boldsymbol{u}^*)}{\partial\boldsymbol{x}}\right]\Delta\boldsymbol{x}(t)+o(|\Delta\boldsymbol{x}(t)|)+\\&\quad\ \boldsymbol{f}(\boldsymbol{x}^*,\boldsymbol{u}^*+\Delta\boldsymbol{u})-\boldsymbol{f}(\boldsymbol{x}^*,\boldsymbol{u}^*)\\&=\frac{\partial\boldsymbol{f}(\boldsymbol{x}^*,\boldsymbol{u}^*)}{\partial\boldsymbol{x}}\Delta\boldsymbol{x}(t)+\boldsymbol{f}(\boldsymbol{x}^*,\boldsymbol{u}^*+\Delta\boldsymbol{u})-\boldsymbol{f}(\boldsymbol{x}^*,\boldsymbol{u}^*)+\\&\quad\ \left[\frac{\partial\boldsymbol{f}(\boldsymbol{x}^*,\boldsymbol{u}^*+\Delta\boldsymbol{u})}{\partial\boldsymbol{x}}-\frac{\partial\boldsymbol{f}(\boldsymbol{x}^*,\boldsymbol{u}^*)}{\partial\boldsymbol{x}}\right]\Delta\boldsymbol{x}(t)+o(|\Delta\boldsymbol{x}(t)|)\end{aligned}\tag{4.35}$$

观察式(4.35)并结合引理 4-1，可知下列线性方程

$$\Delta\dot{\boldsymbol{x}}(t)=\boldsymbol{A}\Delta\boldsymbol{x}+\boldsymbol{B}\boldsymbol{\zeta}(t)\tag{4.36}$$

的状态转移矩阵 $\boldsymbol{\Phi}(t,\tau)=\mathrm{e}^{\boldsymbol{A}(t-\tau)}$ 满足

$$\frac{\mathrm{d}\boldsymbol{\Phi}(t,\tau)}{\mathrm{d}t}=\boldsymbol{A}\cdot\boldsymbol{\Phi}(t,\tau)=\frac{\partial\boldsymbol{f}(\boldsymbol{x},\boldsymbol{u})}{\partial\boldsymbol{x}}\cdot\boldsymbol{\Phi}(t,\tau),\boldsymbol{\Phi}(\tau,\tau)=\boldsymbol{I}\tag{4.37}$$

式(4.36)中右端第二项 $\boldsymbol{B}\boldsymbol{\zeta}(t)$ 对应(4.35)中后四项，即

$$\begin{aligned}\boldsymbol{B}\boldsymbol{\zeta}(t)&=\boldsymbol{f}(\boldsymbol{x}^*,\boldsymbol{u}^*+\Delta\boldsymbol{u})-\boldsymbol{f}(\boldsymbol{x}^*,\boldsymbol{u}^*)+\\&\quad\left[\frac{\partial\boldsymbol{f}(\boldsymbol{x}^*,\boldsymbol{u}^*+\Delta\boldsymbol{u})}{\partial\boldsymbol{x}}-\frac{\partial\boldsymbol{f}(\boldsymbol{x}^*,\boldsymbol{u}^*)}{\partial\boldsymbol{x}}\right]\Delta\boldsymbol{x}(t)+o(|\Delta\boldsymbol{x}(t)|)\end{aligned}\tag{4.38}$$

由引理 4-1 结论 $\boldsymbol{x}(t)=\boldsymbol{\Phi}(t,t_0)\boldsymbol{x}(t_0)+\int_{t_0}^{t}\boldsymbol{\Phi}(t,\tau)\boldsymbol{B}\boldsymbol{\zeta}(\tau)\mathrm{d}\tau$，可得式(4.36)的解为

$$\Delta\boldsymbol{x}(t)=\boldsymbol{\Phi}(t,t_0)\Delta\boldsymbol{x}(t_0)+\int_{t_0}^{t}\boldsymbol{\Phi}(t,\tau)\boldsymbol{B}\boldsymbol{\zeta}(\tau)\mathrm{d}\tau\tag{4.39}$$

该最优控制问题中初始状态 $\boldsymbol{x}(t_0)=\boldsymbol{x}_0$ 给定，故 $\Delta\boldsymbol{x}(t_0)=\boldsymbol{0}$，由此得

$$\Delta \boldsymbol{x}(t)=\int_{t_0}^{t}\boldsymbol{\Phi}(t,\tau)\boldsymbol{B}\boldsymbol{\zeta}(\tau)\mathrm{d}\tau \tag{4.40}$$

在 Step-1 的式(4.33)中已经给出了 $\Delta J(\boldsymbol{u})$ 与 $\Delta \boldsymbol{x}(t_{\mathrm{f}})$ 的关系,将式(4.38)代入式(4.40)并取 $t=t_{\mathrm{f}}$,得到

$$\begin{aligned}\Delta \boldsymbol{x}(t_{\mathrm{f}})=&\int_{t_0}^{t_{\mathrm{f}}}\boldsymbol{\Phi}(t_{\mathrm{f}},\tau)[\boldsymbol{f}(\boldsymbol{x}^*,\boldsymbol{u}^*+\Delta\boldsymbol{u})-\boldsymbol{f}(\boldsymbol{x}^*,\boldsymbol{u}^*)]\mathrm{d}\tau+\\&\int_{t_0}^{t_{\mathrm{f}}}\boldsymbol{\Phi}(t_{\mathrm{f}},\tau)\left[\frac{\partial\boldsymbol{f}(\boldsymbol{x}^*,\boldsymbol{u}^*+\Delta\boldsymbol{u})}{\partial\boldsymbol{x}}-\frac{\partial\boldsymbol{f}(\boldsymbol{x}^*,\boldsymbol{u}^*)}{\partial\boldsymbol{x}}\right]\Delta\boldsymbol{x}(\tau)\mathrm{d}\tau+\\&\int_{t_0}^{t_{\mathrm{f}}}o(\Delta\boldsymbol{x}(\tau))\mathrm{d}\tau\end{aligned} \tag{4.41}$$

式(4.41)给出了状态方程约束下 $\Delta \boldsymbol{x}(t)$ 与 $\Delta \boldsymbol{u}(t)$ 间关系,将其代入式(4.33)得

$$\begin{aligned}\Delta J=&\frac{\partial\varphi[\boldsymbol{x}^*(t_{\mathrm{f}})]}{\partial\boldsymbol{x}^*(t_{\mathrm{f}})}\cdot\Delta\boldsymbol{x}(t_{\mathrm{f}})+\frac{\partial\varphi[\boldsymbol{x}^*(t_{\mathrm{f}}^*)]}{\partial\boldsymbol{x}^*(t_{\mathrm{f}}^*)}\cdot\boldsymbol{f}[\boldsymbol{x}^*(t_{\mathrm{f}}^*),\boldsymbol{u}^*(t_{\mathrm{f}}^*)]\Delta t_{\mathrm{f}}+o(\cdot)\\=&\frac{\partial\varphi[\boldsymbol{x}^*(t_{\mathrm{f}})]}{\partial\boldsymbol{x}^*(t_{\mathrm{f}})}\int_{t_0}^{t_{\mathrm{f}}}\boldsymbol{\Phi}(t_{\mathrm{f}},\tau)[\boldsymbol{f}(\boldsymbol{x}^*,\boldsymbol{u}^*+\Delta\boldsymbol{u})-\boldsymbol{f}(\boldsymbol{x}^*,\boldsymbol{u}^*)]\mathrm{d}\tau+\\&\frac{\partial\varphi[\boldsymbol{x}^*(t_{\mathrm{f}})]}{\partial\boldsymbol{x}^*(t_{\mathrm{f}})}\int_{t_0}^{t_{\mathrm{f}}}\boldsymbol{\Phi}(t_{\mathrm{f}},\tau)\left[\frac{\partial\boldsymbol{f}(\boldsymbol{x}^*,\boldsymbol{u}^*+\Delta\boldsymbol{u})}{\partial\boldsymbol{x}}-\frac{\partial\boldsymbol{f}(\boldsymbol{x}^*,\boldsymbol{u}^*)}{\partial\boldsymbol{x}}\right]\Delta\boldsymbol{x}(\tau)\mathrm{d}\tau+\\&\frac{\partial\varphi[\boldsymbol{x}^*(t_{\mathrm{f}})]}{\partial\boldsymbol{x}^*(t_{\mathrm{f}})}\int_{t_0}^{t_{\mathrm{f}}}o(\Delta\boldsymbol{x}(\tau))\mathrm{d}\tau+\\&\frac{\partial\varphi[\boldsymbol{x}^*(t_{\mathrm{f}}^*)]}{\partial\boldsymbol{x}^*(t_{\mathrm{f}}^*)}\cdot\boldsymbol{f}[\boldsymbol{x}^*(t_{\mathrm{f}}^*),\boldsymbol{u}^*(t_{\mathrm{f}}^*)]\Delta t_{\mathrm{f}}+o(\cdot)\end{aligned} \tag{4.42}$$

至此,式(4.42)给出了 ΔJ 与 $\Delta \boldsymbol{x}$、$\Delta \boldsymbol{u}$ 及 Δt_{f} 间关系,且对任意 $\Delta \boldsymbol{u}$ 均成立。接下来便可以分情况讨论 $\Delta \boldsymbol{u}$ 和 Δt_{f} 对增量 ΔJ 的影响。

Step-3 讨论 $\Delta \boldsymbol{u}$ 和 Δt_{f}

先从 $\Delta \boldsymbol{u}$ 入手,最简单的情况为控制增量恒为零,即 $\Delta \boldsymbol{u}(t)\equiv\boldsymbol{0},t\in[t_0,t_{\mathrm{f}}]$,由式(4.40)有 $\Delta \boldsymbol{x}(t)\equiv\boldsymbol{0},t\in[t_0,t_{\mathrm{f}}]$,故 $\Delta \boldsymbol{x}(t_{\mathrm{f}})=\boldsymbol{0}$。此时,性能泛函增量来自于 Δt_{f} 引起的变化

$$\Delta J=\frac{\partial\varphi[\boldsymbol{x}^*(t_{\mathrm{f}}^*)]}{\partial\boldsymbol{x}^*(t_{\mathrm{f}}^*)}\cdot\boldsymbol{f}[\boldsymbol{x}^*(t_{\mathrm{f}}^*),\boldsymbol{u}^*(t_{\mathrm{f}}^*)]\Delta t_{\mathrm{f}}+o(\cdot) \tag{4.43}$$

当 $|\Delta t_{\mathrm{f}}|$ 充分小的时候,Δt_{f} 可取任意实数。那么,$\Delta J\geqslant 0$ 的必要条件为

$$\frac{\partial\varphi[\boldsymbol{x}^*(t_{\mathrm{f}}^*)]}{\partial\boldsymbol{x}^*(t_{\mathrm{f}}^*)}\cdot\boldsymbol{f}[\boldsymbol{x}^*(t_{\mathrm{f}}^*),\boldsymbol{u}^*(t_{\mathrm{f}}^*)]=0 \tag{4.44}$$

当 $\Delta \boldsymbol{u}(t)\neq\boldsymbol{0}$ 时,为了考察 $\Delta \boldsymbol{u}$ 的影响,令 $\Delta t_{\mathrm{f}}=0$。为了证明极小值原理适用于分段连续控制情形,Pontryagin 等人在证明时未采用控制变量经典变分形式 $\delta \boldsymbol{u}(t)$,而是引入了一种分段连续变分 $\Delta \boldsymbol{u}(t)$,即 Boltyanski 采用的**"针状变分"**:在系统运行区间的任意时刻 $t_2\in[t_0,t_{\mathrm{f}}]$的微小邻域内引入扰动,记 $t_3=t_2+\varepsilon l$,式中

$l>0$ 为一确定常值，$\varepsilon>0$ 是一充分小的数。特别地，此处选取的时刻 t_2 是最优控制 $\boldsymbol{u}^*(t)$ 的任意一个连续点，如图 4.5 所示。

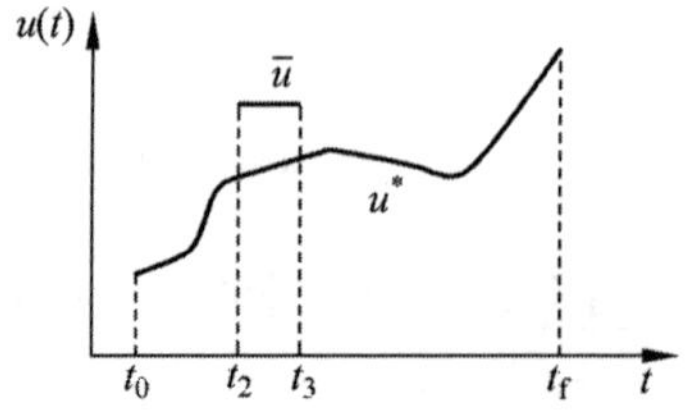

图 4.5 针状变分示意图

图 4.5 给出了针状变分的示意图，微小区间 $[t_2,t_3]$ 表示控制变量受扰区间。记系统最优控制为 $\boldsymbol{u}^*(t),t\in[t_0,t_f]$，如图 4.5 中连续曲线所示。不失一般性，假设它的扰动仅存在于 $[t_2,t_3]$ 区间，受扰后控制量为 $\bar{\boldsymbol{u}}(t)$，则有

$$\bar{\boldsymbol{u}}(t)=\boldsymbol{u}^*(t)+\Delta\boldsymbol{u}(t)=\begin{cases}\boldsymbol{u}^*(t), & t\in[t_0,t_2)\cup(t_3,t_f]\\ \bar{\boldsymbol{u}}(t), & t\in[t_2,t_3]\end{cases}\tag{4.45}$$

苏联团队最初称式(4.45)中变分为针状变分，不过很快发现美国学者 Edward McShane(1904—1989)于 1939 年的研究中已经使用过此类变分[12]，故他们在随后研究中改称其为 McShane 变分，现在这类变分则被称为 Pontryagin-McShane 变分。在此变分下，等式(4.42)中的性能指标增量可写为

$$\begin{aligned}\Delta_\varepsilon J=&\frac{\partial\varphi[\boldsymbol{x}^*(t_f)]}{\partial\boldsymbol{x}^*(t_f)}\int_{t_2}^{t_3}\boldsymbol{\Phi}(t_f,\tau)[\boldsymbol{f}(\boldsymbol{x}^*,\boldsymbol{u}^*+\Delta\boldsymbol{u})-\boldsymbol{f}(\boldsymbol{x}^*,\boldsymbol{u}^*)]\mathrm{d}\tau+\\&\frac{\partial\varphi[\boldsymbol{x}^*(t_f)]}{\partial\boldsymbol{x}^*(t_f)}\int_{t_2}^{t_3}\boldsymbol{\Phi}(t_f,\tau)\left[\frac{\partial\boldsymbol{f}(\boldsymbol{x}^*,\boldsymbol{u}^*+\Delta\boldsymbol{u})}{\partial\boldsymbol{x}}-\frac{\partial\boldsymbol{f}(\boldsymbol{x}^*,\boldsymbol{u}^*)}{\partial\boldsymbol{x}}\right]\Delta\boldsymbol{x}(\tau)\mathrm{d}\tau+\\&\frac{\partial\varphi[\boldsymbol{x}^*(t_f)]}{\partial\boldsymbol{x}^*(t_f)}\int_{t_2}^{t_3}o(\Delta\boldsymbol{x}(\tau))\mathrm{d}\tau+o(\cdot)\end{aligned}\tag{4.46}$$

显然，上式右端最后两项都是高阶小量。再来看上式第二行(即右端第二项)，它是 $\partial\boldsymbol{f}/\partial\boldsymbol{x}$ 的差值与 $\Delta\boldsymbol{x}(\tau)$ 乘积的积分项，会不会也是高阶小量？下面我们尝试由式(4.35)中 $\Delta\dot{\boldsymbol{x}}(t)$ 的表达式来估计 $\Delta\boldsymbol{x}(\tau)$ 的量级。式(4.35)已给出

$$\begin{aligned}\Delta\dot{\boldsymbol{x}}(t)=&\boldsymbol{f}(\boldsymbol{x}^*+\Delta\boldsymbol{x},\boldsymbol{u}^*+\Delta\boldsymbol{u})-\boldsymbol{f}(\boldsymbol{x}^*,\boldsymbol{u}^*+\Delta\boldsymbol{u})+\\&\boldsymbol{f}(\boldsymbol{x}^*,\boldsymbol{u}^*+\Delta\boldsymbol{u})-\boldsymbol{f}(\boldsymbol{x}^*,\boldsymbol{u}^*)\end{aligned}$$

对于给定的 $\boldsymbol{u}^*(t),t\in[t_0,t_f]$ 和 $\Delta\boldsymbol{u}(t)\neq\boldsymbol{0}$，由于分段连续性假设，必存在有界闭集 $U_1\subset\widetilde{U}$ 和 $X\in\mathbb{R}^n$，对于 $\forall t\in[t_0,t_f]$，使得 $\boldsymbol{u}^*+\Delta\boldsymbol{u}\in U_1,\boldsymbol{x}(\tau)\in X$。根据定理 4.6 假设(3)中的 Lipschitz 条件，总能找到一个常数 $a>0$，满足

$$|\boldsymbol{f}(\boldsymbol{x}^*+\Delta\boldsymbol{x},\boldsymbol{u}^*+\Delta\boldsymbol{u})-\boldsymbol{f}(\boldsymbol{x}^*,\boldsymbol{u}^*+\Delta\boldsymbol{u})|\leqslant a\,|\Delta\boldsymbol{x}|\tag{4.47}$$

再由定理 4.6 假设(1)中函数 $\boldsymbol{f}(\boldsymbol{x},\boldsymbol{u})$ 关于 $\boldsymbol{u}(t)$ 是连续的条件，必存在 $b(t)>0$ 和

常数 $\beta>0$，使得

$$|\boldsymbol{f}(\boldsymbol{x}^*,\boldsymbol{u}^*+\Delta\boldsymbol{u})-\boldsymbol{f}(\boldsymbol{x}^*,\boldsymbol{u}^*)|\leqslant b(t),\quad \forall t\in[t_0,t_{\mathrm{f}}] \tag{4.48}$$

联立针状变分式(4.45)可知上式中 $b(t)>0$ 满足

$$b(t)=\begin{cases}0, & t\in[t_0,t_2)\cup(t_3,t_{\mathrm{f}}]\\ \beta, & t\in[t_2,t_3]\end{cases} \tag{4.49}$$

至此便可以估计式(4.35)中 $\Delta\dot{\boldsymbol{x}}(t)$ 的取值范围，有

$$\begin{aligned}|\Delta\dot{\boldsymbol{x}}(t)|=&|\boldsymbol{f}(\boldsymbol{x}^*+\Delta\boldsymbol{x},\boldsymbol{u}^*+\Delta\boldsymbol{u})-\boldsymbol{f}(\boldsymbol{x}^*,\boldsymbol{u}^*+\Delta\boldsymbol{u})+\\&\boldsymbol{f}(\boldsymbol{x}^*,\boldsymbol{u}^*+\Delta\boldsymbol{u})-\boldsymbol{f}(\boldsymbol{x}^*,\boldsymbol{u}^*)|\\ \leqslant&|\boldsymbol{f}(\boldsymbol{x}^*+\Delta\boldsymbol{x},\boldsymbol{u}^*+\Delta\boldsymbol{u})-\boldsymbol{f}(\boldsymbol{x}^*,\boldsymbol{u}^*+\Delta\boldsymbol{u})|+\\&|\boldsymbol{f}(\boldsymbol{x}^*,\boldsymbol{u}^*+\Delta\boldsymbol{u})-\boldsymbol{f}(\boldsymbol{x}^*,\boldsymbol{u}^*)|\\ \leqslant& a|\Delta\boldsymbol{x}|+b(t)\end{aligned} \tag{4.50}$$

根据引理4-2有 $\mathrm{d}|\Delta\boldsymbol{x}(t)|/\mathrm{d}t\leqslant|\Delta\dot{\boldsymbol{x}}(t)|$，结合上式可得

$$\frac{\mathrm{d}}{\mathrm{d}t}|\Delta\boldsymbol{x}(t)|\leqslant|\Delta\dot{\boldsymbol{x}}(t)|\leqslant a|\Delta\boldsymbol{x}(t)|+b(t) \tag{4.51}$$

此时再基于引理4-3进一步估计 $|\Delta\boldsymbol{x}(t)|$ 的范围，已知 $\Delta\boldsymbol{x}(0)=\boldsymbol{0}$，有

$$\begin{aligned}|\Delta\boldsymbol{x}(t)|&\leqslant\int_{t_0}^{t}\mathrm{e}^{a(t-\tau)}b(\tau)\mathrm{d}\tau\leqslant\int_{t_0}^{t_{\mathrm{f}}}\mathrm{e}^{a(t_{\mathrm{f}}-\tau)}b(\tau)\mathrm{d}\tau\\&\leqslant\mathrm{e}^{at_{\mathrm{f}}}\int_{t_0}^{t_{\mathrm{f}}}b(\tau)\mathrm{d}\tau=\mathrm{e}^{at_{\mathrm{f}}}\int_{t_2}^{t_3}b(\tau)\mathrm{d}\tau\\&=\mathrm{e}^{at_{\mathrm{f}}}\int_{t_2}^{t_2+\varepsilon l}\beta\mathrm{d}\tau=\mathrm{e}^{at_{\mathrm{f}}}\beta\varepsilon l\end{aligned} \tag{4.52}$$

上式中第一个不等号由引理4-3可得出，第二个不等号由系统运行时间 $t\leqslant t_{\mathrm{f}}$ 得到。第二行第一个不等号由积分时间 $0\leqslant\tau\leqslant t_{\mathrm{f}}$ 时 $\mathrm{e}^{a(t_{\mathrm{f}}-\tau)}\leqslant\mathrm{e}^{at_{\mathrm{f}}}$ 得到。第二行的等号涉及到两个关系，一是将常值 $\mathrm{e}^{at_{\mathrm{f}}}$ 提到积分号外，二是基于式(4.49)等值变换积分上下限。式(4.52)实际是给出了 $|\Delta\boldsymbol{x}(t)|\leqslant\mathrm{e}^{at_{\mathrm{f}}}\beta\varepsilon l$ 的估计，即 $|\Delta\boldsymbol{x}(t)|$ 与 $\varepsilon>0$ 是同阶小量，由此可知我们关心的式(4.46)中右端第二项确为小量，进而可将 $\Delta_{\varepsilon}J$ 改写为

$$\Delta_{\varepsilon}J=\int_{t_2}^{t_3}\frac{\partial\varphi[\boldsymbol{x}^*(t_{\mathrm{f}})]}{\partial\boldsymbol{x}^*(t_{\mathrm{f}})}\boldsymbol{\Phi}(t_{\mathrm{f}},\tau)[\boldsymbol{f}(\boldsymbol{x}^*,\boldsymbol{u}^*+\Delta\boldsymbol{u})-\boldsymbol{f}(\boldsymbol{x}^*,\boldsymbol{u}^*)]\mathrm{d}\tau+o(\cdot) \tag{4.53}$$

回想 Mayer 型指标的 Hamilton 函数形式 $H=\boldsymbol{\lambda}^{\mathrm{T}}\cdot\boldsymbol{f}(\boldsymbol{x},\boldsymbol{u})$，观察上式被积函数，试令

$$\boldsymbol{\lambda}(\tau)=\frac{\partial\varphi[\boldsymbol{x}^*(t_{\mathrm{f}})]}{\partial\boldsymbol{x}^*(t_{\mathrm{f}})}\cdot\boldsymbol{\Phi}(t_{\mathrm{f}},\tau) \tag{4.54}$$

当 $\tau=t_{\mathrm{f}}$ 时状态转移矩阵 $\boldsymbol{\Phi}(t_{\mathrm{f}},\tau)=\boldsymbol{I}$，得

$$\boldsymbol{\lambda}(t_f)=\frac{\partial\varphi[\boldsymbol{x}^*(t_f)]}{\partial\boldsymbol{x}^*(t_f)} \tag{4.55}$$

上式即为**边值条件(4.26)的第二式**(又称横截条件)。函数$\boldsymbol{\lambda}(\tau)$对$\tau$求导可得

$$\begin{aligned}\frac{d}{d\tau}\boldsymbol{\lambda}(\tau)&=\frac{\partial\varphi[\boldsymbol{x}^*(t_f)]}{\partial\boldsymbol{x}^*(t_f)}\cdot\frac{d}{d\tau}\boldsymbol{\Phi}(t_f,\tau)\\&=\frac{\partial\varphi[\boldsymbol{x}^*(t_f)]}{\partial\boldsymbol{x}^*(t_f)}\cdot\left[-\frac{\partial\boldsymbol{f}}{\partial\boldsymbol{x}}\cdot\boldsymbol{\Phi}(t_f,\tau)\right]=-\boldsymbol{\lambda}^{T}(\tau)\cdot\frac{\partial\boldsymbol{f}}{\partial\boldsymbol{x}}\end{aligned} \tag{4.56}$$

进一步,定义 Mayer 型指标对应的 Hamilton 函数 $H(\boldsymbol{x},\boldsymbol{u},\boldsymbol{\lambda})=\boldsymbol{\lambda}^{T}(t)\cdot\boldsymbol{f}(\boldsymbol{x},\boldsymbol{u})$,并对状态变量 $\boldsymbol{x}(t)$求偏导

$$\frac{\partial H(\boldsymbol{x},\boldsymbol{u},\boldsymbol{\lambda})}{\partial\boldsymbol{x}(t)}=\boldsymbol{\lambda}^{T}(t)\cdot\frac{\partial\boldsymbol{f}}{\partial\boldsymbol{x}} \tag{4.57}$$

联立式(4.56)和式(4.57)得**协态方程**

$$\dot{\boldsymbol{\lambda}}(t)=\frac{d}{dt}\boldsymbol{\lambda}(t)=-\frac{\partial\boldsymbol{f}}{\partial\boldsymbol{x}}\cdot\boldsymbol{\lambda}(t)=-\frac{\partial H}{\partial\boldsymbol{x}} \tag{4.58}$$

将式(4.55)代入式(4.44)得到**静态条件**

$$\frac{\partial\varphi[\boldsymbol{x}^*(t_f^*)]}{\partial\boldsymbol{x}^*(t_f^*)}\cdot\boldsymbol{f}[\boldsymbol{x}^*(t_f^*),\boldsymbol{u}^*(t_f^*)]=\boldsymbol{\lambda}^{T}(t_f^*)\cdot\boldsymbol{f}\Big|_{t_f^*}=H[\boldsymbol{x}^*,\boldsymbol{u}^*,\boldsymbol{\lambda}^*]\Big|_{t_f^*}=0 \tag{4.59}$$

此处就 Step-2 的证明过程给个简短说明。整个证明过程的核心在于引入针状变分,在保证取遍整个可行控制集的基础上化简性能泛函增量函数,得到式(4.53)。在此基础上,通过对 Hamilton 函数的理解和观察引入适当的协态变量式(4.54),之后结合各已知条件便可得期望的边值条件、协态方程以及静态条件。

Step-4 推证极小值条件

引入协态变量和 Hamilton 函数后,式(4.53)可改写为

$$\begin{aligned}\Delta_\varepsilon J&=\int_{t_2}^{t_3}\frac{\partial\varphi[\boldsymbol{x}^*(t_f)]}{\partial\boldsymbol{x}^*(t_f)}\boldsymbol{\Phi}(t_f,\tau)[\boldsymbol{f}(\boldsymbol{x}^*,\boldsymbol{u}^*+\Delta\boldsymbol{u})-\boldsymbol{f}(\boldsymbol{x}^*,\boldsymbol{u}^*)]d\tau+o(\cdot)\\&=\int_{t_2}^{t_3}\boldsymbol{\lambda}(\tau)[\boldsymbol{f}(\boldsymbol{x}^*,\boldsymbol{u}^*+\Delta\boldsymbol{u})-\boldsymbol{f}(\boldsymbol{x}^*,\boldsymbol{u}^*)]d\tau+o(\cdot)\\&=\int_{t_2}^{t_3}[H(\boldsymbol{x}^*,\boldsymbol{\lambda},\boldsymbol{u}^*+\Delta\boldsymbol{u})-H(\boldsymbol{x}^*,\boldsymbol{\lambda},\boldsymbol{u}^*)]d\tau+o(\cdot)\end{aligned} \tag{4.60}$$

证明中已经假设 $\boldsymbol{u}^*(t)$和 $\boldsymbol{x}^*(t)$为最优控制和最优轨线,对任意的控制增量都满足性能指标增量 $\Delta J\geqslant 0$。为此,对于上式针状变分时的增量也应满足

$$\Delta_\varepsilon J=\int_{t_2}^{t_3}[H(\boldsymbol{x}^*,\boldsymbol{\lambda},\boldsymbol{u}^*+\Delta\boldsymbol{u})-H(\boldsymbol{x}^*,\boldsymbol{\lambda},\boldsymbol{u}^*)]d\tau+o(\cdot)\geqslant 0 \tag{4.61}$$

式中 $\boldsymbol{x}^*(t)$和$\boldsymbol{\lambda}(t)$在 $t\in[t_0,t_f]$区间都是连续的,在积分区间$[t_2,t_3]$上 $\boldsymbol{u}^*+\Delta\boldsymbol{u}$ 和 $\boldsymbol{u}^*(t)$也是连续的(已知 $\boldsymbol{u}(t)$为分段连续函数),故知在$[t_2,t_3]$范围内

Hamilton 函数是连续的。引入一个正值参量 θ 且有 $0<\theta<1$，对于式(4.61)右端第一项，即连续函数 $H(\boldsymbol{x},\boldsymbol{u},\boldsymbol{\lambda})$ 的积分项，应用积分中值定理[①]有

$$\begin{aligned}&\int_{t_2}^{t_3}[H(\boldsymbol{x}^*,\boldsymbol{\lambda},\boldsymbol{u}^*+\Delta\boldsymbol{u})-H(\boldsymbol{x}^*,\boldsymbol{\lambda},\boldsymbol{u}^*)]\mathrm{d}\tau\\&=\int_{t_2}^{t_2+\varepsilon l}[H(\boldsymbol{x}^*,\boldsymbol{\lambda},\boldsymbol{u}^*+\Delta\boldsymbol{u})-H(\boldsymbol{x}^*,\boldsymbol{\lambda},\boldsymbol{u}^*)]\mathrm{d}\tau\\&=\varepsilon l\cdot\{H[\boldsymbol{x}^*(t),\boldsymbol{\lambda}(t),\boldsymbol{u}^*(t)+\Delta\boldsymbol{u}(t)]-H[\boldsymbol{x}^*(t),\boldsymbol{\lambda}(t),\boldsymbol{u}^*(t)]\}\big|_{t=t_2+\theta\varepsilon l}\\&=\varepsilon l\cdot\{H[\boldsymbol{x}^*(t_2),\boldsymbol{\lambda}(t_2),\boldsymbol{u}^*(t_2)+\Delta\boldsymbol{u}(t_2)]-\\&\quad H[\boldsymbol{x}^*(t_2),\boldsymbol{\lambda}(t_2),\boldsymbol{u}^*(t_2)]\}+o(\varepsilon)\end{aligned}\tag{4.62}$$

将式(4.62)代入式(4.61)得

$$\Delta_\varepsilon J=\varepsilon l\cdot\{H[\boldsymbol{x}^*,\boldsymbol{\lambda},\boldsymbol{u}^*+\Delta\boldsymbol{u}]\big|_{t_2}-H[\boldsymbol{x}^*,\boldsymbol{\lambda},\boldsymbol{u}^*]\big|_{t_2}\}+o(\cdot)\geqslant 0\tag{4.63}$$

其中 $o(\cdot)$ 表示含 ε 的高阶小量。令 $\varepsilon\to 0$，并对式(4.63)取极限得

$$\lim_{\varepsilon\to 0}\frac{\Delta_\varepsilon J}{\varepsilon}=l\cdot\{H[\boldsymbol{x}^*,\boldsymbol{\lambda},\boldsymbol{u}^*+\Delta\boldsymbol{u}]\big|_{t_2}-H[\boldsymbol{x}^*,\boldsymbol{\lambda},\boldsymbol{u}^*]\big|_{t_2}\}\geqslant 0\tag{4.64}$$

又已知 $l>0$，故得

$$H[\boldsymbol{x}^*,\boldsymbol{\lambda},\boldsymbol{u}^*+\Delta\boldsymbol{u}]\big|_{t_2}-H[\boldsymbol{x}^*,\boldsymbol{\lambda},\boldsymbol{u}^*]\big|_{t_2}\geqslant 0$$

考虑到 $\bar{\boldsymbol{u}}(t_2)=\boldsymbol{u}^*(t_2)+\Delta\boldsymbol{u}(t_2)$，上式可重新表达为

$$H[\boldsymbol{x}^*(t_2),\boldsymbol{\lambda}(t_2),\boldsymbol{u}^*(t_2)]\leqslant H[\boldsymbol{x}^*(t_2),\boldsymbol{\lambda}(t_2),\bar{\boldsymbol{u}}(t_2)]\tag{4.65}$$

因为 $\bar{\boldsymbol{u}}$ 要取遍容许控制集 $\widetilde{U}$ 中所有点，故式(6.65)可更新为

$$H[\boldsymbol{x}^*(t_2),\boldsymbol{\lambda}(t_2),\boldsymbol{u}^*(t_2)]=\min_{\boldsymbol{u}(t)\in\widetilde{U}}H[\boldsymbol{x}^*(t_2),\boldsymbol{\lambda}(t_2),\boldsymbol{u}(t_2)]$$

又 $t_2\in[t_0,t_f]$ 为 $\boldsymbol{u}^*(t)$ 的任意连续时刻，故在 $\boldsymbol{u}^*(t)$ 的连续时刻，均有

$$H[\boldsymbol{x}^*(t),\boldsymbol{\lambda}(t),\boldsymbol{u}^*(t)]=\min_{\boldsymbol{u}(t)\in\widetilde{U}}H[\boldsymbol{x}^*(t),\boldsymbol{\lambda}(t),\boldsymbol{u}(t)]\tag{4.66}$$

极值条件得证。注意，控制变量 $\boldsymbol{u}(t)$ 在 $[t_0,t_f]$ 区间上可数个不连续点的取值不影响性能指标的泛函极值，故在连续时刻处满足式(4.66)，便保证泛函取得全局极小值。

Step-5　Hamilton 函数沿最优轨线性质

欲证 H 函数沿最优解为常值，实际是证明在最优轨线 $\boldsymbol{x}^*(t)$ 上 Hamilton 函数的时间变化率为零。下面首先证明 H 函数随时间连续，然后推得其斜率为零，即可证其在系统运行区间保持为常值。

由规范方程知 $H(\boldsymbol{x},\boldsymbol{u},\boldsymbol{\lambda})=\boldsymbol{\lambda}(t)\cdot\boldsymbol{f}(\boldsymbol{x},\boldsymbol{u})$ 关于系统状态和协态变量的任意

---

① 积分中值定理(mean value theorems for definite integrals)：若函数 $f(x)$ 在闭区间 $[p,q]$ 上连续，则在积分区间 $[p,q]$ 上至少存在一个点 ϑ，使得 $\int_p^q f(x)\mathrm{d}x=f(\vartheta)(q-p)$，其中 $p\leqslant\vartheta\leqslant q$。

分量均有偏导数。对于分段连续的控制变量 $\boldsymbol{u}(t)$，知 H 在 $\boldsymbol{u}(t)$ 连续点处必连续。要证明 H 在 $t\in[t_0,t_f]$ 任意点处均连续，需要证明 $\boldsymbol{u}(t)$ 不连续点处 H 依然连续。为此，不妨取 $\boldsymbol{u}(t)$ 的任意一个不连续点 t_1，其中 $t_1\in[t_0,t_f]$。那么，在 t_1 左侧的 $\boldsymbol{u}(t)$ 连续区间任取一点 $t_1^-=t_1-\gamma$，式中 $\gamma>0$ 为一充分小量，由式(4.65)可得对任意容许的 $\bar{\boldsymbol{u}}(t_1^-)$ 均满足

$$H[\boldsymbol{x}^*(t_1^-),\boldsymbol{\lambda}(t_1^-),\boldsymbol{u}^*(t_1^-)]\leqslant H[\boldsymbol{x}^*(t_1^-),\boldsymbol{\lambda}(t_1^-),\bar{\boldsymbol{u}}(t_1^-)] \tag{4.67}$$

容许控制 $\bar{\boldsymbol{u}}(t_1^-)$ 可取可行域内任意值，为证明 H 连续，此处取为 t_1 右侧连续区间上 $t_1^+=t_1+\gamma$ 处的最优控制 $\boldsymbol{u}^*(t_1^+)$，即 $\bar{\boldsymbol{u}}(t_1^-)=\boldsymbol{u}^*(t_1^+)$，则式(4.67)重写为

$$H[\boldsymbol{x}^*(t_1^-),\boldsymbol{\lambda}(t_1^-),\boldsymbol{u}^*(t_1^-)]\leqslant H[\boldsymbol{x}^*(t_1^-),\boldsymbol{\lambda}(t_1^-),\boldsymbol{u}^*(t_1^+)] \tag{4.68}$$

类似地，在 t_1^+ 处有 $H[\boldsymbol{x}^*(t_1^+),\boldsymbol{\lambda}(t_1^+),\boldsymbol{u}^*(t_1^+)]\leqslant H[\boldsymbol{x}^*(t_1^+),\boldsymbol{\lambda}(t_1^+),\bar{\boldsymbol{u}}(t_1^+)]$，此时可行控制取为 $\bar{\boldsymbol{u}}(t_1^+)=\boldsymbol{u}^*(t_1^-)$，代入可得

$$H[\boldsymbol{x}^*(t_1^+),\boldsymbol{\lambda}(t_1^+),\boldsymbol{u}^*(t_1^+)]\leqslant H[\boldsymbol{x}^*(t_1^+),\boldsymbol{\lambda}(t_1^+),\boldsymbol{u}^*(t_1^-)] \tag{4.69}$$

由状态和协态的连续性有 $\boldsymbol{x}(t_1^-)=\boldsymbol{x}(t_1^+)=\boldsymbol{x}(t_1)$ 和 $\boldsymbol{\lambda}(t_1^-)=\boldsymbol{\lambda}(t_1^+)=\boldsymbol{\lambda}(t_1)$，联立式(4.68)和式(4.69)，显然有

$$H[\boldsymbol{x}^*(t_1),\boldsymbol{\lambda}(t_1),\boldsymbol{u}^*(t_1^-)]=H[\boldsymbol{x}^*(t_1),\boldsymbol{\lambda}(t_1),\boldsymbol{u}^*(t_1^+)] \tag{4.70}$$

由 t_1 取值的任意性，上式表明在 $\boldsymbol{u}(t)$ 的任意不连续点处 Hamilton 函数 $H(\boldsymbol{x},\boldsymbol{u},\boldsymbol{\lambda})$ 依然连续。

要证明连续函数 H 沿最优轨线为常值，为方便讨论引入辅助函数

$$G[\boldsymbol{x}(t),\boldsymbol{\lambda}(t)]\triangleq\min_{\bar{\boldsymbol{u}}\in\widetilde{U}}H[\boldsymbol{x}(t),\boldsymbol{\lambda}(t),\bar{\boldsymbol{u}}(t)]$$

当系统取为最优控制时 $\bar{\boldsymbol{u}}(t)=\boldsymbol{u}^*(t)$，有

$$G[\boldsymbol{x}(t),\boldsymbol{\lambda}(t)]=H[\boldsymbol{x}(t),\boldsymbol{\lambda}(t),\boldsymbol{u}^*(t)] \tag{4.71}$$

对于分段连续最优控制 $\boldsymbol{u}^*(t)$，在 $H(\boldsymbol{x},\boldsymbol{u},\boldsymbol{\lambda})$ 连续的情况下，下面要证明对于控制的每个连续区间内都有 $G[\boldsymbol{x}(t),\boldsymbol{\lambda}(t)]$ 关于 t 的导数为零。任取最优控制连续区间 $[t_2,t_3]\subseteq[t_0,t_f]$，应用极值条件的式(4.65)可得

$$G[\boldsymbol{x}(t_2),\boldsymbol{\lambda}(t_2)]=H[\boldsymbol{x}^*(t_2),\boldsymbol{\lambda}(t_2),\boldsymbol{u}^*(t_2)]\leqslant H[\boldsymbol{x}^*(t_2),\boldsymbol{\lambda}(t_2),\bar{\boldsymbol{u}}(t_2)]$$

上式可行控制可取 $\bar{\boldsymbol{u}}(t_2)=\boldsymbol{u}^*(t_3)$，即

$$G[\boldsymbol{x}(t_2),\boldsymbol{\lambda}(t_2)]=H[\boldsymbol{x}^*(t_2),\boldsymbol{\lambda}(t_2),\boldsymbol{u}^*(t_2)]\leqslant H[\boldsymbol{x}^*(t_2),\boldsymbol{\lambda}(t_2),\boldsymbol{u}^*(t_3)] \tag{4.72}$$

类似地，可给出 t_3 时刻的极值条件

$$G[\boldsymbol{x}(t_3),\boldsymbol{\lambda}(t_3)]=H[\boldsymbol{x}^*(t_3),\boldsymbol{\lambda}(t_3),\boldsymbol{u}^*(t_3)]\leqslant H[\boldsymbol{x}^*(t_3),\boldsymbol{\lambda}(t_3),\boldsymbol{u}^*(t_2)] \tag{4.73}$$

为证 Hamilton 函数为常值，实际是证明 $\lim\limits_{\Delta t\to 0}\Delta H/\Delta t=0$。为此，接下来首先给出 $\Delta H=H|_{t_3}-H|_{t_2}=G[\boldsymbol{x}(t_3),\boldsymbol{\lambda}(t_3)]-G[\boldsymbol{x}(t_2),\boldsymbol{\lambda}(t_2)]$ 的估计，有

$$\Delta H \geqslant H[\boldsymbol{x}^*(t_3),\boldsymbol{\lambda}(t_3),\boldsymbol{u}^*(t_3)]-H[\boldsymbol{x}^*(t_2),\boldsymbol{\lambda}(t_2),\boldsymbol{u}^*(t_3)] \tag{4.74}$$

式中“$\geqslant$”来源于式(4.72)的变形$-G[\boldsymbol{x}(t_2),\boldsymbol{\lambda}(t_2)]\geqslant -H[\boldsymbol{x}^*(t_2),\boldsymbol{\lambda}(t_2),\bar{\boldsymbol{u}}(t_2)]$。同时

$$\Delta H \leqslant H[\boldsymbol{x}^*(t_3),\boldsymbol{\lambda}(t_3),\boldsymbol{u}^*(t_2)]-H[\boldsymbol{x}^*(t_2),\boldsymbol{\lambda}(t_2),\boldsymbol{u}^*(t_2)] \tag{4.75}$$

式中“$\leqslant$”来源于式(4.73)。先来处理式(4.74)，将 $H[\boldsymbol{x}^*(t_2),\boldsymbol{\lambda}(t_2),\boldsymbol{u}^*(t_3)]$在$[\boldsymbol{x}^*(t_3),\boldsymbol{\lambda}(t_3),\boldsymbol{u}^*(t_3)]^{\mathrm{T}}$ 处 Taylor 展开，有

$$\begin{aligned}&H[\boldsymbol{x}^*(t_2),\boldsymbol{\lambda}(t_2),\boldsymbol{u}^*(t_3)]=H[\boldsymbol{x}^*(t_3),\boldsymbol{\lambda}(t_3),\boldsymbol{u}^*(t_3)]+\\&\frac{\partial H[\boldsymbol{x}^*(t_3),\boldsymbol{\lambda}(t_3),\boldsymbol{u}^*(t_3)]}{\partial \boldsymbol{x}(t_3)}[\boldsymbol{x}(t_2)-\boldsymbol{x}(t_3)]+\\&\frac{\partial H[\boldsymbol{x}^*(t_3),\boldsymbol{\lambda}(t_3),\boldsymbol{u}^*(t_3)]}{\partial \boldsymbol{\lambda}(t_3)}[\boldsymbol{\lambda}(t_2)-\boldsymbol{\lambda}(t_3)]+o(\cdot)\end{aligned}$$

在 $\Delta t=t_3-t_2$ 趋近于零的情况下，将上式代入式(4.74)右端项，同时除以 Δt 并取极限，得

$$\begin{aligned}&\lim_{\Delta t\to 0}\frac{1}{\Delta t}\{H[\boldsymbol{x}^*(t_3),\boldsymbol{\lambda}(t_3),\boldsymbol{u}^*(t_3)]-H[\boldsymbol{x}^*(t_2),\boldsymbol{\lambda}(t_2),\boldsymbol{u}^*(t_3)]\}\\&=\lim_{\Delta t\to 0}\frac{1}{\Delta t}\left\{\begin{aligned}&-\frac{\partial H[\boldsymbol{x}^*(t_3),\boldsymbol{\lambda}(t_3),\boldsymbol{u}^*(t_3)]}{\partial \boldsymbol{x}(t_3)}[\boldsymbol{x}(t_2)-\boldsymbol{x}(t_3)]\\&-\frac{\partial H[\boldsymbol{x}^*(t_3),\boldsymbol{\lambda}(t_3),\boldsymbol{u}^*(t_3)]}{\partial \boldsymbol{\lambda}(t_3)}[\boldsymbol{\lambda}(t_2)-\boldsymbol{\lambda}(t_3)]+o(\cdot)\end{aligned}\right\}\\&=\dot{\boldsymbol{x}}(t_3)\frac{\partial H\mid_{t_3}}{\partial \boldsymbol{x}(t_3)}+\dot{\boldsymbol{\lambda}}(t_3)\frac{\partial H\mid_{t_3}}{\partial \boldsymbol{\lambda}(t_3)}\end{aligned} \tag{4.76}$$

由规范方程知

$$\frac{\partial H\mid_{t_3}}{\partial \boldsymbol{x}(t_3)}=-\dot{\boldsymbol{\lambda}}(t_3);\quad \frac{\partial H\mid_{t_3}}{\partial \boldsymbol{\lambda}(t_3)}=\dot{\boldsymbol{x}}(t_3)$$

故

$$\lim_{\Delta t\to 0}\frac{1}{\Delta t}\{H[\boldsymbol{x}^*(t_3),\boldsymbol{\lambda}(t_3),\boldsymbol{u}^*(t_3)]-H[\boldsymbol{x}^*(t_2),\boldsymbol{\lambda}(t_2),\boldsymbol{u}^*(t_3)]\}=0 \tag{4.77}$$

同理，将不等式(4.75)右端项第一项在$[\boldsymbol{x}^*(t_2),\boldsymbol{\lambda}(t_2),\boldsymbol{u}^*(t_2)]^{\mathrm{T}}$ 处 Taylor 展开，除以 $\Delta t\to 0$ 并取极限，得

$$\lim_{\Delta t\to 0}\frac{1}{\Delta t}\{H[\boldsymbol{x}^*(t_3),\boldsymbol{\lambda}(t_3),\boldsymbol{u}^*(t_2)]-H[\boldsymbol{x}^*(t_2),\boldsymbol{\lambda}(t_2),\boldsymbol{u}^*(t_2)]\}=0 \tag{4.78}$$

联立不等式(4.74)、(4.75)，以及等式(4.77)、(4.78)，发现 ΔH 的左右边界极限均趋近于零，故有

$$\lim_{\Delta t \to 0} \frac{G[\boldsymbol{x}^*(t_3),\boldsymbol{\lambda}(t_3)] - G[\boldsymbol{x}^*(t_2),\boldsymbol{\lambda}(t_2)]}{t_3 - t_2}$$
$$= \lim_{\Delta t \to 0} \frac{1}{\Delta t}\{H[\boldsymbol{x}^*(t_3),\boldsymbol{\lambda}(t_3),\boldsymbol{u}^*(t_3)] - H[\boldsymbol{x}^*(t_2),\boldsymbol{\lambda}(t_2),\boldsymbol{u}^*(t_2)]\}$$
$$= 0 \tag{4.79}$$

式(4.79)表明在 $\boldsymbol{u}^*(t)\in\widetilde{U}$ 的任意一个连续区间内函数 $G[\boldsymbol{x}(t),\boldsymbol{\lambda}(t)]$ 均为常值。也就是说,最优控制使得 Hamilton 函数在 $\boldsymbol{u}^*(t)\in\widetilde{U}$ 的每个连续区间内都是常值。式(4.70)已证明 Hamilton 函数在可数个 $\boldsymbol{u}^*(t)\in\widetilde{U}$ 不连续点处依然连续,由此得到最终结论:Hamilton 函数沿最优轨线保持为常值。特别地,当系统终端时刻 t_f 自由时,由式(4.44)和式(4.59)知 $H[\boldsymbol{x}^*,\boldsymbol{u}^*,\boldsymbol{\lambda}^*]|_{t_f^*}=0$。证毕! ■

此处说明两点:一是 Hamilton 函数 $H[\boldsymbol{x}^*,\boldsymbol{u}^*,\lambda^*]|_{t_f^*}=0$ 仅对 t_f 自由的定常系统成立。当 t_f 固定时,本身就是一维等式约束条件,静态条件 $H[\boldsymbol{x}^*,\boldsymbol{u}^*,\lambda^*]|_{t_f^*}=0$ 不再成立,此时仅能确定 Hamilton 函数沿最优轨线保持为常值。

练习 4.6 对于定理 4.6 中的定常系统 Mayer 型指标最优控制问题,若终端时刻 t_f 固定,终端状态自由,给出最优控制的必要条件并加以证明。

4.2.3 极小值原理的一般形式

前两节给出了定常系统、Mayer 型指标、终端状态自由、终端时刻自由的极小值原理表达和证明。与之对应的还有时变系统、Lagrange 型或 Bolza 型性能指标、终端状态固定、终端时刻固定等几类问题,这几个关键词相互组合可以形成多种最优控制问题类型。为了简洁易懂,本节直接给出极小值原理的一般形式,即时变系统、Bolza 型指标、终端状态自由、终端时刻自由的极小值原理,其他形式留给读者自行推导[4]。

定理 4.7 对于时变受控系统其状态变量 $\boldsymbol{x}(t)$:$[t_0,t_f]\in\mathbb{R}^n$ 分段连续可微,系统控制变量 $\boldsymbol{u}(t)$:$[t_0,t_f]\in\mathbb{R}^m$ 分段连续。容许控制集 $U\subseteq\mathbb{R}^m$ 为一有界闭集,$\boldsymbol{u}(t)$ 可在 U 内任意取值。系统状态方程和初值条件为

$$\dot{\boldsymbol{x}}(t)=\boldsymbol{f}[\boldsymbol{x}(t),\boldsymbol{u}(t),t],\quad t\in[t_0,t_f]$$
$$\boldsymbol{x}(t_0)=\boldsymbol{x}_0$$

终端状态 $\boldsymbol{x}(t_f)$ 自由,终端时刻 t_f 自由。最小化性能指标为

$$\underset{\boldsymbol{u}(t)\in U}{J(\boldsymbol{u})}=\varphi[\boldsymbol{x}(t_f),t_f]+\int_{t_0}^{t_f}L[\boldsymbol{x}(t),\boldsymbol{u}(t),t]\mathrm{d}t$$

并约定问题满足如下假设:$\varphi[\boldsymbol{x}(t_f),t_f]$ 关于 $\boldsymbol{x}(t_f)$ 和 t_f 存在连续偏导数。函数 $\boldsymbol{f}[\boldsymbol{x}(t),\boldsymbol{u}(t),t]$ 和 $L[\boldsymbol{x}(t),\boldsymbol{u}(t),t]$ 关于 $\boldsymbol{x}(t)$ 和 t 存在连续偏导数,关于控制 $\boldsymbol{u}(t)$ 是连续的。为了保证状态方程的解具有存在唯一性,要求函数 $\boldsymbol{f}[\boldsymbol{x}(t),\boldsymbol{u}(t),t]$ 和

$L[\boldsymbol{x}(t),\boldsymbol{u}(t),t]$满足 Lipschitz 条件，即对于状态空间和容许控制空间的有界子集 X 和 U，存在常数 $\gamma_{\mathrm{f}}>0$ 和 $\gamma_{\mathrm{L}}>0$，对任意的容许状态 $\boldsymbol{x}(t)\in X$ 和 $\tilde{\boldsymbol{x}}(t)\in X$，以及容许控制 $\boldsymbol{u}(t)\in U$，

$$\|\boldsymbol{f}[\tilde{\boldsymbol{x}}(t),\boldsymbol{u}(t),t]-\boldsymbol{f}[\boldsymbol{x}(t),\boldsymbol{u}(t),t]\| \leqslant \gamma_{\mathrm{f}}\|\tilde{\boldsymbol{x}}(t)-\boldsymbol{x}(t)\|$$

$$|L[\tilde{\boldsymbol{x}}(t),\boldsymbol{u}(t),t]-L[\boldsymbol{x}(t),\boldsymbol{u}(t),t]| \leqslant \gamma_{\mathrm{L}}\|\tilde{\boldsymbol{x}}(t)-\boldsymbol{x}(t)\|$$

成立。同时，存在常数 $\rho_{\mathrm{f}}>0$ 和 $\rho_{\mathrm{L}}>0$，对任意的容许控制 $\boldsymbol{u}(t)\in U$ 和 $\tilde{\boldsymbol{u}}(t)\in U$，以及容许状态 $\boldsymbol{x}(t)\in X$，

$$\|\boldsymbol{f}[\boldsymbol{x}(t),\tilde{\boldsymbol{u}}(t),t]-\boldsymbol{f}[\boldsymbol{x}(t),\boldsymbol{u}(t),t]\| \leqslant \rho_{\mathrm{f}}\|\tilde{\boldsymbol{u}}(t)-\boldsymbol{u}(t)\|$$

$$|L[\boldsymbol{x}(t),\tilde{\boldsymbol{u}}(t),t]-L[\boldsymbol{x}(t),\boldsymbol{u}(t),t]| \leqslant \rho_{\mathrm{L}}\|\tilde{\boldsymbol{u}}(t)-\boldsymbol{u}(t)\|$$

成立。则适当选取 Lagrange 乘子$\boldsymbol{\lambda}(t)$，使得性能指标取得全局极小值的必要条件如下：

（1）**极值条件(optimality condition)**：对于容许控制集内的控制变量 $\tilde{\boldsymbol{u}}(t)\in U$，最优控制 $\boldsymbol{u}(t)\in U$ 在系统$[t_0,t_{\mathrm{f}}]$的几乎任意时刻$[t_0,t_{\mathrm{f}}]$满足

$$H[\boldsymbol{x}(t),\boldsymbol{u}(t),\boldsymbol{\lambda}(t),t]\leqslant H[\boldsymbol{x}(t),\tilde{\boldsymbol{u}}(t),\boldsymbol{\lambda}(t),t] \tag{4.80}$$

其中 Hamilton 函数定义为

$$H[\boldsymbol{x}(t),\boldsymbol{u}(t),\boldsymbol{\lambda}(t),t]=L[\boldsymbol{x}(t),\boldsymbol{u}(t),t]+\boldsymbol{\lambda}^{\mathrm{T}}(t)\cdot\boldsymbol{f}[\boldsymbol{x}(t),\boldsymbol{u}(t),t]$$

（2）**规范方程(canonical equations)**：

$$\begin{cases}\dot{\boldsymbol{x}}(t)=\dfrac{\partial H}{\partial\boldsymbol{\lambda}}[\boldsymbol{x}(t),\boldsymbol{u}(t),\boldsymbol{\lambda}(t),t]=\boldsymbol{f}[\boldsymbol{x}(t),\boldsymbol{u}(t),t]\\[2ex] \dot{\boldsymbol{\lambda}}(t)=-\dfrac{\partial H}{\partial\boldsymbol{x}}[\boldsymbol{x}(t),\boldsymbol{u}(t),\boldsymbol{\lambda}(t),t]\end{cases} \tag{4.81}$$

（3）**边值条件(boundary conditions)**：

$$\begin{cases}\boldsymbol{x}(t_0)=\boldsymbol{x}_0\\[1ex] \boldsymbol{\lambda}(t_{\mathrm{f}})=\dfrac{\partial\varphi[\boldsymbol{x}(t_{\mathrm{f}}),t_{\mathrm{f}}]}{\partial\boldsymbol{x}(t_{\mathrm{f}})}\end{cases} \tag{4.82}$$

（4）**静态条件(stationary condition)**：

$$H[\boldsymbol{x}(t_{\mathrm{f}}),\boldsymbol{u}(t_{\mathrm{f}}),\boldsymbol{\lambda}(t_{\mathrm{f}}),t_{\mathrm{f}}]=-\frac{\partial\varphi[\boldsymbol{x}(t_{\mathrm{f}}),t_{\mathrm{f}}]}{\partial t_{\mathrm{f}}} \tag{4.83}$$

上述定理即为极小值原理的一般表达，本书证明从略，简介证明思路。参考第 3 章中变分法各类情况时极值条件的证明思路，欲证一般形式极小值原理成立，首先可将 Bolza 型指标转化为 Mayer 型指标；之后引入一维新的状态变量，将时变系统的时间变量 t 转化为新引入的状态变量；定义新的增广状态变量，包含 Bolza 型指标中被积函数、原系统状态变量，以及与时间相关的新状态量。经过以上推导，便可将 Bolza 型指标的时变系统最优控制问题转化为形如定理 4.6 中问题，继而应用定理 4.6 结论即可得证。

当终端时刻 t_f 给定时，因 t_f 自身已是一维约束，有 $\delta t_f=0$，故静态条件(4.83)不再需要。此时的最优控制校验条件——Hamilton 函数沿最优轨线满足等式

$$H[\boldsymbol{x}(t),\boldsymbol{u}(t),\boldsymbol{\lambda}(t),t]=H\Big|_{t_f}+\int_{t_f^*}^{t}\frac{\partial H[\boldsymbol{x}(\tau),\boldsymbol{u}(\tau),\boldsymbol{\lambda}(\tau),\tau]}{\partial \tau}\mathrm{d}\tau \tag{4.84}$$

对比 Bolza 型指标的时变系统定理 4.7 和 Mayer 型指标定常系统定理 4.6，二者从形式上极值条件、规范方程和边值条件一致。时变系统 Hamilton 函数除与系统运行时间相关外，定义中增加了性能指标被积函数项。对于 t_f 自由情况而言，定常系统 Hamilton 函数恒为零，而时变系统的终端约束会通过静态条件影响 Hamilton 函数的取值，进而影响最优控制及其最优轨线。

例 4.8 假设某一阶系统状态方程为

$$\dot{x}(t)=-x(t)+u(t)$$

其在 $t_0=0$ 时刻的初始状态为

$$x(0)=x_0=\frac{\sqrt{2}-1}{\sqrt{2}+1}\mathrm{e}^{-2\sqrt{2}}+1$$

试求最优控制 $u(t)$，最小化性能指标

$$J=\frac{1}{2}\int_0^1[x^2(t)+u^2(t)]\mathrm{d}t$$

其中：(1) $u(t)$ 无约束；(2) $u(t)$ 要满足约束 $|u(t)|\leqslant u_{\max}$。

本例为定常系统、Lagrange 型性能指标、终端时刻 $t_f=1$ 固定、终端状态自由的最优控制问题。引入 Lagrange 乘子 $\lambda(t)$，定义 Hamilton 函数

$$H=\frac{1}{2}(x^2+u^2)+\lambda(-x+u)$$

无论系统控制变量是否有约束，基于极小值原理求解最优控制问题时，规范方程总成立，有

$$\begin{cases}\dot{x}=\dfrac{\partial H}{\partial \lambda}=-x+u\\[2mm]\dot{\lambda}=-\dfrac{\partial H}{\partial x}=-x+\lambda\end{cases}$$

接下来针对控制变量的两种情况分别求解：

(1) $u(t)$ 无约束

控制变量无约束时，依据定理 4.1 的极值条件得

$$\frac{\partial H}{\partial u}=u+\lambda=0\Rightarrow u(t)=-\lambda(t) \tag{4.85}$$

将式(4.85)代入状态微分方程可得 $\dot{x}=-x-\lambda$。为了解出状态和协态变量，对规范方程再次求导，有

$$\ddot{x}(t)=2x(t);\quad \ddot{\lambda}(t)=2\lambda(t)$$

由此解出

$$\begin{cases} x(t)=c_1\mathrm{e}^{\sqrt{2}t}+c_2\mathrm{e}^{-\sqrt{2}t} \\ \lambda(t)=c_3\mathrm{e}^{\sqrt{2}t}+c_4\mathrm{e}^{-\sqrt{2}t} \end{cases} \tag{4.86}$$

式中 $c_i(i=1,2,3,4)$为待定常值。系统状态和协态变量要满足边值条件

$$\begin{cases} x(0)=c_1+c_2=1-\mathrm{e}^2 \\ \lambda(1)=c_3\mathrm{e}^{\sqrt{2}}+c_4\mathrm{e}^{-\sqrt{2}}=0 \end{cases} \tag{4.87}$$

为了确定四个待定常数,除了式(4.87)还需要另外两个等式,这两个等式来自于状态方程约束。对已得状态量求导有 $\dot{x}(t)=\sqrt{2}c_1\mathrm{e}^{\sqrt{2}t}-\sqrt{2}c_2\mathrm{e}^{-\sqrt{2}t}$,又 $\dot{x}=-x-\lambda$,将 $x(t)$和 $\lambda(t)$代入上式并整理得

$$\begin{cases} c_3=(-1-\sqrt{2})c_1 \\ c_4=(\sqrt{2}-1)c_2 \end{cases} \tag{4.88}$$

将式(4.88)代入式(4.87),解算可得

$$c_1=\frac{\sqrt{2}-1}{\sqrt{2}+1}\mathrm{e}^{-2\sqrt{2}}$$

$$c_2=1$$

$$c_3=(1-\sqrt{2})\mathrm{e}^{-2\sqrt{2}}$$

$$c_4=\sqrt{2}-1$$

由此求得

$$\begin{cases} x(t)=\dfrac{\sqrt{2}-1}{\sqrt{2}+1}\mathrm{e}^{\sqrt{2}t-2\sqrt{2}}+\mathrm{e}^{-\sqrt{2}t} \\ \lambda(t)=(1-\sqrt{2})\mathrm{e}^{\sqrt{2}t-2\sqrt{2}}+(\sqrt{2}-1)\mathrm{e}^{-\sqrt{2}t} \\ u(t)=-\lambda(t)=(\sqrt{2}-1)\mathrm{e}^{\sqrt{2}t-2\sqrt{2}}+(1-\sqrt{2})\mathrm{e}^{-\sqrt{2}t} \end{cases} \tag{4.89}$$

系统最优控制 $u(t)$、最优轨线 $x(t)$,以及对应的协态变量 $\lambda(t)$在区间[0,1]上的变化规律如图 4.6 所示。

(2) 控制有约束$|u(t)|\leqslant u_{\max}$

此时 Hamilton 函数不变,规范方程依然成立。将 Hamilton 函数重新整理为关于控制 $u(t)$的函数形式

$$\begin{aligned} H&=\frac{1}{2}(x^2+u^2)+\lambda(-x+u) \\ &=\frac{1}{2}(u+\lambda)^2-\frac{1}{2}(x+\lambda)^2+x^2 \end{aligned}$$

根据极小值原理,此时的极小值条件由 Hamilton 函数 H 取得极小值给出,故有

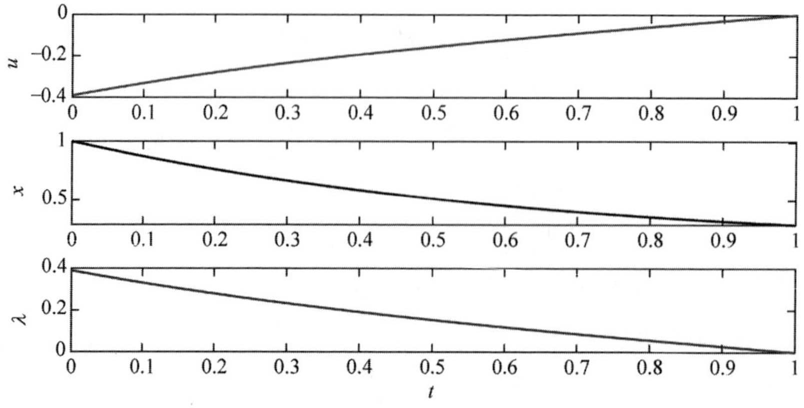

图 4.6 控制无约束时的最优解

$$u(t)=-u_{\max}\operatorname{sgn}[\lambda(t)]=\begin{cases}-u_{\max}, & \lambda>u_{\max}\\ -\lambda, & |\lambda|\leqslant u_{\max}\\ u_{\max}, & \lambda<-u_{\max}\end{cases}$$

式中 sgn(·)为符号函数。对于较复杂的实际问题,很难求得状态变量和协态变量的解析表达式,得到上式后数值求解协态初值 $\lambda(0)$,最终得到最优控制。

对于该问题,为方便讨论假定 $u_{\max}=0.3$。对于任意猜测的 $\lambda(0)$,与 $u_{\max}$ 间可能存在三种情况,可以逐一尝试求解。

Case-1:当 $\lambda<-u_{\max}$ 时,得最优控制 $u(t)=u_{\max}$,代入状态方程有 $\dot{x}(t)=-x(t)+u_{\max}$,积分可得

$$x(t)=\alpha_1\mathrm{e}^{-t}+u_{\max}t$$

已知初始时刻 $x|_{t_0=0}=x_0$,由此可得常值 $\alpha_1=x_0$,代入可得最优轨线

$$x(t)=x_0\mathrm{e}^{-t}+u_{\max}t \tag{4.90}$$

同样的求解思路,由协态微分方程 $\dot{\lambda}=-x+\lambda$,以及横截条件 $\lambda(1)=0$,解得最优轨线对应协态变量为

$$\lambda(t)=\frac{\mathrm{e}u_{\max}-2x_0}{2}\mathrm{e}^{t-2}-\frac{u_{\max}}{2}t^2+x_0\mathrm{e}^{-t} \tag{4.91}$$

综合上述讨论可得该情况最优控制、最优轨线和协态分别为

$$\begin{cases}u(t)=u_{\max}\\ x(t)=x_0\mathrm{e}^{-t}+u_{\max}t\\ \lambda(t)=\dfrac{\mathrm{e}u_{\max}-2x_0}{2}\mathrm{e}^{t-2}-\dfrac{u_{\max}}{2}t^2+x_0\mathrm{e}^{-t}\end{cases} \tag{4.92}$$

Case-2:当 $|\lambda|\leqslant u_{\max}$ 时,最优控制为 $u(t)=-\lambda(t)$,与控制变量无约束时表

达式一致。故对应的最优轨线和协态变量应与式(4.89)相同,以 x_0 形式表示为

$$\begin{cases}x(t)=\dfrac{\sqrt{2}-1}{\sqrt{2}+1}\mathrm{e}^{\sqrt{2}t-2\sqrt{2}}+\mathrm{e}^{-\sqrt{2}t}=(x_0-1)\mathrm{e}^{\sqrt{2}t}+1\\ \lambda(t)=(1-\sqrt{2})\mathrm{e}^{\sqrt{2}t-2\sqrt{2}}+(\sqrt{2}-1)\mathrm{e}^{-\sqrt{2}t}\\ \qquad=(\sqrt{2}+1)(x_0-1)(\mathrm{e}^{2\sqrt{2}-\sqrt{2}t}-\mathrm{e}^{\sqrt{2}t})\\ u(t)=-\lambda(t)=(\sqrt{2}+1)(1-x_0)(\mathrm{e}^{2\sqrt{2}-\sqrt{2}t}-\mathrm{e}^{\sqrt{2}t})\end{cases}\tag{4.93}$$

Case-3:当 $\lambda>u_{\max}$ 时,最优控制取 $u(t)=-u_{\max}$。利用状态方程、协态方程以及初值 $x(0)$ 和横截条件 $\lambda(1)=0$,可得此时系统最优状态、最优轨线和协态变量表达式为

$$\begin{cases}u(t)=-u_{\max}\\ x(t)=x_0\mathrm{e}^{-t}-u_{\max}t\\ \lambda(t)=\dfrac{-\mathrm{e}u_{\max}-2x_0}{2}\mathrm{e}^{t-2}+\dfrac{u_{\max}}{2}t^2+x_0\mathrm{e}^{-t}\end{cases}\tag{4.94}$$

对于本例问题而言,发现 Case-1 至 Case-3 中所求协态变量表达式在 $t_0=0$ 时刻均对应 $\lambda(0)>u_{\max}=0.3$。故从 $t_0=0$ 时刻起,系统最优控制、最优轨线和对应协态应为式(4.94)。仿真可以发现 $\lambda(t)$ 单调递减,在 $t_1\in[t_0,t_f]$ 时刻达到 $\lambda(t_1)=u_{\max}$,此时对应 $|\lambda|\leqslant u_{\max}$ 情况,故最优控制 $u(t)=-\lambda(t)$。不过要注意,此时系统最优状态和对应协态并非式(4.93)结果,而需要基于式(4.86)中方程和新的边值条件重新求解。例题中 $t_1=0.5441$,由此得

$$\begin{aligned}x(t)&=-0.0204\mathrm{e}^{\sqrt{2}t}+1.0083\mathrm{e}^{-\sqrt{2}t},\\ \lambda(t)&=0.0493\mathrm{e}^{\sqrt{2}t}+0.4177\mathrm{e}^{-\sqrt{2}t},\end{aligned}\quad t\in[0.5441,0.9676)$$

之后在 $t_2=0.9676$ 时刻最优控制再次切换为 $u(t)=-u_{\max}$,近似解得

$$\begin{aligned}x(t)&=1.2284\mathrm{e}^{-t}-0.3t,\\ \lambda(t)&=-1.2836\mathrm{e}^{t}+1.2284\mathrm{e}^{-t}+0.15t^2,\end{aligned}\quad t\in[0.9676,1]$$

综上,控制有约束 $|u(t)|\leqslant0.3$ 时的最优控制 $u^*(t)$、最优轨线 $x^*(t)$ 和对应协态 $\lambda^*(t)$ 分别为

$$u^*(t)=\begin{cases}-0.3, & 0\leqslant t<0.5441\\ -0.0493\mathrm{e}^{\sqrt{2}t}-0.4177\mathrm{e}^{-\sqrt{2}t}, & 0.5441\leqslant t<0.9676\\ -0.3, & 0.9676\leqslant t\leqslant1\end{cases}\tag{4.95}$$

$$x^*(t)=\begin{cases}1.0101\mathrm{e}^{-t}-0.3t, & 0\leqslant t<0.5441\\ -0.0204\mathrm{e}^{\sqrt{2}t}+1.0083\mathrm{e}^{-\sqrt{2}t}, & 0.5441\leqslant t<0.9676\\ 1.2284\mathrm{e}^{-t}-0.3t, & 0.9676\leqslant t\leqslant1\end{cases}\tag{4.96}$$

$$\lambda^*(t)=\begin{cases}-1.4179e^{t-2}+0.15t^2+1.0101e^{-t}, & 0\leqslant t<0.5441\\ 0.0493e^{\sqrt{2}t}+0.4177e^{-\sqrt{2}t}, & 0.5441\leqslant t<0.9676\\ -3.4006e^{t}+1.2284e^{-t}+0.15t^2+8.6419, & 0.9676\leqslant t\leqslant 1\end{cases} \tag{4.97}$$

式(4.95)～式(4.97)各量变化规律如图 4.7 所示，与图 4.6 对比可知，控制受幅值约束时最优控制律与无约束最优控制完全不同，极小值原理在此类情况下依然有效。

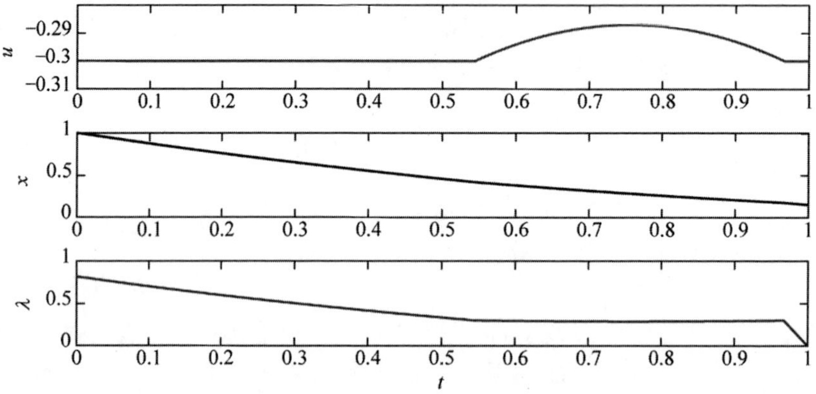

图 4.7 控制受约束时的最优解

例 4.9 某一阶系统状态方程和初始条件满足

$$\dot{x}(t)=u(t),\quad x(0)=1$$

系统控制变量$|u(t)|\leqslant 1$。求解最优控制使得下式性能指标

$$J=\frac{1}{2}\int_0^2 x^2(t)\mathrm{d}t$$

取得极小值，同时满足终端约束 $x(2)=0$。

本例为定常系统、终端时刻固定、终端状态固定、控制受约束的 Lagrange 型指标最优控制问题。应用极小值原理求解该问题，引入 Lagrange 乘子 μ 和$\lambda(t)$，构造 Hamilton 函数：

$$H=\mu x(2)+\frac{1}{2}x^2(t)+\lambda(t)u(t)$$

由极小值原理的极值条件，为使 Hamilton 函数取得极小值，最优控制应为

$$u(t)=-\mathrm{sgn}[\lambda(t)]=\begin{cases}+1, & \lambda(t)<0\\ *, & \lambda(t)=0\\ -1, & \lambda(t)>0\end{cases} \tag{4.98}$$

式中 $\lambda(t)=0$ 时控制量对 Hamilton 函数不起作用(即 $\lambda u=0$)，$u(t)$可在容许控制集内取任意值，此处以“ * ”表示。也就是说，在此情况下，由极小值原理的极值条件无法求得最优控制 $u(t)$，故 $\lambda(t)=0$ 的点被称为“奇异点”(singular point)。在

控制区间$[t_0,t_f]$内，在可数个时刻控制$\lambda(t)=0$，其余连续时间区间内控制$u(t)$在其约束边界上取值，问题依然可解，此类问题有一个特定的名称“Bang-Bang 控制”(Bang-Bang control)，4.3 节将对此进行详细讨论。若在某一区间$[t_1,t_2]\subset[t_0,t_f]$内$\lambda(t)=0$，则在此区间无法通过极值条件确定最优控制，需要满足$\partial H/\partial u$对时间的各阶导数为零的附加条件

$$\begin{cases}\dfrac{\partial H}{\partial u}=0\\ \dfrac{\mathrm{d}}{\mathrm{d}t}\left(\dfrac{\partial H}{\partial u}\right)=0\\ \dfrac{\mathrm{d}^2}{\mathrm{d}t^2}\left(\dfrac{\partial H}{\partial u}\right)=0\end{cases}\tag{4.99}$$

由此求得的$u(t)$称为**奇异最优控制**(singular optimal control)，对应的最优轨线则称为**奇异弧**(singular arc)。此类问题研究目前仍在不断深入[13]，本书不再过多讨论，感兴趣读者可参阅文献[3]和[4]。

为了确定最优控制，先假设$\lambda(t)>0$，对应$u(t)=-1$，由规范方程

$$\dot{x}(t)=u(t)=-1$$

$$\dot{\lambda}(t)=-\frac{\partial H}{\partial x}=-x(t)$$

代入初值$x(0)=1$可得

$$x(t)=1-t$$

$$\lambda(t)=\lambda(0)-t+\frac{t^2}{2}$$

在奇异弧上系统满足式(4.99)条件，有

$$\begin{cases}\dfrac{\partial H}{\partial u}=\lambda(t)=0\\ \dfrac{\mathrm{d}}{\mathrm{d}t}\left(\dfrac{\partial H}{\partial u}\right)=\dot{\lambda}(t)=-x(t)=0\\ \dfrac{\mathrm{d}^2}{\mathrm{d}t^2}\left(\dfrac{\partial H}{\partial u}\right)=-\dot{x}(t)=-u(t)=0\end{cases}\tag{4.100}$$

由此得到奇异最优解

$$\lambda(t)=0,\quad x(t)=0,\quad u(t)=0$$

不失一般性，假设$t=t_1$时刻最优轨线由**正常弧**(normal arc)进入奇异弧，则有

$$x(t_1)=1-t_1=0$$

$$\lambda(t_1)=\lambda(0)-t_1+\frac{t_1^2}{2}=0$$

解得

$$t_1 = 1, \quad \lambda(0) = \frac{1}{2}$$

对于 $t \in [1,2]$ 区间，奇异最优控制要求 $u(t)=\dot{x}(t)=0$，最优轨线为常值，满足 $x(2)=x(1)=0$。最优解如图 4.8 所示，其中 $\lambda(t)>0$ 的初始假设说明是正确的，若设 $\lambda(t)<0$ 会得到 $t_1=-1$ 的不当结果。

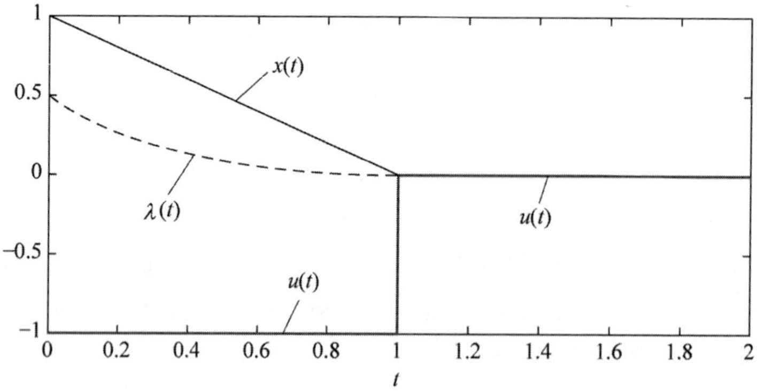

图 4.8 奇异最优控制的最优解

4.3 时间最短和燃料最省控制

时间最短控制和燃料最省控制问题是两类关注较多的优化问题，在航空航天、电力电子、导航与通信等领域均有重要应用。本节主要讨论应用极小值原理求解这两类最优控制问题，同时分析问题本身的部分特性。

4.3.1 时间最短与 Bang-Bang 控制

时间最短控制问题(time optimal control problem)是一类常见的工程实际问题，此类问题的性能指标为初态至终端的运行时间，寻求最优控制使得运行时间最短。例如，变分法发展之初 Johann Bernoulli 提出的最速降线问题、当今深空探测中的飞行时间最短轨迹优化问题[14]，以及移动电源的最短时间充电问题等。近年来，依靠太阳光压获得推进力的太阳帆(solar sail)广受关注，由于其不需要燃料消耗，故任务设计时往往关注其时间最优控制问题[5]。对于具有理想反射帆面的太阳帆航天器而言，其绕太阳飞行时的轨道动力学方程为

$$\begin{cases} \dot{\boldsymbol{r}}(t) = \boldsymbol{v}(t) \\ \dot{\boldsymbol{v}}(t) = -\dfrac{\mu}{\|\boldsymbol{r}(t)\|^3}\boldsymbol{r}(t) + \boldsymbol{a}_{\text{sail}}(t) \end{cases} \tag{4.101}$$

式中 $\boldsymbol{r}(t)$，$\boldsymbol{v}(t)$分别表示太阳帆航天器在日心惯性坐标系中的位置和速度矢量，$\boldsymbol{a}_{\text{sail}}(t)$为太阳帆提供的推进加速度，如图 4.9 所示，其中控制满足最大幅值约束

$\| \boldsymbol{a}_{\text{sail}}(t) \| \leqslant a_{\max}$。

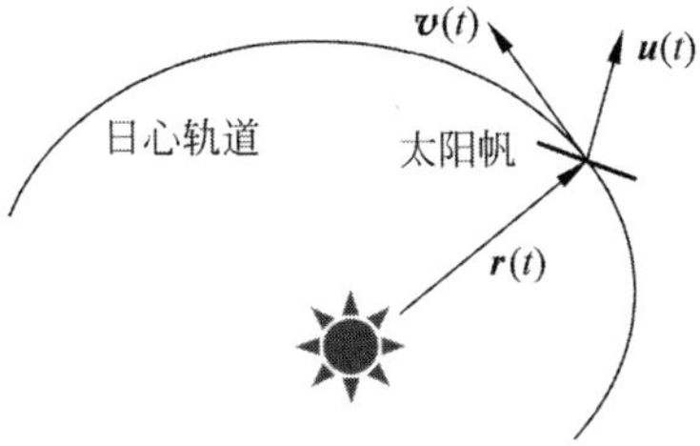

图 4.9　太阳帆航天器日心转移轨道示意图

现引入新的状态矢量 $\boldsymbol{x}(t)=[\boldsymbol{r}(t),\boldsymbol{v}(t)]^{\mathrm{T}}$，控制矢量 $\boldsymbol{u}(t)=\boldsymbol{a}_{\text{sail}}(t)$，则

$$\dot{\boldsymbol{x}}(t)=\begin{bmatrix}\dot{\boldsymbol{r}}(t)\\ \dot{\boldsymbol{v}}(t)\end{bmatrix}_{6\times 1}=\begin{bmatrix}\boldsymbol{0}_{3\times 3} & \boldsymbol{I}_{3\times 3}\\ -\dfrac{\mu \boldsymbol{I}_{3\times 3}}{\|\boldsymbol{r}(t)\|^{3}} & \boldsymbol{0}_{3\times 3}\end{bmatrix}_{6\times 6}\cdot\begin{bmatrix}\boldsymbol{r}(t)\\ \boldsymbol{v}(t)\end{bmatrix}_{6\times 1}+\begin{bmatrix}\boldsymbol{0}_{3\times 3}\\ \boldsymbol{I}_{3\times 3}\end{bmatrix}_{6\times 3}\cdot\boldsymbol{u}(t) \tag{4.102}$$

式中 $\boldsymbol{0}_{3\times 3}$ 和 $\boldsymbol{I}_{3\times 3}$ 分别为三阶零矩阵和三阶单位阵。定义矩阵

$$\boldsymbol{A}[\boldsymbol{x}(t),t]=\begin{bmatrix}\boldsymbol{0}_{3\times 3} & \boldsymbol{I}_{3\times 3}\\ -\dfrac{\mu \boldsymbol{I}_{3\times 3}}{\|\boldsymbol{r}(t)\|^{3}} & \boldsymbol{0}_{3\times 3}\end{bmatrix}_{6\times 6},\quad \boldsymbol{B}[\boldsymbol{x}(t),t]=\begin{bmatrix}\boldsymbol{0}_{3\times 3}\\ \boldsymbol{I}_{3\times 3}\end{bmatrix}_{6\times 3}$$

则式(4.102)可简记为

$$\dot{\boldsymbol{x}}(t)=\boldsymbol{A}[\boldsymbol{x}(t),t]\cdot\boldsymbol{x}(t)+\boldsymbol{B}[\boldsymbol{x}(t),t]\cdot\boldsymbol{u}(t) \tag{4.103}$$

可见，通过引入新的变量和矩阵，一阶非线性微分方程组(4.101)描述的动力学方程被转化为常见的仿射非线性微分方程一般形式(4.103)。本节将主要针对一般形式(4.103)展开讨论，上文的航天器轨道转移问题是式(4.103)问题的一个特例，便于读者将本节的理论分析应用于实际问题。

对于状态变量 $\boldsymbol{x}(t)\in\mathbb{R}^{n}$，$t\in[t_0,t_{\mathrm{f}}]$，考虑仿射非线性时变受控系统

$$\dot{\boldsymbol{x}}(t)=\boldsymbol{A}(\boldsymbol{x},t)\boldsymbol{x}(t)+\boldsymbol{B}(\boldsymbol{x},t)\boldsymbol{u}(t) \tag{4.104}$$

式中 $\boldsymbol{A}(\boldsymbol{x},t)\in\mathbb{R}^{n}\times\mathbb{R}^{n}$ 和 $\boldsymbol{B}(\boldsymbol{x},t)\in\mathbb{R}^{n}\times\mathbb{R}^{m}$ 为两个函数矩阵，且对于 $\boldsymbol{x}(t)$ 和 t 具有连续偏导数。控制 $\boldsymbol{u}(t)\in\mathbb{R}^{m}$ 满足幅值约束，对应的容许控制集为

$$U=\{\boldsymbol{u}(t)\mid |u_i(t)|\leqslant 1,i=1,2,\cdots,m\} \tag{4.105}$$

式中 $\boldsymbol{u}(t)$ 的每一维分量幅值均不大于 1。在实际问题中，幅值约束总可以转化为式(4.105)的形式。例如，若控制某一维分量 $u_k(t)$，$1\leqslant k\leqslant m$ 幅值约束为

$$\alpha_l\leqslant u_k(t)\leqslant\alpha_u,\quad \alpha_u>\alpha_l$$

可令

$$\tilde{u}_k(t)=\frac{u_k(t)-\gamma_1}{\gamma_2}$$

式中

$$\gamma_1=\frac{\alpha_u+\alpha_l}{2},\quad \gamma_2=\frac{\alpha_u-\alpha_l}{2}$$

以 $\tilde{u}_k(t)$ 代替 $u_k(t)$，并对 $\boldsymbol{A}(\boldsymbol{x},t)$ 和 $\boldsymbol{B}(\boldsymbol{x},t)$ 作相应处理，便可将控制幅值转化为式(4.105)中的表达形式。

例 4.10(时间最短控制问题) 对于式(4.104)和式(4.105)描述的受控对象，欲求容许控制 $\boldsymbol{u}(t)=[u_1(t),u_2(t),\cdots,u_m(t)]\in U,t\in[t_0,t_f]$，使得系统由初态 $\boldsymbol{x}(t_0)=\boldsymbol{x}_0$ 转移至终端时的时间最短，且满足末态约束 $\varphi[\boldsymbol{x}(t_f),t_f]=0$，其中 $\varphi[\boldsymbol{x}(t_f),t_f]$ 对于 $\boldsymbol{x}(t_f)$ 和 t_f 具有连续偏导数。待优化目标函数记为

$$J=\int_{t_0}^{t_f}\mathrm{d}t=t_f-t_0$$

上述时间最短控制问题可整理为简洁的数学形式：

$$\min_{|u_i(t)|\leqslant 1} J=\int_{t_0}^{t_f}\mathrm{d}t,\quad i=1,2,\cdots,m$$

$$\begin{aligned}\text{s. t. }\ &\dot{\boldsymbol{x}}(t)=\boldsymbol{A}(\boldsymbol{x},t)\boldsymbol{x}(t)+\boldsymbol{B}(\boldsymbol{x},t)\boldsymbol{u}(t)\\ &\boldsymbol{x}(t_0)=\boldsymbol{x}_0\\ &\varphi[\boldsymbol{x}(t_f),t_f]=0\end{aligned}$$

该问题属于 Lagrange 型性能指标、时变系统、t_f 自由但终端状态受约束的最优控制问题。应用极小值原理求解，引入 Lagrange 乘子 $\boldsymbol{\lambda}(t)$ 和 μ，定义增广性能指标 $J=\mu\varphi[\boldsymbol{x}(t_f),t_f]+\int_{t_0}^{t_f}\mathrm{d}t$ 和 Hamilton 函数

$$H=1+\boldsymbol{\lambda}(t)[\boldsymbol{A}(\boldsymbol{x},t)\boldsymbol{x}(t)+\boldsymbol{B}(\boldsymbol{x},t)\boldsymbol{u}(t)]\tag{4.106}$$

则由极值条件可知最优控制 $\boldsymbol{u}^*(t)$ 满足

$$\begin{aligned}H(\boldsymbol{u}^*)&=1+\boldsymbol{\lambda}(t)[\boldsymbol{A}(\boldsymbol{x}^*,t)\boldsymbol{x}^*(t)+\boldsymbol{B}(\boldsymbol{x}^*,t)\boldsymbol{u}^*(t)]\\&=\min_{\boldsymbol{u}(t)\in U}\{1+\boldsymbol{\lambda}(t)[\boldsymbol{A}(\boldsymbol{x}^*,t)\boldsymbol{x}^*(t)+\boldsymbol{B}(\boldsymbol{x}^*,t)\boldsymbol{u}(t)]\}\end{aligned}$$

上式等价于

$$\boldsymbol{\lambda}(t)\boldsymbol{B}(\boldsymbol{x}^*,t)\boldsymbol{u}^*(t)=\min_{\boldsymbol{u}(t)\in U}\{\boldsymbol{\lambda}(t)\boldsymbol{B}(\boldsymbol{x}^*,t)\boldsymbol{u}(t)\}$$

因而得

$$\boldsymbol{u}^*(t)=-\operatorname{sgn}[\boldsymbol{B}^{\mathrm{T}}(\boldsymbol{x}^*,t)\boldsymbol{\lambda}(t)]\tag{4.107}$$

若令 m 维函数向量

$$\boldsymbol{\eta}(t)=\boldsymbol{B}^{\mathrm{T}}(\boldsymbol{x}^*,t)\boldsymbol{\lambda}(t)$$

则最优控制 $u_i^*(t),i=1,2,\cdots,m$ 可表示为

$$u_i^*(t)=-\operatorname{sgn}[\eta_i(t)]=\begin{cases}+1, & \eta_i(t)<0\\-1, & \eta_i(t)>0\\ *, & \eta_i(t)=0\end{cases}\tag{4.108}$$

其中“*”表示幅值不大于 1 的任意实数。

定义 4.1　若函数向量$\boldsymbol{\eta}(t)$的各分量 $\eta_i(t), i=1,2,\cdots,m$ 在系统运行区间$[t_0, t_f]$内仅可数个时刻 $t_{ij}(i=1,2,\cdots,m; j=1,2,\cdots)$为零，则称时间最短控制问题是**正常**的。此时 $\eta_i(t)$满足

$$\eta_i(t)\begin{cases}=0, & t=t_{ij}\\ \neq 0, & t\neq t_{ij}\end{cases}$$

对应的最优控制示意图如图 4.10 所示，一般称 $\eta_i(t)$为系统的**切换函数**(switching function)。

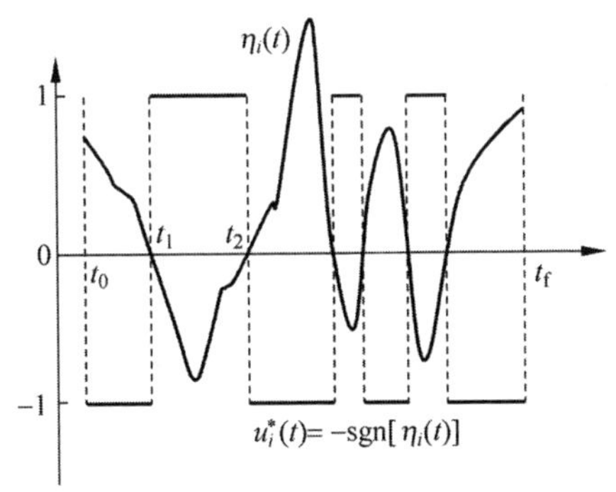

图 4.10　时间最优控制的正常情况

奇异的最优控制问题在例 4.9 的求解中已经出现，其最优控制示意图如图 4.11 所示。函数 $\eta_i(t)$在区间$[t_1, t_2]\subset[t_0, t_f]$上恒为零，无法根据式(4.107)确定最优控制 $u_i^*(t)$，这种情况下时间最短控制问题是**奇异**的。根据例 4.9 可知，奇异最优控制并非说最优控制不存在，而是说无法基于极小值原理的极值条件得到最优控制表达式(或取值)，需要采用式(4.99)等奇异最优控制方法求解。

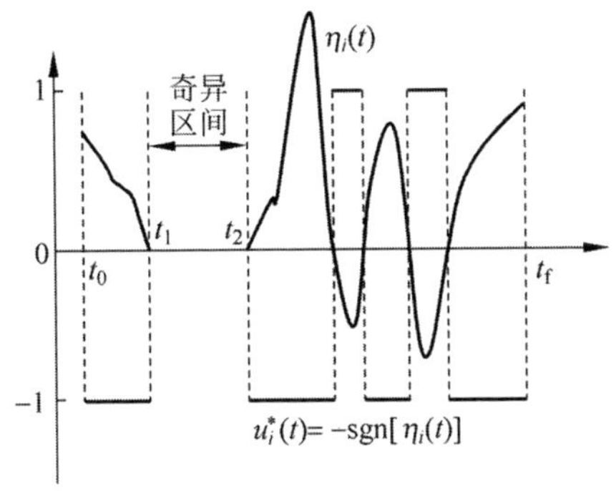

图 4.11　时间最优控制的奇异情况

定义 4.2　假设区间$[t_0, t_f]$内至少存在一个子区间$[t_1, t_2]\subset[t_0, t_f]$，对于$\forall t\in[t_1, t_2]$至少有一个函数 $\eta_i(t)=\boldsymbol{b}_i^{\mathrm{T}}(\boldsymbol{x}^*, t)\boldsymbol{\lambda}(t)=0$，则称时间最短控制问题是奇异的，区间$[t_1, t_2]$称为奇异区间。

综合以上讨论，对于具有仿射非线性微分方程的时间最短控制问题，正常情况下有如下 Bang-Bang 控制原理。

定理 4.8 假设例 4.10 中时间最短控制问题是正常的，$\boldsymbol{u}^*(t)$、$\boldsymbol{x}^*(t)$和$\boldsymbol{\lambda}(t)$分别是最优控制、最优状态和对应协态，则最优控制 $\boldsymbol{u}^*(t)$的各分量在$[t_0,t_f]$区间可数个时刻于-1和$+1$之间切换，满足

$$u_i^*(t) = -\operatorname{sgn}[\boldsymbol{b}_i^{\mathrm{T}}(\boldsymbol{x}^*,t)\boldsymbol{\lambda}(t)], \quad i=1,2,\cdots,m$$

作为极大值原理的典型应用，Bang-Bang 控制问题是针对一类线性与仿射非线性系统得到的最优控制律，最优控制刚好在控制约束的边界上取值，控制过程中不停在边界值间切换。最初控制系统实现 Bang-Bang 控制时利用电磁继电器完成，继电器衔铁动作时发出"砰砰"的响声，由此得名"Bang-Bang Control"，中文记为"邦邦控制"或"Bang-Bang 控制"。实际上，此类问题早在极大值原理问世前已有研究，不过直到 1960 年在莫斯科召开的第一届 IFAC(International Federation of Automatic Control)会议才有了比较完整的阐述。Joseph Pierre (Joe) LaSalle① (1916—1983)在会议论文"*The 'Bang-Bang' Principle*"中基于极大值原理讨论了一般线性系统的 Bang-Bang 控制问题[15]。实际上，早在 1952 年普林斯顿大学 Bushaw DW 博士论文已涉及此类研究，不过局限于一维问题。1954 年至 1955 年间，兰德公司的 Bellman 和 LaSalle 等人将时间最短控制问题拓展至高维，但限于控制变量和状态变量维数一致的情形，最终于 1960 年 LaSalle 论文中给出了较为普遍的一般形式。

4.3.2 线性定常系统时间最短控制

本节针对更为简化的线性定常系统讨论 Bang-Bang 控制问题，简单给出问题的存在性、唯一性以及切换次数等条件，之后以一个双积分系统为例求解其时间最短和燃料最省控制问题。

假设状态变量 $\boldsymbol{x}(t)\in\mathbb{R}^n$，$t\in[t_0,t_f]$的控制系统是线性定常的，状态方程及其控制可行域为

$$\begin{cases}\dot{\boldsymbol{x}}(t)=\boldsymbol{A}\boldsymbol{x}(t)+\boldsymbol{B}\boldsymbol{u}(t)\\ U=\{\boldsymbol{u}(t)\mid |u_i(t)|\leqslant 1, i=1,2,\cdots,m\}\end{cases} \tag{4.109}$$

相比时变系统(4.104)，定常系统中$\boldsymbol{A}\in\mathbb{R}^n\times\mathbb{R}^n$ 和$\boldsymbol{B}\in\mathbb{R}^n\times\mathbb{R}^m$ 分别为常值矩阵。系统初始时刻 $t_0=0$ 状态 $\boldsymbol{x}(t_0)=\boldsymbol{x}_0$ 且 $\boldsymbol{x}_0\neq\boldsymbol{0}$，终端时刻 t_f 自由但终端状态 $\boldsymbol{x}(t_f)=\boldsymbol{0}$。寻求最优控制 $\boldsymbol{u}(t)\in\mathbb{R}^m$ 使得系统由初态转移至末态所需时间最短，即要最小化性能指标 $J=\int_{t_0}^{t_f}\mathrm{d}t$。

① J. P. LaSalle，美国数学学者，加州理工学院博士，1962—1963 年曾任 Society for Industrial and Applied Mathematics(SIAM)主席，1964 年创刊 Journal of Differential Equations 并任主编至 1980 年。在 dynamical systems 和 control theory 等方面见长，以 LaSalle's invariance principle 闻名于世。

应用极小值原理求解该问题，适当选取 Lagrange 乘子$\boldsymbol{\lambda}(t)$和常数乘子$\boldsymbol{\mu}$，系统增广性能指标为 $\tilde{J}=\boldsymbol{\mu}^{\mathrm{T}}\boldsymbol{x}(t_{\mathrm{f}})+\int_{t_0}^{t_{\mathrm{f}}}\mathrm{d}t$，定义 Hamilton 函数

$$H=1+\boldsymbol{\lambda}^{\mathrm{T}}(t)[\boldsymbol{A}\boldsymbol{x}(t)+\boldsymbol{B}\boldsymbol{u}(t)]$$

由极值条件以及定理 4.8 可得最优控制

$$u_i(t)=-\operatorname{sgn}[\boldsymbol{b}_i^{\mathrm{T}}\boldsymbol{\lambda}(t)],\quad i=1,2,\cdots,m$$

规范方程

$$\dot{\boldsymbol{x}}(t)=\boldsymbol{A}\boldsymbol{x}(t)+\boldsymbol{B}\boldsymbol{u}(t)$$

$$\dot{\boldsymbol{\lambda}}(t)=-\frac{\partial H}{\partial \boldsymbol{x}}=-\boldsymbol{A}^{\mathrm{T}}\boldsymbol{\lambda}(t)$$

以及系统边值条件

$$\boldsymbol{x}(0)=\boldsymbol{x}_0,\quad \boldsymbol{x}(t_{\mathrm{f}})=\boldsymbol{0},\quad \boldsymbol{\lambda}(t_{\mathrm{f}})=\boldsymbol{\mu}$$

终端时刻 t_{f} 自由，满足静态条件 $H(t_{\mathrm{f}})=0$，又系统为定常系统，故 Hamilton 函数沿最优轨线保持为常值，有

$$\begin{aligned}H(t)&=1+\boldsymbol{\lambda}^{\mathrm{T}}(t)[\boldsymbol{A}\boldsymbol{x}(t)+\boldsymbol{B}\boldsymbol{u}(t)]\\&=1+\boldsymbol{\lambda}^{\mathrm{T}}(t_{\mathrm{f}})[\boldsymbol{A}\boldsymbol{x}(t_{\mathrm{f}})+\boldsymbol{B}\boldsymbol{u}(t_{\mathrm{f}})]=0\end{aligned}\tag{4.110}$$

由式(4.110)知$\boldsymbol{\lambda}(t)\neq\boldsymbol{0}$，假设$\boldsymbol{\lambda}(0)=\boldsymbol{\lambda}_0$，积分规范方程中的协态方程得

$$\boldsymbol{\lambda}(t)=\mathrm{e}^{-\boldsymbol{A}^{\mathrm{T}}t}\boldsymbol{\lambda}_0$$

将上式代入最优控制表达式，可得 $u_i(t)(i=1,2,\cdots,m)$最终表达式

$$u_i(t)=-\operatorname{sgn}[\boldsymbol{\lambda}_0^{\mathrm{T}}\mathrm{e}^{-\boldsymbol{A}^{\mathrm{T}}t}\boldsymbol{b}_i],\quad t\in[0,t_{\mathrm{f}}]\tag{4.111}$$

定义 4.1 给出了系统时间最短控制为正常的条件，即切换函数仅在可数个时刻取值为零，在$[t_0,t_{\mathrm{f}}]$内任何一个非零区间上取值均非零。对于线性定常系统(4.109)的时间最短控制而言，时间最短控制是正常的充分必要条件可进一步改写为关于状态完全可控对$\{\boldsymbol{A},\boldsymbol{b}_i\}$的表达式：

$$\operatorname{rank}\begin{bmatrix}\boldsymbol{b}_i & \boldsymbol{A}\boldsymbol{b}_i & \boldsymbol{A}^2\boldsymbol{b}_i & \cdots & \boldsymbol{A}^{n-1}\boldsymbol{b}_i\end{bmatrix}=n\tag{4.112}$$

进一步，对于正常的时间最短控制问题，若常值矩阵 $\boldsymbol{A}$ 的特征值实部非正，则对任意初始状态 $\boldsymbol{x}(0)$，时间最短控制问题的解存在。

定理 4.9(唯一性)　假设线性定常系统时间最短控制问题是正常的且解存在，则不同的时间最短控制仅在有限个切换时刻取值相异。

练习 4.7　证明定理 4.9 中线性定常系统时间最短控制唯一性。

实际上，定理 4.9 表明线性定常系统正常的时间最短控制问题仅在切换函数为零的点处可能取值相异，而在切换函数非零区间，最优控制的取值是一致的。这是因为切换函数$\boldsymbol{\lambda}_0^{\mathrm{T}}\mathrm{e}^{-\boldsymbol{A}^{\mathrm{T}}t}\boldsymbol{b}_i\ (i=1,2,\cdots,m)$零值时刻控制 $u_i(t)$项为零，对 Hamilton 函数没有贡献，从而这些时刻的控制取值不影响系统的状态。在此基础上，线性定常系统控制 $u_i(t)$在边界-1和$+1$之间切换次数则受到常值矩阵 $\boldsymbol{A}$ 的影响。

定理 4.10（切换次数定理） 假设线性定常系统时间最短控制问题是正常的且解存在，若常值矩阵 $\boldsymbol{A}\in\mathbb{R}^n\times\mathbb{R}^n$ 的所有特征值均为实数，则最短时间控制各分量的切换次数不大于 $n-1$。

上述定理给出的是线性定常系统控制各分量切换次数的上界，实际切换次数与系统的初始状态相关。当矩阵 $\boldsymbol{A}\in\mathbb{R}^n\times\mathbb{R}^n$ 具有复特征值时，一般不能给出控制各分量的切换次数上界。下面以典型的双积分系统为例，讨论其时间最短控制问题，进一步探讨极小值原理的应用以及 Bang-Bang 控制原理。

例 4.11 考虑双积分系统的时间最短控制问题，其系统动力学方程为

$$\dot{x}_1(t)=x_2(t)$$

$$\dot{x}_2(t)=u(t)$$

初始时刻 $t_0=0$ 对应状态为 $[x_1(0),x_2(0)]^{\mathrm{T}}=[\alpha,\beta]^{\mathrm{T}}$，终端时刻 t_{f} 自由，终端状态要求回到原点，即 $[x_1(t_{\mathrm{f}}),x_2(t_{\mathrm{f}})]^{\mathrm{T}}=[0,0]^{\mathrm{T}}$。求最优控制 $u(t),t\in[t_0,t_{\mathrm{f}}]$ 在 $|u(t)|\leqslant 1$ 的约束下使得 t_{f} 最小，即 $\min J=\int_{t_0}^{t_{\mathrm{f}}}\mathrm{d}t$。

由方程可知该系统状态完全可控，对应常值矩阵的两个特征值非正，故其时间最短控制问题是正常的。最优解存在且唯一，切换次数不超过 1。求解双积分系统时间最短控制问题时，引入 Lagrange 乘子 $\lambda_1(t)$、$\lambda_2(t)$ 和常数乘子 μ_1、μ_2，得增广性能指标 $\widetilde{J}=\mu_1x_1(t_{\mathrm{f}})+\mu_2x_2(t_{\mathrm{f}})+\int_{t_0}^{t_{\mathrm{f}}}\mathrm{d}t$，相应的 Hamilton 函数

$$H=1+\lambda_1(t)x_2(t)+\lambda_2(t)u(t)$$

由 Bang-Bang 控制原理得最优控制

$$u(t)=-\operatorname{sgn}[\lambda_2(t)]$$

为求解协态变量 $\lambda_2(t)$，利用规范方程的协态方程，有

$$\dot{\lambda}_1(t)=-\frac{\partial H}{\partial x_1}=0$$

$$\dot{\lambda}_2(t)=-\frac{\partial H}{\partial x_2}=-\lambda_1(t)$$

再结合边值条件中的横截条件

$$\lambda_1(t_{\mathrm{f}})=\mu_1,\quad \lambda_2(t_{\mathrm{f}})=\mu_2$$

解得

$$\lambda_1(t)=\mu_1$$

$$\lambda_2(t)=-\mu_1t+(\mu_2+\mu_1t_{\mathrm{f}})$$

将上式代入最优控制表达式，可得

$$\begin{aligned}u(t)&=-\operatorname{sgn}[\lambda_2(t)]=-\operatorname{sgn}[-\mu_1t+(\mu_2+\mu_1t_{\mathrm{f}})]\\&=-\operatorname{sgn}[\mu_1(t_{\mathrm{f}}-t)+\mu_2],\quad 0\leqslant t\leqslant t_{\mathrm{f}}\end{aligned}\tag{4.113}$$

本例时间最短控制问题是正常的，又双积分系统切换次数上界为 1，故在运行

区间$[t_0,t_f]$上 $\mu_1(t_f-t)+\mu_2=0$ 的时刻不超过一次，由此常数乘子 μ_1 和 μ_2 不同时为零。下面分情况讨论：

Scenario-1：$\lambda_2(t)=\mu_1(t_f-t)+\mu_2>0, t\in[0,t_f)$，对应常数乘子 $\mu_1>0$ 且 $\mu_2\geqslant 0$，或 $\mu_1=0$ 且 $\mu_2>0$。由式(4.113)知此时 $u(t)=-1, t\in[0,t_f)$。

Scenario-2：$\lambda_2(t)=\mu_1(t_f-t)+\mu_2<0, t\in[0,t_f)$，对应常数乘子 $\mu_1<0$ 且 $\mu_2\leqslant 0$，或 $\mu_1=0$ 且 $\mu_2<0$。此时 $u(t)=+1, t\in[0,t_f)$。

Scenario-3：$\mu_1>0$ 且 $\mu_2<0$。令内点时刻 $t_1=t_f+\mu_2/\mu_1$，则有

$$\lambda_2(t)=\mu_1(t_f-t)+\mu_2:\begin{cases}>0, & t\in[0,t_1)\\ =0, & t=t_1\\ <0, & t\in(t_1,t_f]\end{cases}$$

基于上式无法确定 t_1 时刻的最优控制，不过$|u(t)|\leqslant 1$ 在该时刻的取值不影响状态轨线和最优终端时刻，故可在$[-1,1]$任意取值，此处取为$+1$，则最优控制

$$u(t)=\begin{cases}-1, & t\in[0,t_1)\\ +1, & t\in[t_1,t_f]\end{cases}$$

Scenario-4：$\mu_1<0$ 且 $\mu_2>0$。此时有

$$\lambda_2(t)=\mu_1(t_f-t)+\mu_2:\begin{cases}<0, & t\in[0,t_1)\\ =0, & t=t_1\\ >0, & t\in(t_1,t_f]\end{cases}$$

与 Scenario-3 类似可得此时最优控制表达式

$$u(t)=\begin{cases}+1, & t\in[0,t_1)\\ -1, & t\in[t_1,t_f]\end{cases}$$

以上四类最优控制序列整理于图 4.12 中，即可选最优控制分别为：$\{-1\}$、$\{+1\}$、$\{-1,+1\}$、$\{+1,-1\}$。

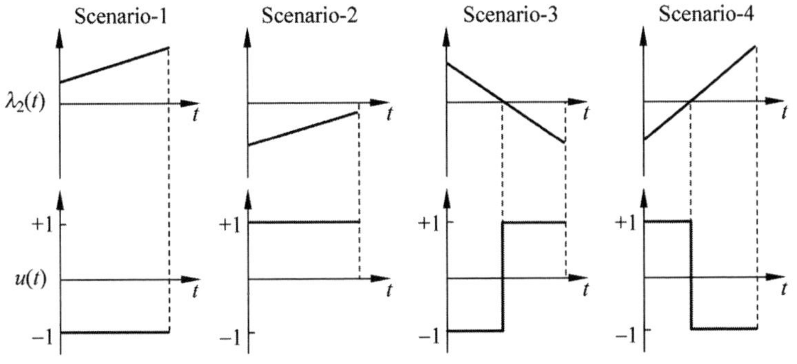

图 4.12　$\lambda_2(t)$与 $u(t)$间可能情形

上述讨论给出了最优控制可能的取值形式，但尚未求得最优轨线和具体的最优控制。为了进一步阐释系统的运动规律，可采用相平面法分析。引入新的参数

ρ，假设 $u(t)=\rho=\pm 1$，又 $[x_1(0),x_2(0)]^{\mathrm{T}}=[\alpha,\beta]^{\mathrm{T}}$，由此得

$$x_2(t)=\rho t+\beta$$

$$x_1(t)=\frac{1}{2}\rho t^2+\beta t+\alpha$$

消去上式中时间 t，可得控制系统相轨迹

$$x_1(t)=\frac{1}{2\rho}x_2^2(t)+\alpha-\frac{1}{2\rho}\beta^2 \tag{4.114}$$

以横轴表示 $x_1(t)$、纵轴表示 $x_2(t)$，则上式对应的相轨迹是以 $[\alpha-\beta^2/(2\rho),0]^{\mathrm{T}}$ 为顶点的一族抛物线，即抛物线的顶点由状态初值和最优控制共同决定。当 $\rho=u(t)=+1$ 时抛物线开口朝右，当 $\rho=u(t)=-1$ 时抛物线开口朝左，如图 4.13 所示。

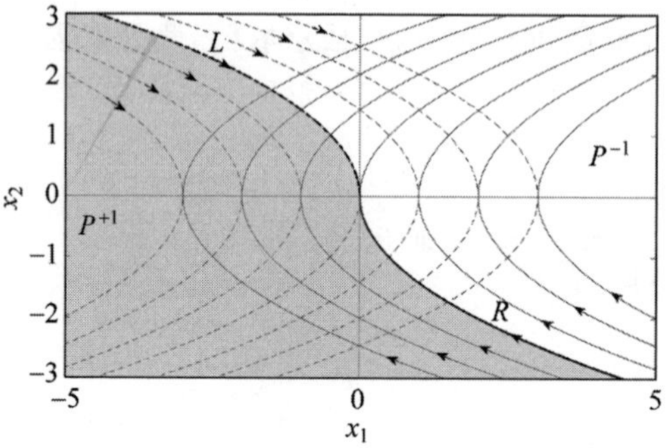

图 4.13 时间最短控制问题相轨迹

图 4.13 中有两条相轨迹是通过原点的，一条为 $\rho=u(t)=-1$ 时开口朝左的抛物线，将其在第二象限部分标记为 L，有

$$L=L(x_1,x_2)=\left\{(x_1,x_2)\mid x_1=-\frac{1}{2}x_2^2,x_2\geqslant 0\right\} \tag{4.115}$$

同理，对于 $\rho=u(t)=+1$ 开口朝右的抛物线标记其第四象限部分为 R，有

$$R=R(x_1,x_2)=\left\{(x_1,x_2)\mid x_1=\frac{1}{2}x_2^2,x_2\leqslant 0\right\} \tag{4.116}$$

合并以上两式，可得切换曲线

$$\Upsilon(x_1,x_2)\triangleq L\cup R=\{(x_1,x_2)\mid s(x_1,x_2)=0\} \tag{4.117}$$

其中 $s(x_1,x_2)$ 常称为切换函数，表达式为

$$s(x_1,x_2)=x_1+\frac{1}{2}x_2\mid x_2\mid \tag{4.118}$$

式(4.118)曲线将相平面划分为 P^{+1} 和 P^{-1} 两个区域，对应两个状态集合，可分别定义如下：

$$P^{+1}\triangleq\left\{(x_1,x_2)\mid x_1<-\frac{1}{2}x_2\mid x_2\mid\right\} \tag{4.119}$$

$$P^{-1} \triangleq \left\{(x_1,x_2) \mid x_1 > -\frac{1}{2}x_2 \mid x_2 \mid \right\} \tag{4.120}$$

当系统初始状态$[x_1(0),x_2(0)]^T=[\alpha,\beta]^T$位于相平面内$P^{-1}$区域时，如图4.14中的$A$点，最优控制首先取$u(t)=-1$，当相轨迹到达切换曲线$R$上的$B$点时控制切换为$u(t)=+1$，之后沿相轨迹$R$回到原点，因而最优控制律为$u(t)=\{-1,+1\}$。而当系统初始状态位于图中阴影区域$P^{+1}$时，以$C$点为例，最优控制$u(t)=+1$使得系统运行至与切换曲线$L$的相交点$D$，之后沿$L$以$u(t)=-1$回到原点，即此时的最优控制为$u(t)=\{+1,-1\}$。若初始状态位于式(4.117)定义的曲线上，即位于相轨迹$R(u=+1)$或$L(u=-1)$上时，最优控制无须切换，系统转移至原点最短时间为$t_f=|\beta|$。

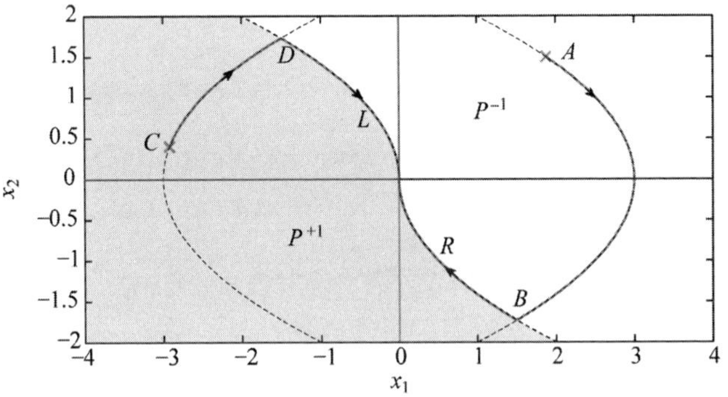

图 4.14 时间最短控制问题相轨迹

进一步求解P^{+1}和P^{-1}内最优轨迹和切换时间等。对于初始状态为A的情况，记最优控制切换时刻为t_B，在$[0,t_B]$区间上满足

$$x_2(t)=-t+\beta$$

$$x_1(t)=-\frac{1}{2}t^2+\beta t+\alpha$$

到达B点时满足等式(4.116)，故有

$$x_1(t_B)=\frac{1}{2}x_2^2(t_B)$$

联立以上三式解得

$$t_B=\beta+\sqrt{\frac{1}{2}\beta^2+\alpha}$$

$$x_2(t_B)=-\sqrt{\frac{1}{2}\beta^2+\alpha}$$

由B点$[x_1(t_B),x_2(t_B)]^T$沿切换曲线R运行至原点过程中，状态满足

$$x_2(t)=t-t_B+x_2(t_B),\quad t_B \leqslant t \leqslant t_f$$

由$x_2(t_f)=0$解得最短时间为

$$t_{\mathrm{f}}=t_B-x_2(t_B)=\beta+\sqrt{2\beta^2+4\alpha}$$

若初始状态位于 P^{+1} 区域的 C 点，仿照以上步骤，可得 D 点处切换时刻和最短时间分别为

$$t_C=-\beta+\sqrt{\frac{1}{2}\beta^2-\alpha}$$

$$t_{\mathrm{f}}=-\beta+\sqrt{2\beta^2-4\alpha}$$

整理上述结果，得到不同初始状态的时间最短控制为

$$u(t)=\begin{cases}-\mathrm{sgn}[s(x_1,x_2)], & s(x_1,x_2)\neq 0\\ -\mathrm{sgn}[x_2(t)], & s(x_1,x_2)=0\end{cases}$$

最短时间为

$$t_{\mathrm{f}}=\begin{cases}\beta+\sqrt{2\beta^2+4\alpha}, & s(x_1,x_2)>0\\ -\beta+\sqrt{2\beta^2-4\alpha}, & s(x_1,x_2)<0\\ |\beta|, & s(x_1,x_2)=0\end{cases}$$

或者以 $[x_1(0),x_2(0)]^{\mathrm{T}}$ 代替上式中 $[\alpha,\beta]^{\mathrm{T}}$，记为

$$t_{\mathrm{f}}=\begin{cases}x_2(0)+\sqrt{2x_2^2(0)+4x_1(0)}, & s(x_1,x_2)>0\\ -x_2(0)+\sqrt{2x_2^2(0)-4x_1(0)}, & s(x_1,x_2)<0\\ |x_2(0)|, & s(x_1,x_2)=0\end{cases}$$

上述讨论中可以发现，求取切换函数 $s(x_1,x_2)$ 是时间最短控制问题的求解关键。同时应注意到，本例求解 $u(t)$ 过程中在分析 $\lambda_2(t)$ 形状信息基础上，仅应用了极小值原理的极值条件或 Bang-Bang 控制原理，并未求解协态 $\lambda(t)$ 的最终表达式，因而未利用“终端时刻自由问题中 Hamilton 函数沿最优轨线为零”这一静态条件。

练习 4.8 小天体(small celestial bodies)探测可为太阳系起源演化等重大基础问题提供科学线索，成为 21 世纪人类深空探测的重要方向之一。为了观测小天体表面特定区域，会要求航天器(spacecraft)调整姿态，或者长时间观测某一区域时则要求航天器保持特定姿态，这些都需要航天器进行姿态控制。此外，内置动量轮的小天体表面跳跃巡视器的跳跃移动等取决于姿态调整结果，控制力矩的施加还要考虑巡视器与小天体表面的接触力矩，这是航天器姿态动力学遇到的新问题[16]。忽略扰动力矩等各类因素，本书不加推导地给出探测器三轴姿态动力学方程[17]：

$$\dot{\theta}(t)=\omega_x(t)$$

$$\dot{\varphi}(t)=\omega_y(t)$$

$$\dot{\vartheta}(t)=\omega_z(t)$$

$$\begin{cases} I_x\dot{\omega}_x(t)-(I_y-I_z)\omega_y(t)\omega_z(t)=T_x(t) \\ I_y\dot{\omega}_y(t)-(I_z-I_x)\omega_z(t)\omega_x(t)=T_y(t) \\ I_z\dot{\omega}_z(t)-(I_x-I_y)\omega_x(t)\omega_y(t)=T_z(t) \end{cases} \tag{4.121}$$

式中$[\theta(t),\varphi(t),\vartheta(t)]^{\mathrm{T}}$和$[\omega_x(t),\omega_y(t),\omega_z(t)]^{\mathrm{T}}$分别为航天器沿 Ox、Oy、Oz 三个惯量主轴的姿态角和姿态角速度，$[I_x,I_y,I_z]^{\mathrm{T}}$为航天器绕坐标轴的转动惯量，$[T_x(t),T_y(t),T_z(t)]^{\mathrm{T}}$为沿三个坐标轴的控制力矩。

假设某三轴对称的立方星如图 4.15 所示，满足 $I_x=I_y=I_z=I_0$，则式(4.121)简化为

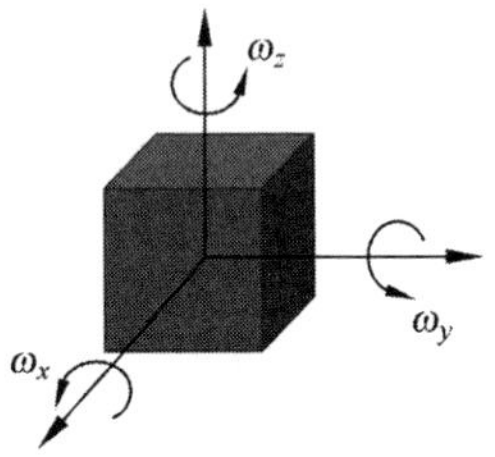

图 4.15 三轴对称立方星的姿态示意图

$$\begin{cases} \dot{\theta}=\omega_x \\ \dot{\varphi}=\omega_y \\ \dot{\vartheta}=\omega_z \\ \dot{\omega}_x=T_x/I_0 \\ \dot{\omega}_y=T_y/I_0 \\ \dot{\omega}_z=T_z/I_0 \end{cases} \tag{4.122}$$

此时卫星沿三轴的姿态微分方程相互独立且形式一致，故针对某一坐标轴的姿态控制研究，对其他两轴同样适用。不妨以 Ox 轴为例，有

$$\begin{cases} \dot{\theta}=\omega_x \\ \dot{\omega}_x=T_x/I_0 \end{cases}$$

对于卫星姿态保持问题而言，不失一般性可假设系统在 t_{f} 满足$[\theta,\omega_x]^{\mathrm{T}}|_{t_{\mathrm{f}}}=[0,0]^{\mathrm{T}}$时，初始时刻姿态角 θ 和对应姿态角速度 ω_x 为非零常值。对于时间最短控制问题，就是要求取最优控制 T_x，使得卫星以最短时间回到$[0,0]^{\mathrm{T}}$状态。

现将以上卫星姿态控制建模为一般的双积分系统时间最短控制问题，定义系统状态变量$[x_1(t),x_2(t)]^{\mathrm{T}}=[\theta(t),\omega_x(t)]^{\mathrm{T}}$，定义控制变量 $u(t)=T_x(t)/I_0$，可得线性定常系统状态方程为

$$\begin{cases} \dot{x}_1(t)=x_2(t) \\ \dot{x}_2(t)=u(t) \end{cases}$$

为讨论时间最短控制问题，假设式中控制变量满足约束 $|u(t)|\leqslant 1,\ \forall t\in[0,t_{\mathrm{f}}]$，系统初始状态假设取为 $x_1(0)=x_{10}$、$x_2(0)=x_{20}$。

(1) 求最优控制以最短时间转移至目标集① $\varphi[x_1(t_{\mathrm{f}}),x_2(t_{\mathrm{f}})]=x_1(t_{\mathrm{f}})=0$。

---

① 练习 4.8 的第(1)问对应卫星姿态控制中的目标姿态角为零，第(2)问对应目标角速度为零。若在终端时刻系统期望姿态角和姿态角速度均为零，其时间最短控制结果如例 4.11 所示。由此可知，双积分系统是一类具有典型代表意义的控制系统，研究此系统的最优控制，可为相应多种实际物理系统提供参考。

(2) 求最优控制以最短时间转移至目标集 $\varphi[x_1(t_f),x_2(t_f)]=x_2(t_f)=0$。

4.3.3 燃料最省控制和 Bang-off-Bang 原理

在实际工程问题中，现代控制理论区别于经典反馈控制的重要一点便是考虑控制的代价，即控制过程中的能量消耗。以最小的代价达到控制目标，是现代控制理论的一大追求，这在航天探测问题中显得尤为实际。卫星在轨道运行期间，无论是姿态保持、姿态调整，抑或轨道机动，都离不开卫星上携带的燃料(solar sail[18] 或 electrical sail[19] 等无工质推进系统除外)，以此来提供所需的控制力或控制力矩。对于传统卫星而言，星载燃料的耗尽也就意味着卫星任务的终结。因此，控制过程中使得燃料消耗最少，可以延长卫星在轨服务寿命、节省总任务成本，或者同等情况下增加有效载荷的质量。

若以非负量 $\sigma(t)$ 表示燃料的瞬时消耗率，其与控制量 $\boldsymbol{u}(t)$ 满足如下关系：

$$\sigma(t)=\sum_{i=1}^{m}c_i\mid u_i(t)\mid,\quad c_i>0 \tag{4.123}$$

式中 $u_i(t)$ 是 m 维控制矢量 $\boldsymbol{u}(t)$ 的第 i 个分量，$c_i>0$ 为比例系数。为了使得控制过程中系统燃料消耗最小，可最小化如下性能指标：

$$J(u)=\int_{t_0}^{t_f}\sum_{i=1}^{m}c_i\mid u_i(t)\mid \mathrm{d}t \tag{4.124}$$

燃料最优控制问题不仅在曾经的月球着陆探测任务中至关重要，在当今的深空探测任务中依然是一个研究热点。为此，欧洲空间局(European Space Agency, ESA)在世界范围内发起空间轨道优化设计大赛①，旨在针对燃料最优转移轨迹设计等问题开展世界范围内的研究和讨论。

例 4.12(燃料最省控制问题) 在运行区间 $t\in[t_0,t_f]$上状态变量 $\boldsymbol{x}(t)\in\mathbb{R}^n$ 分段连续可微、控制变量 $\boldsymbol{u}(t)\in\mathbb{R}^m$ 分段连续的线性定常受控系统，状态方程为

$$\dot{\boldsymbol{x}}(t)=\boldsymbol{A}\boldsymbol{x}(t)+\boldsymbol{B}\boldsymbol{u}(t) \tag{4.125}$$

式中 $\boldsymbol{A}$ 和 $\boldsymbol{B}$ 为对应维数的常值矩阵。初始时刻状态 $\boldsymbol{x}(t_0)=\boldsymbol{x}_0$，且 $\forall t\in[t_0,t_f]$，容许控制满足约束

$$\mid u_i(t)\mid\leqslant 1,\quad i=1,2,\cdots,m \tag{4.126}$$

在终端时刻 t_f 处满足目标集约束

$$\boldsymbol{\phi}[\boldsymbol{x}(t_f),t_f]=\boldsymbol{0}$$

求最优控制律，使得如下性能指标

$$J(\boldsymbol{u})=\int_{t_0}^{t_f}\sum_{i=1}^{m}c_i\mid u_i(t)\mid \mathrm{d}t$$

---

① Global Trajectory Optimization Competition：https://www.esa.int/Enabling_Support/Operations/Global_Trajectory_Optimisation_Competition

达到最小，式中 $c_i>0,i=1,2,\cdots,m$ 是给定的正值常数。本例假定终端时刻 t_f 给定，且 t_f 大于相应时间最短控制问题的最优终端时刻。

上例中关于 t_f 的假设符合实际情况，对于绝大多数燃料最优控制问题都会给定 t_f 的值。若 t_f 设定的小于系统(4.125)对应的时间最短控制问题的最优终端时间，则燃料最省控制问题无解。若 t_f 取值与相应时间最短控制问题的最优终端时间相等，则在给定初值状态下转移至终端状态的最优控制是唯一的，这会导致上述燃料最优控制问题失去了求解意义。终端时刻 t_f 确实可以是自由的，但在某些情况下会导致燃料最省控制问题不存在。读者在燃料最省控制实际问题求解时，要注意 t_f 的设定。

对本例中燃料最省控制问题，引入 Lagrange 乘子 $\boldsymbol{\lambda}(t)$ 和 $\boldsymbol{\mu}$，对于增广性能指标 $J(\boldsymbol{u})=\boldsymbol{\mu}^{\mathrm{T}}\boldsymbol{\phi}[\boldsymbol{x}(t_f),t_f]+\int_{t_0}^{t_f}\sum_{i=1}^{m}c_i|u_i(t)|\mathrm{d}t$，定义 Hamilton 函数

$$
\begin{aligned}
H&=\sum_{i=1}^{m}c_i|u_i(t)|+\boldsymbol{\lambda}^{\mathrm{T}}(t)[\boldsymbol{A}\boldsymbol{x}(t)+\boldsymbol{B}\boldsymbol{u}(t)]\\
&=\sum_{i=1}^{m}[c_i|u_i|+\boldsymbol{b}_i^{\mathrm{T}}\boldsymbol{\lambda}u_i]+\boldsymbol{\lambda}^{\mathrm{T}}\boldsymbol{A}\boldsymbol{x}
\end{aligned}
$$

式中 $\boldsymbol{b}_i,i=1,2,\cdots,m$ 为矩阵 $\boldsymbol{B}$ 的列向量。假设问题最优控制为 $\boldsymbol{u}^*(t)$，最优轨线记为 $\boldsymbol{x}^*(t)$，由极小值原理有

$$
\begin{aligned}
&\sum_{i=1}^{m}[c_i|u_i^*|+\boldsymbol{b}_i^{\mathrm{T}}\boldsymbol{\lambda}u_i^*]+\boldsymbol{\lambda}^{\mathrm{T}}\boldsymbol{A}\boldsymbol{x}^*\\
\leqslant&\sum_{i=1}^{m}[c_i|u_i|+\boldsymbol{b}_i^{\mathrm{T}}\boldsymbol{\lambda}u_i^*]+\boldsymbol{\lambda}^{\mathrm{T}}\boldsymbol{A}\boldsymbol{x}^*
\end{aligned}
$$

即

$$
c_i|u_i^*|+\boldsymbol{b}_i^{\mathrm{T}}\boldsymbol{\lambda}u_i^*\leqslant c_i|u_i|+\boldsymbol{b}_i^{\mathrm{T}}\boldsymbol{\lambda}u_i,\quad i=1,2,\cdots,m
$$

结合 $c_i>0,i=1,2,\cdots,m$，得燃料最优控制律为

$$
u_i^*(t)=\begin{cases}+1, & \boldsymbol{b}_i^{\mathrm{T}}\boldsymbol{\lambda}<-c_i\\ 0, & -c_i<\boldsymbol{b}_i^{\mathrm{T}}\boldsymbol{\lambda}<c_i\\ -1, & \boldsymbol{b}_i^{\mathrm{T}}\boldsymbol{\lambda}>c_i\\ -\nu_i(t)\mathrm{sgn}[b_i^{\mathrm{T}}\lambda], & |\boldsymbol{b}_i^{\mathrm{T}}\boldsymbol{\lambda}|=c_i\end{cases}
$$

式中 $\nu_i(t)$ 是在 $[0,1]$ 上取值的任意可积函数。

定义 4.3　若函数 $\boldsymbol{b}_i^{\mathrm{T}}\boldsymbol{\lambda}\ (i=1,2,\cdots,m)$ 在系统运行区间 $[t_0,t_f]$ 内仅可数个时刻 $t_{ij}(i=1,2,\cdots,m;\ j=1,2,\cdots)$ 为零，即 $\boldsymbol{b}_i^{\mathrm{T}}\boldsymbol{\lambda}$ 满足

$$
|\boldsymbol{b}_i^{\mathrm{T}}\boldsymbol{\lambda}|\begin{cases}=c_i, & t=t_{ij}\\ \neq c_i, & t\neq t_{ij}\end{cases}
$$

则称燃料最省控制问题是**正常**的。

对于正常的燃料最省控制问题，最优控制 $\boldsymbol{u}^*(t)$ 会在 -1、0、$+1$ 三个值之间不断切换。假若至少存在一个时间段 $[t_1,t_2]\subset[t_0,t_f]$，在此区间上 $|\boldsymbol{b}_i^{\mathrm{T}}\boldsymbol{\lambda}|=c_i$，$\forall i=1,2,\cdots,m$，则问题属于奇异情况，最优控制 $\boldsymbol{u}^*(t)$ 在 $[t_1,t_2]$ 上的值无法由极小值原理求取，需要借助奇异弧段最优控制求解方法。对于正常的燃料最省控制问题，存在如下 **Bang-off-Bang 控制原理**[9]。

定理 4.11 假设燃料最省控制问题是正常的，最优控制和对应协态分别为 $\boldsymbol{u}^*(t)$ 和 $\boldsymbol{\lambda}(t)$，则 $\boldsymbol{u}^*(t)\in\mathbb{R}^m$ 各分量在可数个时刻在 -1、0、$+1$ 之间切换，对任意的 $i=1,2,\cdots,m$ 满足公式

$$u_i^*(t)=\begin{cases}+1, & \boldsymbol{b}_i^{\mathrm{T}}\boldsymbol{\lambda}<-c_i\\ 0, & -c_i<\boldsymbol{b}_i^{\mathrm{T}}\boldsymbol{\lambda}<c_i\\ -1, & \boldsymbol{b}_i^{\mathrm{T}}\boldsymbol{\lambda}>c_i\end{cases}\tag{4.127}$$

鉴于燃料最省控制问题的复杂性，本节仍以双积分系统为例，简单探讨燃料最优控制问题。

例 4.13 考虑终端时刻 t_f 自由的双积分系统燃料最省控制问题

$$\begin{aligned}\min\ & J(u)=\int_0^{t_f}|u(t)|\,\mathrm{d}t\\ \text{s.t.}\ & \dot{x}_1(t)=x_2(t)\\ & \dot{x}_2(t)=u(t)\\ & |u(t)|\leqslant 1,\quad \forall t\in[0,t_f]\\ & [x_1(0),x_2(0)]^{\mathrm{T}}=[x_{10},x_{20}]^{\mathrm{T}}\\ & [x_1(t_f),x_2(t_f)]^{\mathrm{T}}=[0,0]^{\mathrm{T}}\end{aligned}$$

式中 $[x_1(0),x_2(0)]^{\mathrm{T}}=[x_{10},x_{20}]^{\mathrm{T}}$ 为非零初态，即 x_{10} 和 x_{20} 不同时为零。

为求解该燃料最省控制问题，定义 Hamilton 函数

$$H=|u(t)|+\lambda_1(t)x_2(t)+\lambda_2(t)u(t)$$

由规范方程的协态方程得

$$\dot{\lambda}_1(t)=0,\quad \dot{\lambda}_2(t)=-\lambda_1(t)$$

积分得

$$\begin{cases}\lambda_1(t)=\lambda_1(0)=\text{const}\\ \lambda_2(t)=\lambda_2(0)-\lambda_1(0)t\end{cases}\tag{4.128}$$

式中 $\lambda_1(0)$ 和 $\lambda_2(0)$ 为协态变量初值，为待求解量。参考例 4.12 的分析，H 函数对最优控制 $u^*(t)$ 取极小值，等价于函数

$$h(u)=|u(t)|+\lambda_2(t)u(t)\tag{4.129}$$

对最优控制 $u^*(t)$ 取极小。对于控制约束 $-1\leqslant u(t)\leqslant 1$，$h(u)$ 与 $\lambda_2(t)$ 间关系如

图4.16(a)所示，图中使得 $h(u)$ 取下边界的控制为最优控制 $u^*(t)$，此时的 $u^*(t)$ 与 $\lambda_2(t)$ 间关系如图4.16(b)所示。由图中关系可得最优控制满足

$$u^*(t)=\begin{cases}+1, & \lambda_2(t)<-1\\ 0, & -1<\lambda_2(t)<1\\ -1, & \lambda_2(t)>1\\ -\nu(t)\operatorname{sgn}[\lambda_2(t)], & |\lambda_2(t)|=1\end{cases} \tag{4.130}$$

式中 $\nu(t)\in[0,1]$ 且 $\nu(t)$ 不恒为零。假设本例燃料最优控制问题是正常的，即系统仅在可数个时刻有 $|\lambda_2(t)|=1$。

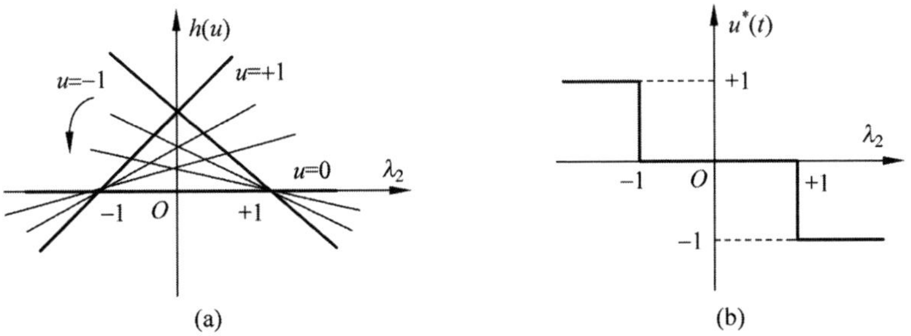

图4.16 函数 $h(u)$ 和 $u^*(t)$ 与 $\lambda_2(t)$ 的关系图

(a) 函数 $h(u)$ 与 $\lambda_2(t)$ 的关系图；(b) 最优控制 $u^*(t)$ 与 $\lambda_2(t)$ 的关系图

若在 $[0,t_f]$ 上 $\lambda_2(t)$ 恒等于零，对应 $u^*(t)\equiv 0, t\in[0,t_f]$，这显然无法使得非零初始状态转移至原点。为此，在 $[0,t_f]$ 区间上 $\lambda_2(t)$ 为一次函数($\lambda_1(0)\neq 0$)或非零常数($\lambda_1(0)=0,\lambda_2(0)\neq 0$)。**控制 $u(t)$ 至多改变一次符号，且 $u(t)$ 在异号值之间的切换时间段内取值为零**。综上，$u(t)$ 的可能切换序列有以下八种候选形式：

$$\{+1,0,-1\},\{-1,0,+1\},\{+1\},\{-1\},$$
$$\{0,+1\},\{0,-1\},\{+1,0\},\{-1,0\} \tag{4.131}$$

采用相平面法分析系统的运动规律。当控制 $u(t)=0$ 时，由双积分系统微分方程可知 $\mathrm{d}x_2/\mathrm{d}x_1=0$，相轨迹如图4.17所示。该相轨迹为 x_1 轴之外一族平行于 x_1 轴的直线以及 x_1 轴上的一系列孤立点，由于已知系统具有非零初态，故平行直线不通过原点且 x_1 轴上的孤立点不包含原点。位于 x_1 轴上方相轨迹对应自左向右运动，位于 x_1 轴下方的对应自右向左运动，在 x_1 轴上的相轨迹(孤立点)由停留在原初始状态处的点组成。显然，$u(t)=0$ 的无控状态是无法将系统由非零初态转移至原点的，由此式(4.131)中的 $\{+1,0\}$ 和 $\{-1,0\}$ 不可能是最优控制，最优序列剩下六种：

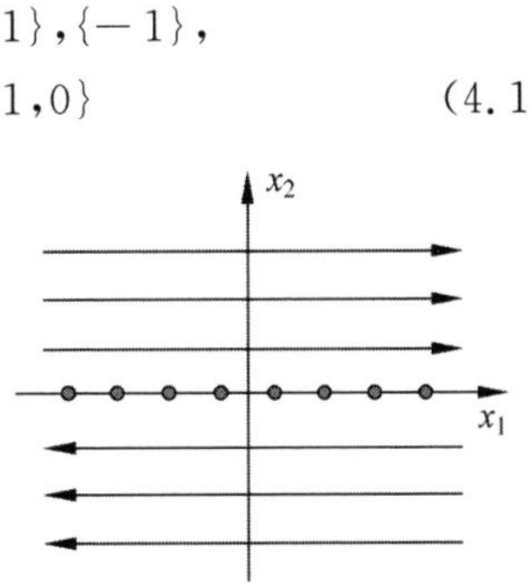

图4.17 控制 $u(t)=0$ 时相轨迹

$$\{+1,0,-1\},\{-1,0,+1\},$$

$$\{0,+1\},\{0,-1\},\{+1\},\{-1\} \tag{4.132}$$

应用极小值原理求解最优控制问题时，求解性能指标 J 的最小值等价于寻找最优控制 $u^*(t)$ 使得系统 Hamilton 函数取极小值。对于该燃料最优控制问题，不妨关注其性能指标，假设取得极小值时的性能指标为 J^*。积分状态方程 $\dot{x}_2(t)=u(t)$ 可得

$$x_2(t)=x_2(0)+\int_0^t u(\tau)\mathrm{d}\tau$$

式中 $x_2(t_\mathrm{f})=0$，故有

$$x_2(0)=-\int_0^{t_\mathrm{f}} u(t)\mathrm{d}t$$

从而有

$$|x_2(0)|=\left|\int_0^{t_\mathrm{f}} u(t)\mathrm{d}t\right|\leqslant\int_0^{t_\mathrm{f}}|u(t)|\mathrm{d}t=J^* \tag{4.133}$$

式(4.133)不等号来源于定积分估值不等式性质①。式(4.133)表明，若能找到某个控制序列，使得系统由给定非零初态转移至原点时燃料消耗为 $|x_2(0)|$，则该控制必定是期望的燃料最优控制 $u^*(t)$。

与双积分系统时间最短控制问题类似，燃料最省问题中也有两条相轨迹通过原点，如图 4.18 所示，标记为 γ_{+1} 和 γ_{-1}，分别对应最优控制 $u^*(t)=+1$ 和 $u^*(t)=-1$，其定义为

$$\begin{cases}\gamma_{+1}\triangleq\left\{(x_1,x_2)\mid x_1=\dfrac{1}{2}x_2^2,x_2\leqslant 0\right\}\\ \gamma_{-1}\triangleq\left\{(x_1,x_2)\mid x_1=-\dfrac{1}{2}x_2^2,x_2\geqslant 0\right\}\end{cases} \tag{4.134}$$

即该问题回到原点的切换曲线为

$$\gamma=\gamma_{+1}\cup\gamma_{-1}=\left\{(x_1,x_2)\mid x_1=-\frac{1}{2}x_2|x_2|\right\} \tag{4.135}$$

式(4.135)切换曲线与时间最短控制中切换曲线式(4.117)一致。不过受初态 $x_2(0)$ 的影响，此时的相平面被切换曲线和 x_2 的值划分为四个区域，分别记为 R_1、R_2、R_3 和 R_4，对应的表达式为

---

① 除积分中值定理外的常见定积分估值不等式：

(1) 若 $f(x)\leqslant g(x),x\in[a,b]$，则 $\int_a^b f(x)\mathrm{d}x\leqslant\int_a^b g(x)\mathrm{d}x$。

(2) $\left|\int_a^b f(x)\mathrm{d}x\right|\leqslant\int_a^b|f(x)|\mathrm{d}x$。

(3) 若 $f(x)\geqslant 0,x\in[a,b]$，且 $a\leqslant c\leqslant d\leqslant b$，则 $\int_c^d f(x)\mathrm{d}x\leqslant\int_a^b f(x)\mathrm{d}x$。

(4) 柯西不等式：$\left[\int_a^b f(x)g(x)\mathrm{d}x\right]^2\leqslant\int_a^b f^2(x)\mathrm{d}x\cdot\int_a^b g^2(x)\mathrm{d}x$。

$$
\begin{cases}
R_1 \triangleq \left\{(x_1, x_2) \mid x_1 > -\frac{1}{2}x_2 \mid x_2 \mid, x_2 \geqslant 0\right\} \\
R_2 \triangleq \left\{(x_1, x_2) \mid x_1 < -\frac{1}{2}x_2 \mid x_2 \mid, x_2 > 0\right\} \\
R_3 \triangleq \left\{(x_1, x_2) \mid x_1 < -\frac{1}{2}x_2 \mid x_2 \mid, x_2 \leqslant 0\right\} \\
R_4 \triangleq \left\{(x_1, x_2) \mid x_1 > -\frac{1}{2}x_2 \mid x_2 \mid, x_2 < 0\right\}
\end{cases}
\tag{4.136}
$$

为清晰起见，R_3 区域以阴影示之，图中 R_1 区域与 R_3 区域关于原点对称。区域 R_2 和 R_4 分别为切换曲线（又称为开关曲线）与 x_1 轴间所夹区域，但不包含 x_1 轴，且两区域关于原点对称。

由图 4.18 可知，系统初态共有六种可能情况，包括初态位于 γ_{+1} 切换线上、γ_{-1} 切换线上，以及 R_1、R_2、R_3、R_4 四个区域内。由于问题的对称性，实际仅需讨论三种情况，本书以 γ_{+1} 切换线、R_1 和 R_4 区域为例求解最优控制，对应的 γ_{-1} 切换线、R_2 和 R_3 区域情况类似可解。

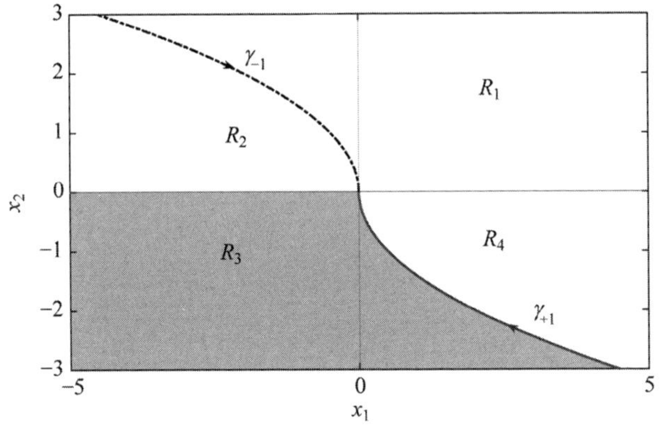

图 4.18 双积分系统燃料最省问题相平面

(1) 初态位于切换曲线 γ_{+1} 或 γ_{-1} 上

当$[x_1(0), x_2(0)]^{\mathrm{T}}$ 位于 γ_{+1} 上时，要分析式(4.128)中协态变量的取值情况，进而确定最优控制的形式。若 $\lambda_1(t)=\lambda_1(0)\neq 0$，由 $\lambda_2(t)=\lambda_2(0)-\lambda_1(0)t$ 知协态变量 $\lambda_2(t), t\in[0, t_{\mathrm{f}}]$为一次函数，即 $\lambda_2(t)$是时间 t 的线性函数，那么$|\lambda_2(t)|=1$ 至多在两个孤立时刻成立，此时的燃料最优控制问题是正常的。由 Bang-off-Bang 控制原理式(4.127)，得最优控制为

$$
u(t)=\begin{cases}
0, & \mid \lambda_2(t) \mid < 1 \\
-\operatorname{sgn}[\lambda_2(t)], & \mid \lambda_2(t) \mid > 1
\end{cases}
\tag{4.137}
$$

联立最优控制序列式(4.132)和式(4.137)，只有 $u^*(t)=\{+1\}$能使系统沿 γ_{+1}

到达坐标原点。

若 $\lambda_1(t)=\lambda_1(0)=0$，则 $\lambda_2(t)=\lambda_2(0)=\text{const}$。对于终端时刻 t_f 自由的最优控制问题，由极小值原理知 Hamilton 函数沿最优轨线为零，即

$$H=|u^*(t)|+\lambda_2(0)u^*(t)=0 \tag{4.138}$$

必有 $|\lambda_2(t)|=|\lambda_2(0)|=1$，则由式(4.130)得

$$u(t)=-\nu(t)\text{sgn}[\lambda_2(t)],\quad 0\leqslant\nu(t)\leqslant 1,\quad t\in[0,t_f] \tag{4.139}$$

将式(4.139)控制 $u(t)$ 代入状态方程，得对应的状态轨线为

$$\begin{cases}\tilde{x}_1(t)=x_{10}+x_{20}t+\int_0^t \mathrm{d}\tau\int_0^\tau\{-\text{sgn}[\lambda_2(0)]\nu(\sigma)\}\mathrm{d}\sigma\\ \tilde{x}_2(t)=x_{20}+\int_0^t\{-\text{sgn}[\lambda_2(0)]\nu(\tau)\}\mathrm{d}\tau\end{cases} \tag{4.140}$$

令 $x_1(t)$ 和 $x_2(t)$ 是初态位于 γ_{+1} 切换线上，且 $u(t)=+1$ 时的解，有

$$\begin{cases}x_1(t)=x_{10}+x_{20}t+\int_0^t \mathrm{d}\tau\int_0^\tau 1\mathrm{d}\sigma\\ x_2(t)=x_{20}+\int_0^t 1\mathrm{d}\tau\end{cases} \tag{4.141}$$

联立式(4.140)和式(4.141)可得

$$x_1(t)-\tilde{x}_1(t)=\int_0^t \mathrm{d}\tau\int_0^\tau\{1+\text{sgn}[\lambda_2(0)]\nu(\sigma)\}\mathrm{d}\sigma\geqslant 0 \tag{4.142}$$

当且仅当 $1+\text{sgn}[\lambda_2(0)]\nu(\sigma)=0$ 时上式等于零。若 $x_1(t)-\tilde{x}_1(t)>0, t\in[0,t_f]$，由于 $x_1(t)\in\gamma_{+1}$ 通过原点，知 $\tilde{x}_1(t_f)<0$，从而轨线不通过原点。因此，当且仅当系统控制 $u(t)=-\text{sgn}[\lambda_2(0)]\nu(\sigma)=+1$ 时，$[\tilde{x}_1(t),\tilde{x}_2(t)]^{\mathrm{T}}$ 与 $[x_1(t),x_2(t)]^{\mathrm{T}}$ 完全重合。

综上，$u^*(t)=\{+1\}$ 是 $[x_1(0),x_2(0)]^{\mathrm{T}}\in\gamma_{+1}$ 时燃料最省控制问题的最优解，且是唯一的。同理，当系统状态 $[x_1(0),x_2(0)]^{\mathrm{T}}\in\gamma_{-1}$ 时，$u^*(t)=\{-1\}$ 是系统由给定初态转移至坐标原点的最优控制。将 $x_2(t_f)=0$ 代入式(4.141)，同时结合 $u^*(t)=\{-1\}$ 时情况，得到系统初态位于切换曲线上时最优指标为

$$J^*|_\gamma=\int_0^{t_f}1\mathrm{d}t=|x_2(0)| \tag{4.143}$$

(2) 初态位于区域 R_4 或 R_2 内

由最优控制序列式(4.132)知，此时存在

$$u^{(1)}(t)=\{0,+1\}$$
$$u^{(2)}(t)=\{-1,0,+1\}$$

两种可能序列将状态转移至坐标原点。假设初始点 $A=[x_1(0),x_2(0)]^{\mathrm{T}}\in R_4$，那么两个控制序列对应的相轨迹如图 4.19 所示，分别对应 ADO 和 $ABCO$，此处 $O=[0,0]^{\mathrm{T}}$ 表示坐标原点。系统在 AD 段和 BC 段内 $u=0$，处于不耗燃料的滑行状态(coast arc)，对应性能指标 $J_{AD}=J_{BC}=0$。在 CO 段和 DO 段上 $u=+1$，有 $C\in$

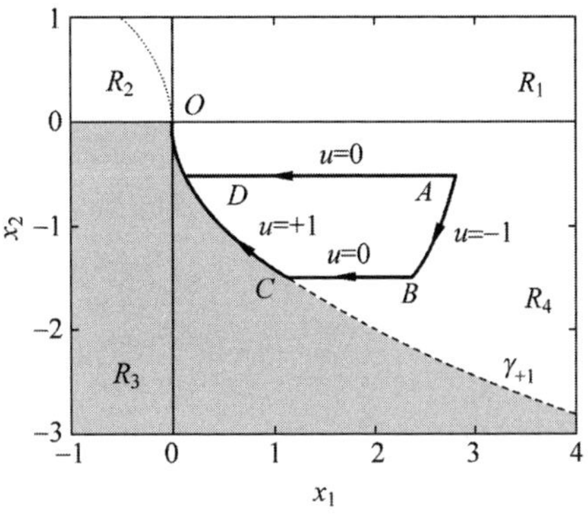

图 4.19 初始状态位于 R_4 时的转移相轨迹

γ_{+1} 和 $D\in\gamma_{+1}$，由式(4.143)可知 $J_{DO}=|x_2^D|>|x_2^B|=J_{BO}$，且 $ABCO$ 轨线还有 $J_{AC}>0$，故必有

$$J[u^{(2)}]=J_{AB}+J_{BC}+J_{CO}>J_{AD}+J_{DO}=J[u^{(1)}]$$

于是，$u^*(t)=\{0,+1\}$为初态在 R_4 区域内点集的最优控制序列。同理，当双积分系统初态$[x_1(0),x_2(0)]^{\mathrm{T}}\in R_2$ 时，$u^*(t)=\{0,-1\}$为燃料最省问题的最优控制。

(3) 初态位于区域 R_1 或 R_3 内

当系统初态 $E=[x_1(0),x_2(0)]^{\mathrm{T}}\in R_1$ 时，由式(4.132)和图 4.18 知仅有控制序列 $u(t)=\{-1,0,+1\}$可将状态转移至原点，其可能相轨迹如图 4.20 所示。在 t_{f} 自由的情况下，系统由初态在 $u(t)=-1$ 作用下沿开口朝左抛物线向靠近 x_1 轴方向运行。由前文 R_4 区域初态最优控制讨论知，$x_2(0)\in R_4$ 时$|x_2(0)|$越小越好，即初态尽量靠近 x_1 轴，这样系统由初态滑行至 γ_{+1} 切换上并经 $u(t)=+1$ 作用转移至原点。由此，系统应在 $u(t)=-1$ 作用下由初态转移至 x_1 轴上 F 点，若此时切换至 $u(t_{\mathrm{F}})=0$，由图 4.17 知系统将位于 x_1 轴上 F 点处不动(注：可将 x_1 和 x_2 理解为物体的位移和速度，x_1 轴上的点对应速度和加速度均为零)，显然无法移动至原点。若继续沿开口朝左抛物线运行至 R_4 区域内，无法确定一个足够小的常值 $\varepsilon>0$，使得系统状态由 F 点移动至图 4.20 中 G 点，也就无法求解其后的

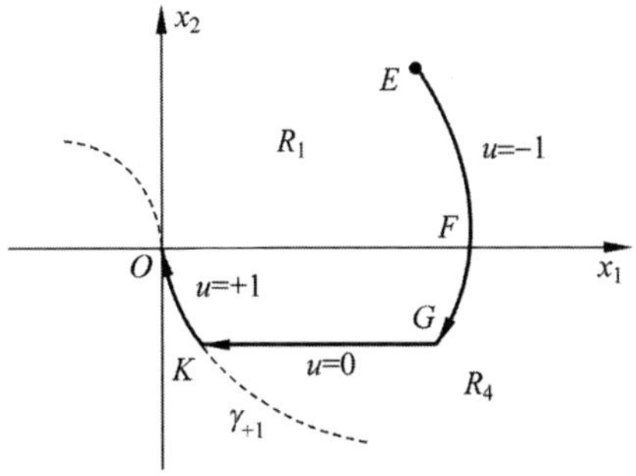

图 4.20 初始状态位于 R_1 时的转移相轨迹

滑行段 $GK(u=0)$ 以及 $KO(u=+1)$ 段。换句话说，G 点越靠近 x_1 轴，$KO(u=+1)$ 段越短，燃料消耗越少，GK 段滑行时间也越长，极限情况便是 $\lim_{t_f\to\infty} G\to F$，故此种情况不存在最优解。同理，$[x_1(0),x_2(0)]^T\in R_3$ 时系统也不存在最优解。

综合上述三种情况，得到例 4.13 中燃料最省问题的最优控制为

$$u^*(t)=\begin{cases}+1, & \forall[x_1,x_2]^T\in\gamma_{+1}\\ -1, & \forall[x_1,x_2]^T\in\gamma_{-1}\\ 0, & \forall[x_1,x_2]^T\in R_2\cup R_4\\ \text{无解}, & \forall[x_1,x_2]^T\in R_1\cup R_3\end{cases} \tag{4.144}$$

式(4.144)仅是确定了最优轨线的最优控制序列，求取最优控制序列切换时刻等参量，还需要结合状态初值、终端状态等联立求解。

练习 4.9 若例 4.13 燃料最优控制问题中，终端时刻 t_f 给定且大于对应状态下的时间最短控制问题的最优终端时刻，求解最优控制律。

时间-燃料加权最优控制 综合例 4.11 时间最短控制问题和例 4.13 燃料最省控制问题，可以发现这两类问题相互关联，包括一阶二维状态微分方程组、控制幅值受约束、Lagrange 型性能指标、终端状态约束等。在某些实际控制问题中，对系统的转移时间和燃料消耗会同时有要求，既希望节省燃料消耗，又不希望系统完成状态转移所花的时间过长。仍以本书例 1.1 的月球软着陆燃料最优控制问题为例，在给定着陆器初始下降状态和控制约束情况下，优化的目标为着陆月面的终端时间 t_f 和着陆过程中燃料消耗最少，对应性能指标为

$$J=\alpha t_f+\int_{t_0}^{t_f}\sum_{i=1}^{m}|u_i(t)|\,\mathrm{d}t=\int_{t_0}^{t_f}\left(\alpha+\sum_{i=1}^{m}|u_i(t)|\right)\mathrm{d}t \tag{4.145}$$

式中 $\alpha>0$ 为给定的时间权重系数(weighting coefficient)，反映设计者对系统响应时间的重视程度。系数 α 取值较大时使得系统在较短时间内完成状态转移，但需要多消耗燃料；若 α 取值较小，控制过程燃料消耗会减少，相应的系统转移时间会增大。下面给出双积分系统的时间-燃料加权最优控制问题描述，最优控制律的求解留作读者自行求解[4]。

练习 4.10 考虑双积分受控系统，其状态微分方程为

$$\begin{cases}\dot{x}_1(t)=x_2(t)\\ \dot{x}_2(t)=u(t)\end{cases}$$

求满足约束条件

$$|u(t)|\leqslant 1,\quad \forall t\in[0,t_f]$$

的最优控制 $u^*(t)$，使得系统由任意非零初态 $[x_1(0),x_2(0)]^T=[x_{10},x_{20}]^T$ 转移至状态空间原点 $[0,0]^T$，且使得性能指标

$$J=\int_0^{t_f}(\alpha+|u_i(t)|)\mathrm{d}t$$

达到最小，式中 $\alpha>0$ 为给定正值常数。假设终端时刻自由。

4.4　小结

本章利用经典变分法求解了容许控制集为开集时的最优控制问题，基于 Hamilton 函数的概念得到了最优控制问题取得极值的驻点条件，包括规范方法、边值条件和极值条件。分别讨论了系统终端时刻固定和自由时的最优控制问题，并简要介绍了内点等式约束问题。以定常系统、Mayer 型指标、终端时刻自由、控制受约束的优化问题为例，构造性地证明了极小值原理，并给出了极小值原理的一般性描述。以实际工程问题引入时间最短控制和燃料最省控制问题，应用极小值原理求解上述最优控制问题，得到了 Bang-Bang 控制原理和 Bang-off-Bang 控制原理。结合双积分系统展示了极小值原理的应用。

思考题与习题

4.1　考虑一阶系统

$$\dot{x}(t)=u(t)$$

给定初始时刻和终端时刻状态值

$$x(0)=2,\quad x(t_f)=t_f$$

在控制幅值约束 $|u(t)|\leqslant 1$ 的情况下，求解最优控制 $u(t)$ 和终端时刻 t_f，使得系统性能指标 J 到达最小。性能指标表达式如下：

$$J=x(t_f)+\int_0^{t_f}u(t)\mathrm{d}t$$

4.2　求解泛函

$$J=\int_0^1[4y^2(t)+\dot{y}^2(t)]\mathrm{d}t$$

在 $\{y(0),y(1)\}=\{0,1\}$ 情况下的最小值。

4.3　假设双积分系统状态方程为

$$\dot{x}_1(t)=x_2(t)$$

$$\dot{x}_2(t)=u(t)$$

给定系统初始状态

$$[x_1(0),x_2(0)]^{\mathrm{T}}=[2,1]^{\mathrm{T}}$$

系统待优化性能指标

$$J=\frac{1}{2}\int_0^{t_f}u^2(t)\mathrm{d}t$$

要求将系统状态在终端时刻 t_f 转移至坐标原点 $[0,0]^{\mathrm{T}}$，试求：

(1) 终端时刻 $t_f=5$ 时的最优控制；

(2) 终端时刻 t_f 自由时的最优控制。

4.4 现有一阶系统

$$\dot{x}(t)=u(t),\quad x(0)=1$$

待优化性能指标为

$$J=\frac{1}{2}\int_0^1[x^2(t)+u^2(t)]\mathrm{d}t$$

已知终端状态 $x(1)=0$。对于该工程控制问题,设计人员认为最优控制应取 $u^*(t)=-1$。试分析该设计人员的意见是否正确,并说明理由。

4.5 对于一阶系统

$$\dot{x}(t)=4u(t),\quad x(0)=x_0$$

性能指标

$$J=\int_0^{t_f}[x^2(t)+4u^2(t)]\mathrm{d}t$$

终端时刻 t_f 给定。试求最优控制 $u^*(t)$,使得系统转移至 $x(t_f)=t_f$ 时,性能指标取最小值。

4.6 对于线性定常二阶系统

$$\begin{cases}\dot{x}_1(t)=-x_1(t)-u(t)\\ \dot{x}_2(t)=-2x_2(t)-4u(t)\end{cases}$$

系统控制约束为

$$|u(t)|\leqslant 1,\quad t\in[0,t_f]$$

假设目标集为状态空间坐标原点,试求最优控制 $u^*(t)$,使得系统转移至目标集的时间最短(即求解切换曲线)。

4.7 已知二阶系统

$$\begin{cases}\dot{x}_1(t)=x_2(t)+\dfrac{1}{4}\\ \dot{x}_2(t)=u(t)\end{cases}$$

给定初始时刻状态

$$[x_1(0),x_2(0)]^{\mathrm{T}}=\left[-\frac{1}{4},-\frac{1}{4}\right]^{\mathrm{T}}$$

控制约束为

$$|u(t)|\leqslant\frac{1}{2},\quad t\in[0,t_f]$$

现求最优控制 $u^*(t)$,将系统由初态在 t_f 时刻转移至状态空间原点,并使得性能指标

$$J=\int_0^{t_f}u^2(t)\mathrm{d}t$$

取得最小值,假设终端时刻 t_f 自由。

4.8　给定平面上的一个圆，其方程为

$$(x-5)^2+(y-5)^2=1$$

求解坐标原点至圆周上的最短距离。

4.9　已知无阻尼振荡二阶系统的状态方程

$$\begin{cases}\dot{x}_1(t)=x_2(t)\\ \dot{x}_2(t)=-x_1(t)+u(t)\end{cases}$$

控制变量满足约束

$$|u(t)|\leqslant 1,\quad t\in[0,t_f]$$

试求最优控制 $u^*(t)$，使得系统由任意初态

$$x_1(0)=x_{10},\quad x_2(0)=x_{20}$$

转移至状态空间原点的时间最短。

4.10　考虑最优投资-消费策略问题：假设某企业在 t 时刻的利润为 $x(t)$，再投资比例为 $u(t)\in[0,1]$，消费比例为 $1-u(t)$。假定利润增长率正比于再投资，有

$$\dot{x}(t)=\alpha x(t)u(t)$$

式中 $\alpha>0$ 为一正值常数。给定投资期满时间 t_f，欲求最优投资-消费策略 $u^*(t)$，使得时间区间 $[0,t_f]$ 内的投资收益最大，即最小化如下性能指标：

$$J=-\int_0^{t_f}e^{-\beta t}[1-u(t)]x(t)\,dt$$

式中，正实数 $\beta>0$ 为贴现率。

参考文献

[1]　PESCH H J, PLAIL M, MUNICH D. The maximum principle of optimal control: a history of ingenious ideas and missed opportunities[J]. Control and Cybernetics, 2009, 38: 973-995.

[2]　BRYSON A E Jr. Optimal control—1950 to 1985[J]. IEEE Control Systems, 1996, 13(3): 26-33.

[3]　BRYSON A E Jr., HO Y C. Applied optimal control: Optimization, estimation, and control[M]. Washington: John Wiley & Sons, New York, 1975.

[4]　胡寿松，王执铨，胡维礼. 最优控制理论与系统[M]. 3 版. 北京：科学出版社，2017.

[5]　ZENG X Y, ALFRIEND K T, LI J F, et al. Optimal solar sail trajectory analysis for interstellar missions[J]. Journal of the Astronautical Sciences, 2012. 59(3): 502-516.

[6]　JIANG F H, LI J F, BAOYIN H X. Practical techniques for low-thrust trajectory optimization with homotopic approach[J]. Journal of Guidance, Control, and Dynamics, 2012, 35(1): 245-258.

[7]　高扬. 电火箭星际航行：技术进展、轨道设计与综合优化[J]. 力学学报，2011，43(6)：991-1019.

[8] 理查德·H·巴廷 (Battin R H). 航天动力学的数学方法[M]. 倪彦硕，蒋方华，李俊峰，译. 北京：中国宇航出版社，2018.

[9] 钟宜生. 最优控制[M]. 北京：清华大学出版社，2015.

[10] GAMKRELIDZE R V. Discovery of the maximum principle[J]. Journal of Dynamical and Control Systems，1999，5(4)：437-451.

[11] PONTRYAGIN L，BOLTYANSKY V，GAMKRELIDZE R，et al. The mathematical theory of optimal processes[M]. New York：John Wiley and Sons，1962.

[12] 张杰，王飞跃. 最优控制——数学理论与智能方法(上册)[M]. 北京：清华大学出版社，2017.

[13] ANDRES-MARTINEZ O，BIEGLER L T，FLORES-TIACUAHUAC A. An indirect approach for singular optimal control problems[J]. Computers and Chemical Engineering，2020，139(4)：106923.

[14] ZENG X Y，GONG S P，LI J F. Fast solar sail rendezvous mission to near Earth asteroids [J]. Acta Astronautica，2014，105：40-56.

[15] LASALLE J P. The 'Bang-Bang' principle[C]//IFAC Proceedings Volumes，1960，1(1)：503-507.

[16] WEN T G，LI Z W，ZHANG Y L，et al. Coupled orbit-attitude motion of asteroid hopping rover by considering rough terrains [C]//Proceedings of the 2020 AAS/AIAA Astrodynamics Specialist Virtual Conference，Lake Tahoe，USA，AAS20-609，August 9-13，2020.

[17] 章仁为. 卫星轨道姿态动力学与控制[M]. 北京：北京航空航天大学出版社，1998.

[18] 曾祥远. 深空探测太阳帆航天器新型轨道设计[D]. 北京：清华大学，2013.

[19] HUO M Y，MENGALI G，QUARTA A A，et al. Electric sail trajectory design with Bezier curve-based shaping approach[J]. Aerospace Science and Technology，2019，88：126-135.

第5章 动态规划

You can't connect the dots looking forward; You can only connect them looking backwards.

——Steve Jobs(1955—2011)

内容提要

动态规划(dynamic programming)是求解决策过程最优化的有力方法,与极小值原理共同构成最优控制的重要基石。动态规划方法的核心是最优性原理,该原理可归结为一个简洁优美的递推关系式,可将复杂的多级决策问题转化为逐级求解的单级决策问题,适合于数值计算且能得到闭环最优控制。本章将着力阐明最优性原理以及动态规划递推方程,并将其应用于连续系统而得到 Hamilton-Jacobi-Bellman 方程。最后对比分析动态规划、极小值原理和变分法的异同。

1984 年,确是一个值得怀念的年份,篮球迷会如数家珍地谈起 Michael Jordan(迈克尔·乔丹)等当年的新秀,喜欢诗歌的则会忆起第一次使用笔名“海子”发文的查海生。这一年,与英国作家乔治·奥威尔长篇小说《一九八四》中的压抑世界相反,中国孕育着蓬勃的生机,改革开放的春风沐浴着大江南北。这一年的 7 月 28 日至 8 月 12 日,第 23 届夏季奥林匹克运动会在美国加州洛杉矶举办,中国运动员李宁获得 3 枚金牌,很可惜生活在加州的贝尔曼(Richard Bellman,1920—1984)没能看到这场盛会。1984 年 3 月 19 日,美国学者 Bellman 在美国加州圣莫妮卡去世,

Richard Bellman
(1920—1984)

IEEE Control System Magazine 期刊同年 11 月刊登了纪念 Bellman 的论文[1]，肯定其独特的学术贡献：动态规划。

实际上，本书第 4 章讨论 Bang-Bang 控制问题时曾提及 Bellman。几乎是同一时期，Bellman 把更多精力投入到一类多级决策问题的优化设计中，提出了著名的最优性原理(principle of optimality)，于 20 世纪 50 年代创建了新的优化方法——动态规划[2]。Bellman 第一篇公开发表的动态规划相关论文[3]刊载于 1952 年的美国科学院院刊(Proceedings of the National Academy of Sciences，PNAS)，文中明确他曾和 Von Neumann(冯·诺依曼，1903—1957)通信，想必 Von Neumann 的逆推思想对 Bellman 有着积极的影响。在自动控制领域，Bellman 以动态规划和 Hamilton-Jacobi-Bellman 方程而闻名，于 1979 年获得 IEEE 荣誉奖章①，颁奖词为："For contributions to decision processes and control system theory, particularly the creation and application of dynamic programming"。

IEEE荣誉奖章

多级决策问题(multistage decision problem)是一类广泛存在的问题，对应的多级决策过程(multistage decision process)是把整个控制过程分成若干阶段，每一个阶段都作出决策，最终使得整个过程的性能指标取得最优。动态规划是一个比较抽象的名词，本质上是一类非线性规划方法，得益于计算机的大发展，在信息处理、模式识别、设备更新等多个领域获得了广泛应用[4]。

1984 年 Bellman 和 E. S. Lee 的综述论文中不仅给出了"dynamic programming"名词的由来，还阐述了一个导弹攻击目标时的多级决策问题[1]。为方便读者理解多级决策问题和动态规划，现予以简述。Bellman 等当年研究中极为重要的一类问题，是如何优化配置导弹数量来达到攻击敌方最大效果。假设己方现有 S 枚同型号导弹，欲攻击敌方 N 个目标，第 k 个目标对应的价值为 $v_k(k=1,2,\cdots,N)$，攻击第 k 个目标前剩余导弹数量为 $x(k)$。现要确定攻击第 k 个目标时发射的导弹数量 $u(k)$，来最大化对敌方目标造成的损伤

$$J=\sum_{k=1}^{N}p[u(k),k]\cdot v_k \tag{5.1}$$

式中 $p[u(k),k]$ 表示发射 $u(k)$ 数量的导弹时摧毁第 k 个目标的概率。由上所述，打击第 k 个目标时的导弹数量必定满足约束

$$0\leqslant u(k)\leqslant x(k),\quad k=1,2,\cdots,N \tag{5.2}$$

且导弹数量满足动态方程

$$x(k+1)=x(k)-u(k),\quad k=1,2,\cdots,N-1$$

① IEEE Medal of Honor，IEEE 荣誉奖章，创立于 1917 年，每年仅授予一人，是国际电子电气工程学会的最高荣誉。

$$u(N)=x(N) \tag{5.3}$$

其中，导弹总量约束可记为 $x(1)=S$ 或 $\sum_{k=1}^{N} x(k)=S$。

可以看到，该问题与之前讨论的连续系统最优控制问题有着明显的不同。上述多级决策问题可以视作离散时间最优控制问题，将在本书第 6 章作详细讨论。应用极大值原理等求解该问题时，确实可以得到开环形式的最优控制，但无法建立起各个阶段控制变量与当前状态变量间关系。应用动态规划方法，则可以求得闭环形式最优控制规律，且通过最优性原理将 N 级决策问题转化为 N 个单级决策问题，可以很大程度上简化问题的求解。

5.1 最优性原理

最优性原理是在求解多级决策问题时提出的，形式上可表达为一个递推关系式。多级决策系统抽象模型如图 5.1 所示，与其相对的是单级决策系统（single-stage system），例如将状态 $x(0)$转移至 $x(1)$的函数 f^0，此单级决策系统对应的状态方程为

$$x(1)=f^0[x(0),u(0)] \tag{5.4}$$

由与其类似的 f^1、f^2、…、f^{N-1} 等共 N 个单级决策系统组合而成的系统，被称为 N 级决策系统或多级决策系统，对应的状态方程为

$$x(i+1)=f^i[x(i),u(i)],\quad i=1,2,\cdots,N-1 \tag{5.5}$$

一般情况下初始状态 $x(0)$已知。要寻求最优控制序列 $u(i)$ $(i=0,1,\cdots,N-1)$，使得关心的系统性能指标取得极值，性能指标表达式一般形式为

$$J=\varphi[x(N)]+\sum_{i=0}^{N-1} L^i[x(i),u(i)] \tag{5.6}$$

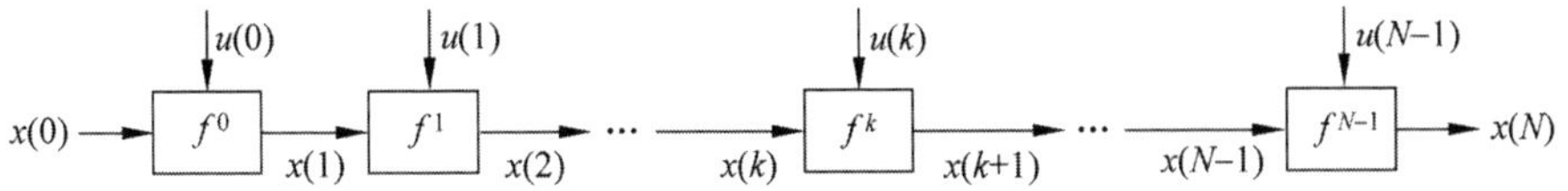

图 5.1 多级决策系统

练习 5.1 假设上述多级决策系统控制容许集为开集，应用变分法推导问题极值必要条件。

5.1.1 多级决策问题

为了更直观地理解多级决策问题，首先看一个实际问题。地外行星的表面巡视探测（surface roving exploration）是人类目前获取科学数据最直接、最有效的探测手段，同时也是最具挑战性的探测方式[5]。对小天体的巡视探测能够获取独特且丰厚的科学数据，已得到世界航天界的高度重视。若将巡视器从某一初始位置

A 区(或称 A 点)转移至探测目标位置 D 区,会存在一部分中间点或区域,记为 $\{B_1, B_2, C_1, C_2\}$,如图 5.2 所示。小天体巡视探测器由 A 至 B_1 消耗能量假设已知为 3,由 B_1 至 C_1 消耗能量为 9,依次类推基于动力学仿真可以提前确定每条转移轨迹对应的能量消耗值。多级决策问题要求在所有可行路径中选择一条线路,使得由 A 至 D 耗能最少。当然,作为抽象模型,上述能量消耗值也可理解为转移距离或转移时间,进而问题变为求解距离最短路径或时间最短路径。

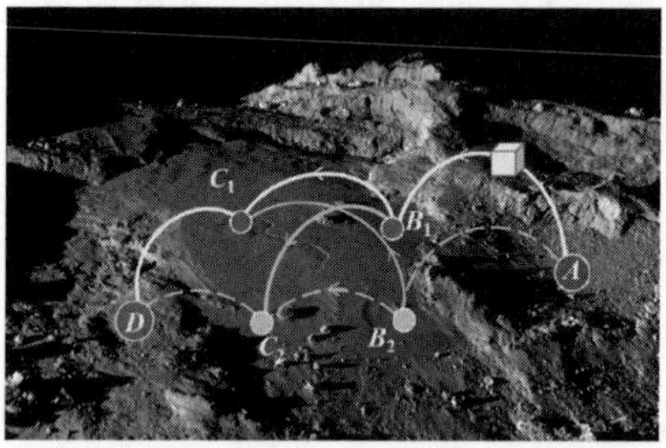

图 5.2 小天体表面巡视探测的最优路径问题[6]

例 5.1 将前文实际探测问题抽象为能量最省路径规划问题。转移路径各点如图 5.3 所示,各点间带箭头线段表示单向转移路径,对应的数值假设为转移过程系统能耗,现要寻找由 A 至 D 的最小能耗路径。

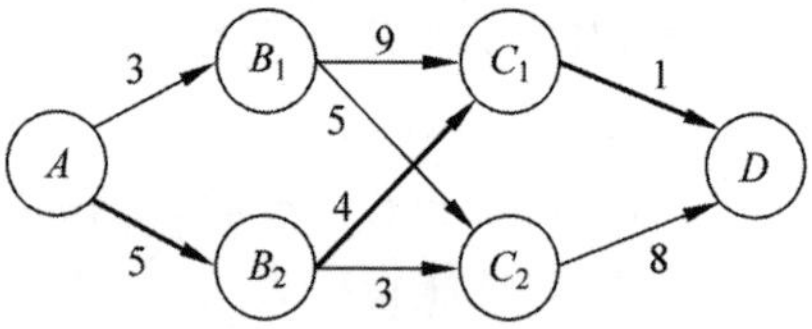

图 5.3 最小能耗路径规划问题

在介绍本章动态规划方法之前,求解例 5.1 中问题时常用枚举法(又称为穷举法),即列写所有可能路径,计算各路径对应的能耗值并加以比较,由此得到最小能耗路径。本例比较简单,共有 4 条可能路径,如图 5.4 所示,每条路径路径需要 3

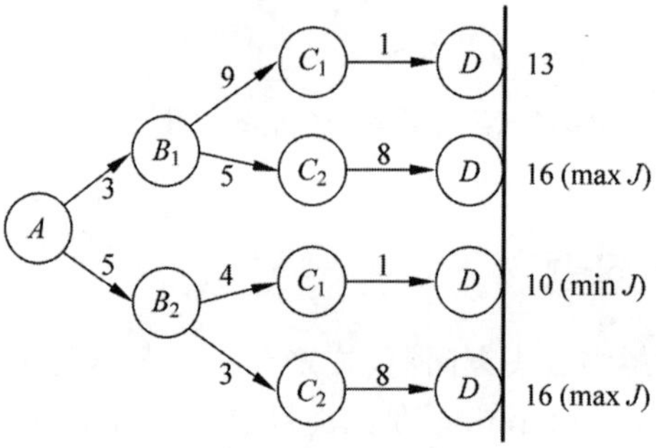

图 5.4 枚举路径图

次加法，共计 12 次加法。再经 3 次比较，最终得到最小能耗为 10，对应最优路径为 $A\rightarrow B_2\rightarrow C_1\rightarrow D$。由图 5.4 可知，枚举法是从始端 A 点开始，至末端 D 点结束，计算所有可行路径。

动态规划是逆序求解方法，从末端开始，逐级逆向递推直至始端。例 5.1 问题可行路径最多需要 3 次决策，是 $N=3$ 的多级决策问题，从最后一级开始计算。

(1) $N=3$(C 级)

$$J_1(C_1)=1$$

$$J_1(C_2)=8$$

上式为 $C_1\rightarrow D$ 和 $C_2\rightarrow D$ 对应的性能指标值，因为二者均为唯一路径，故本级无决策问题。

(2) $N=2$(B 级)

本级决策共有 $\{B_1,B_2\}$ 两种选择，每种选择对应两条可行路径，如从 B_1 出发可选 $B_1\rightarrow C_1$ 或 $B_1\rightarrow C_2$，所以

$$J_2(B_1)=\min\begin{Bmatrix}\zeta(B_1,C_1)+J_1(C_1)\\ \zeta(B_1,C_2)+J_1(C_2)\end{Bmatrix}=\min\begin{Bmatrix}9+1\\ 5+8\end{Bmatrix}=10$$

式中，$\zeta(B_1,C_1)$ 和 $\zeta(B_1,C_2)$ 表示对应两点间的能耗。由上式可知 B_1 至 D 的最小能耗为 10，对应路径为 $B_1\rightarrow C_1\rightarrow D$，此时的决策变量为

$$S_2(B_1)=C_1$$

类似地，从 B_2 出发时有

$$J_2(B_2)=\min\begin{Bmatrix}\zeta(B_2,C_1)+J_1(C_1)\\ \zeta(B_2,C_2)+J_1(C_2)\end{Bmatrix}=\min\begin{Bmatrix}4+1\\ 3+8\end{Bmatrix}=5$$

表明 B_2 至 D 的最低能耗为 5，对应路径为 $B_2\rightarrow C_1\rightarrow D$，决策变量为

$$S_2(B_2)=C_1$$

(3) $N=1$(A 级)

这已经是倒数第一级了，本级决策由下式决定：

$$J_3(A)=\min\begin{Bmatrix}\zeta(A,B_1)+J_2(B_1)\\ \zeta(A,B_2)+J_2(B_2)\end{Bmatrix}=\min\begin{Bmatrix}3+10\\ 5+5\end{Bmatrix}=10$$

决策变量为

$$S_3(A)=B_2$$

综上可知，动态规划方法所得最低能耗路径与枚举法一致，为 $A\rightarrow B_2\rightarrow C_1\rightarrow D$。不过动态规划方法求得最优路径时仅用了 6 次加法和 3 次比较。对于如此简单的一个路径规划问题，动态规划便已节省了 6 次计算。

实际上，多级决策问题的级数 N 越大，每一级的状态变量越多，动态规划方法的计算量相比枚举法会节省得越多。直观起见，以图 5.5 中十级决策系统为例，假设起始点为 A，终点为 Z，各级字母标于图中，由左至右为可行路径方向，即 $A\rightarrow Z$

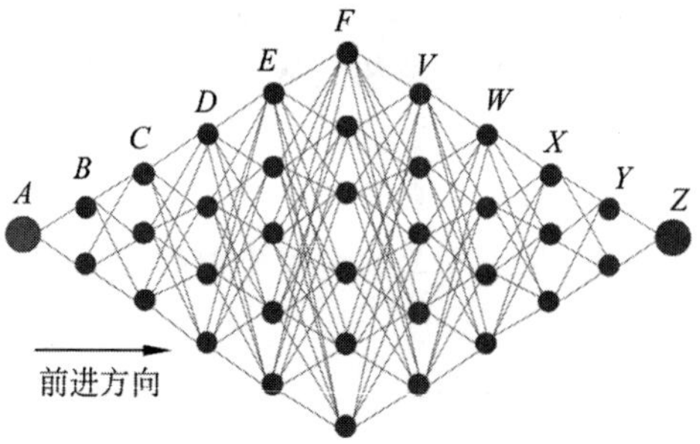

图 5.5　多级决策问题网络节点图

为单向路径。图中各节点间假定为某一定值(暂未列出),表示两节点间路径长度。若以枚举法求解 $A\to Z$ 的最短路径,需要的加法运算次数为

$$2\times3\times4\times5\times6\times5\times4\times3\times2=86400$$

对上述可行路径仍需进行 86399 次比较运算,最终方可得到最短路径。

应用动态规划方法求解上述问题时,$Y\to Z$ 级无决策问题。$X\to Y$ 级需要 3×2 次加法和 3×1 次比较,即 X 级共 3 个节点,每个节点有 2 个可行路径和 1 次比较可得出节点最短路径。类似地,$W\to X$ 级需要 4×3 次加法和 4×2 次比较得出决策变量和节点最优路径。以此类推,最终需要加法次数为

$$3\times2+4\times3+5\times4+6\times5+5\times6+4\times5+3\times4+2\times3+1\times2=138$$

比较次数为

$$3\times1+4\times2+5\times3+6\times4+5\times5+4\times4+3\times3+2\times2+1\times1=105$$

若每次加法运算和比较运算需用时 1 s,那么枚举法求解最短路径历时近 48 h(86400 s=24 h。枚举法仅差 1 s 满 48 h)。而动态规划方法历时 138+105=243 s,即 4 min 3 s。

上述路径寻优的多级决策问题简洁有力地展现了动态规划方法的巨大优势,相比枚举法而言,通过逆向递推大大降低了计算量。1957 年,Bellman 出版了世界上第一部关于动态规划方法的专著[2],书名即为 *Dynamic Programming*。鉴于 Bellman 的开创性工作,他先后被评选为美国艺术与科学院院士(1975)、美国工程院院士(1977)、美国科学院院士(1983)。

认真考察例 5.1,细心的读者会发现在 $N=2$ 和 $N=1$ 级求解最优决策时使用了相似的递推方程,若以 x 表示当前节点或当前状态,以 y 表示当前递推的前级目标节点,其递推方程的一般形式可整理为

$$J_i(x)=\min_{y(x)}\{\zeta[x,y]+J_{i-1}(y)\}\tag{5.7}$$

其中,$J_1(x)=\zeta(x,D)$。值得注意的是,为了确定决策变量使得目标函数取最小值,本例直接计算了目标函数的值,这与之前极大值原理分析系统 Hamilton 函数求极值有着明显的不同。在上述 N 级决策过程中,从末端开始仅需做一级决策,再往前逆推也仅需针对当前一级做决策,直至始端。这种递推求解的核心思想,正

是 Bellman 提出的最优性原理。

5.1.2　Bellman 最优性原理

最优性原理阐明多级决策过程的最优策略具有如下性质：An optimal policy has the property that whatever the initial state and the initial decision are, the remaining decisions must constitute an optimal policy with regard to the state resulting from the first decision[2]。这一原理表明，当已经求得一个 N 级决策问题的最优控制策略时，当把其中任何一级和状态重新作为初始集和初始状态时，其余的决策（原 N 级决策问题的最优策略）对此必定仍是最优策略。

定理 5.1（Bellman 最优性原理）　最优策略（最优控制作用的集合）具有如下性质，即无论初始状态和初始决策（控制变量的初始值）如何，对于由初始决策所产生的系统状态，剩余决策（控制变量）仍构成一最优策略。

具体而言，定理 5.1 表明，若有一个初始状态为 $x(0)$ 的 N 级决策过程，其最优策略为 $\{u^*(0),u^*(1),\cdots,u^*(k),\cdots,u^*(N-1)\}$，最优状态（序列）为 $\{x(0),x^*(1),\cdots,x^*(k),\cdots,x^*(N)\}$。那么，对于以 $x^*(k)$ 为初态的 $N-k$ 级决策过程来说，决策集合 $\{u^*(k),\cdots,u^*(N-1)\}$ 必定是最优策略。

证明　对于初始状态为 $x(0)$ 的 N 级决策问题，已知最优控制策略为 $\{u^*(0),u^*(1),\cdots,u^*(k),\cdots,u^*(N-1)\}$，设其对应的最小化性能指标为

$$J^*[x(0)]=J[x(0);\ u^*(0),u^*(1),\cdots,u^*(k),\cdots,u^*(N-1)]$$

对应的最优状态序列为 $\{x(0),x^*(1),\cdots,x^*(k),\cdots,x^*(N)\}$。当以 $x^*(k)$ 为初始状态时，由控制策略 $\{u^*(k),\cdots,u^*(N-1)\}$ 产生的系统代价记为

$$J^*[x^*(k)]=J[x^*(k);\ u^*(k),\cdots,u^*(N-1)]$$

证明最优性原理实际是要证明对于任意的控制策略 $\{u(k),u(k+1),\cdots,u(N-1)\}$，多级决策系统的最优策略均应满足

$$J[x^*(k);\ u^*(k),\cdots,u^*(N-1)]\leqslant J[x^*(k);\ u(k),\cdots,u(N-1)]$$

采用反证法。假设从状态 $x^*(k)$ 出发的最优控制策略不是 $\{u^*(k),\cdots,u^*(N-1)\}$，而是 $\{\tilde{u}(k),\cdots,\tilde{u}(N-1)\}$，其中至少有一个阶段的决策是不同的，即存在 $j\in\{k,k+1,\cdots,N-1\}$，使得 $\tilde{u}(j)\neq u^*(j)$。则有关系式

$$J[x^*(k);\ u^*(k),\cdots,u^*(N-1)]\geqslant J[x^*(k);\ \tilde{u}(k),\cdots,\tilde{u}(N-1)]$$

那么，对从 $x(0)$ 出发的多级决策过程，最优控制策略应为

$$\{u^*(0),u^*(1),\cdots,u^*(k-1),\tilde{u}(k),\cdots,\tilde{u}(N-1)\}$$

对应的系统性能指标为

$$\begin{aligned}&J[x(0),u^*(0),u^*(1),\cdots,u^*(k-1),\tilde{u}(k),\tilde{u}(k+1),\cdots,\tilde{u}(N-1)]\\&=J[x(0),u^*(0),u^*(1),\cdots,u^*(k-1)]+\\&\quad J[x^*(k),\tilde{u}(k),\tilde{u}(k+1),\cdots,\tilde{u}(N-1)]\\&\leqslant J[x(0),u^*(0),u^*(1),\cdots,u^*(k-1)]+\end{aligned}$$

$$J[x^*(k),u^*(k),u^*(k+1),\cdots,u^*(N-1)]$$
$$=J[x(0),u^*(0),u^*(1),\cdots,u^*(k),\cdots,u^*(N-1)]$$

上式结果与控制策略$\{u^*(0),u^*(1),\cdots,u^*(k),\cdots,u^*(N-1)\}$为最优策略的假设相矛盾。最优性原理得证。 ■

为了更好地理解并运用最优性原理，Bellman 曾做过比较通俗的解释[7]：假设 AB 是从 A 到 B 的最短路线，M 是最优路径 AB 上的一个中间点，将路径划分为 AM 和 MB 两段。最优性原理告诉我们，系统状态从 A 出发后无论以怎样的方式到达 M 点，路径 MB 依然是从 M 至 B 的最短路径，对应的原有最优控制依然是最优策略。更进一步，以图 5.6 为例的话，实线表示 A 至 D 的最优路径，对应的最优策略$\{u^*(A),u^*(B),u^*(C)\}$已列于图中，对应的系统最优状态记为$\{x(A),x^*(B),x^*(C),x^*(D)\}$。那么，无论以何种控制由 $x(A)$转移至 $x^*(B)$时，$\{u^*(B),u^*(C)\}$依然是剩余段的最优策略。类似地，在非最优策略情况下系统转移至 $x^*(C)$时，$u^*(C)$依然是 $C\to D$ 的最优控制，对应实线依然是最优路径。

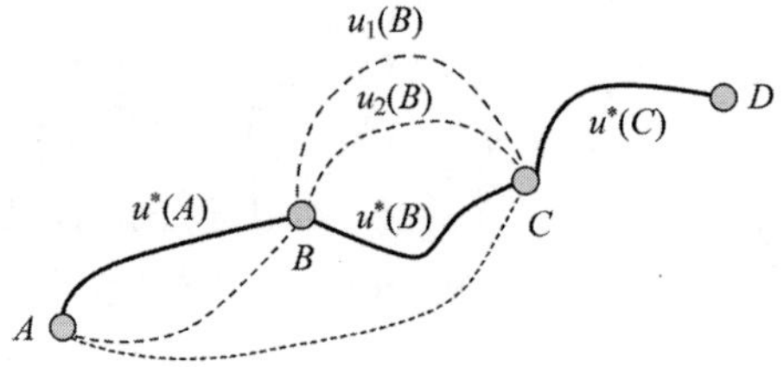

图 5.6 最优性原理示意图

5.1.3 动态规划基本递推方程

在了解 Bellman 最优性原理基础上，再来考察图 5.1 中的多级决策系统的最优控制问题。讨论中假设每一级的状态方程是相同的，即 $f^0=f^1=\cdots=f^{N-1}=f$。

例 5.2 假设 N 级决策过程的动态方程为

$$\boldsymbol{x}(k+1)=\boldsymbol{f}[\boldsymbol{x}(k),\boldsymbol{u}(k),k],\quad k=0,1,\cdots,N-1 \tag{5.8}$$

式中状态量 $\boldsymbol{x}(k)\in\mathbb{R}^n$，控制(决策)变量 $\boldsymbol{u}(k)\in\mathbb{R}^m$；$k$ 表示 N 级决策过程中的阶段变量，$\boldsymbol{x}(k)$为 $k+1$ 级的初始状态，$\boldsymbol{u}(k)$表示第 $k+1$ 级采用的控制策略。给定初始状态 $\boldsymbol{x}(0)=\boldsymbol{x}_0$，求容许控制序列 $\boldsymbol{u}^*(k)$，$k=0,1,\cdots,N-1$，使得性能指标

$$J[\boldsymbol{x}(0),\boldsymbol{u}]=\sum_{k=0}^{N-1}L[\boldsymbol{x}(k),\boldsymbol{u}(k),k] \tag{5.9}$$

为最小。

为求解最优控制策略使性能指标最小，现将始于状态 $\boldsymbol{x}(k)$、在任意控制策略 $\boldsymbol{u}|_k^{N-1}$ 下的代价记为 $J[\boldsymbol{x}(k),\boldsymbol{u}|_k^{N-1}]$，$\boldsymbol{u}|_k^{N-1}=\{\boldsymbol{u}(k),\boldsymbol{u}(k+1),\cdots,\boldsymbol{u}(N-1)\}$。那么，始于 $\boldsymbol{x}(k)$的最优策略对应的代价可记为

$$J^*[\boldsymbol{x}(k)]=J[\boldsymbol{x}(k),\boldsymbol{u}^*|_k^{N-1}] \tag{5.10}$$

式中 $\boldsymbol{u}^*|_k^{N-1}$ 表示最优策略。由最优性原理知，当 $\boldsymbol{x}(k)$ 给定时 $\boldsymbol{u}^*|_k^{N-1}$ 是确定的，最优代价 $J^*[\boldsymbol{x}(k)]$ 仅是系统当前状态初值 $\boldsymbol{x}(k)$ 的函数。

为了求解 $\boldsymbol{u}^*|_0^{N-1}$ 得到最优代价 $J^*[\boldsymbol{x}(0)]$，基于最优性原理递推求解。由式(5.9)和式(5.10)，自 $\boldsymbol{x}(k)$ 出发的最优控制问题可记为

$$\min_{\boldsymbol{u}\in U} J[\boldsymbol{x}(k),k]=\sum_{j=k}^{N-1} L[\boldsymbol{x}(j),\boldsymbol{u}(j),j],\quad k=0,1,\cdots,N-1 \tag{5.11}$$

式中 U 表示容许控制集。由式(5.8)得此时状态方程为

$$\boldsymbol{x}(j+1)=\boldsymbol{f}[\boldsymbol{x}(j),\boldsymbol{u}(j),j],\quad j=k,k+1,\cdots,N-1 \tag{5.12}$$

对应于 $\boldsymbol{x}(k)$ 初态的最小代价为

$$\begin{aligned}
J^*[\boldsymbol{x}(k),k] &= \min_{\{\boldsymbol{u}(k),\boldsymbol{u}(k+1),\cdots,\boldsymbol{u}(N-1)\}\in U}\left\{\sum_{j=k}^{N-1} L[\boldsymbol{x}(j),\boldsymbol{u}(j),j]\right\} \\
&= \min_{\{\boldsymbol{u}(k),\boldsymbol{u}(k+1),\cdots,\boldsymbol{u}(N-1)\}\in U}\left\{L[\boldsymbol{x}(k),\boldsymbol{u}(k),k]+\sum_{j=k+1}^{N-1} L[\boldsymbol{x}(j),\boldsymbol{u}(j),j]\right\} \\
&= \min_{\boldsymbol{u}(k)\in U}\ \min_{\{\boldsymbol{u}(k+1),\cdots,\boldsymbol{u}(N-1)\}\in U}\left\{L[\boldsymbol{x}(k),\boldsymbol{u}(k),k]+\sum_{j=k+1}^{N-1} L[\boldsymbol{x}(j),\boldsymbol{u}(j),j]\right\}
\end{aligned} \tag{5.13}$$

式中第二个等号是将第 k 级代价从总代价中独立出来，等号右端第二项表示始于第 $k+1$ 级的代价和；第三个等号则是在形式上将决策变量也分为两部分，$\boldsymbol{u}(k)$ 以及剩余决策 $\{\boldsymbol{u}(k+1),\cdots,\boldsymbol{u}(N-1)\}$。注意到 $L[\boldsymbol{x}(k),\boldsymbol{u}(k),k]$ 仅与 $\boldsymbol{u}(k)$ 有关，而与剩余决策无关。当 $\boldsymbol{x}(k+1)$ 固定时，$\sum_{j=k+1}^{N-1} L[\boldsymbol{x}(j),\boldsymbol{u}(j),j]$ 的取值应由 $\{\boldsymbol{u}(k+1),\cdots,\boldsymbol{u}(N-1)\}$ 决定，而与 $\boldsymbol{u}(k)$ 无关；不过 $\boldsymbol{u}(k)$ 会通过状态方程(5.12)影响 $\boldsymbol{x}(k+1)$ 的值，故 $\boldsymbol{u}(k)$ 最终对 $\sum_{j=k+1}^{N-1} L[\boldsymbol{x}(j),\boldsymbol{u}(j),j]$ 是有影响的。于是，(5.13)可以重新表达为

$$\begin{aligned}
J^*[\boldsymbol{x}(k),k] &= \min_{\{\boldsymbol{u}(k),\boldsymbol{u}(k+1),\cdots,\boldsymbol{u}(N-1)\}\in U}\left\{\sum_{j=k}^{N-1} L[\boldsymbol{x}(j),\boldsymbol{u}(j),j]\right\} \\
&= \min_{\boldsymbol{u}(k)\in U}\left\{L[\boldsymbol{x}(k),\boldsymbol{u}(k),k]+\min_{\{\boldsymbol{u}(k+1),\cdots,\boldsymbol{u}(N-1)\}\in U}\sum_{j=k+1}^{N-1} L[\boldsymbol{x}(j),\boldsymbol{u}(j),j]\right\}
\end{aligned} \tag{5.14}$$

根据式(5.13)中 $J^*[\boldsymbol{x}(k),k]$ 的定义，自初态 $\boldsymbol{x}(k+1)$ 出发的最小代价应为

$$J^*[\boldsymbol{x}(k+1),k+1]=\min_{\{\boldsymbol{u}(k+1),\cdots,\boldsymbol{u}(N-1)\}\in U}\left\{\sum_{j=k+1}^{N-1} L[\boldsymbol{x}(j),\boldsymbol{u}(j),j]\right\} \tag{5.15}$$

式(5.15)正是式(5.14)中第二个等号中的第二项，将其代入并整理可得

$$\boxed{J^*[\boldsymbol{x}(k),k]=\min_{\boldsymbol{u}(k)\in U}\{L[\boldsymbol{x}(k),\boldsymbol{u}(k),k]+J^*[\boldsymbol{x}(k+1),k+1]\}} \tag{5.16}$$

这便是**最优性原理**在多级决策问题求解时的数学表达，非常简洁优美的递推关系式。在实际应用时从 N 级决策问题的最后一级开始，逐级逆向递推，即首先令 $k=N-1$，得

$$\begin{aligned}&J^*[\boldsymbol{x}(N-1),N-1]\\&=\min_{\boldsymbol{u}(N-1)\in U}\{L[\boldsymbol{x}(N-1),\boldsymbol{u}(N-1),N-1]+J^*[\boldsymbol{x}(N),N]\}\end{aligned}\tag{5.17}$$

式中右端第二项对应性能指标中的末值项。例 5.2 中式(5.9)的性能指标无末值项，取

$$J^*[\boldsymbol{x}(N),N]=0$$

故式(5.17)简化为

$$J^*[\boldsymbol{x}(N-1),N-1]=\min_{\boldsymbol{u}(N-1)\in U}\{L[\boldsymbol{x}(N-1),\boldsymbol{u}(N-1),N-1]\}\tag{5.18}$$

式(5.18)仅为关于 $\boldsymbol{u}(N-1)\in U$ 的单级优化问题，不再如式(5.9)或式(5.11)的多级优化，易于求解。对于给定的或所有可能的 $\boldsymbol{x}(N-1)$ 求解式(5.18)，可得 $J^*[\boldsymbol{x}(N-1),N-1]$，然后利用方程(5.16)逐级递推，依次求解 $J^*[\boldsymbol{x}(N-2),N-2]$，$J^*[\boldsymbol{x}(N-3),N-3]$，…，$J^*[\boldsymbol{x}(1),1]$，$J^*[\boldsymbol{x}(0),0]$。

当求得 $J^*[\boldsymbol{x}(0),0]$时，实际已经获得了例 5.2 问题的最小代价(或称最优性能指标)，对应的最优策略为$\{\boldsymbol{u}^*(0),\boldsymbol{u}^*(1),\cdots,\boldsymbol{u}^*(k),\cdots,\boldsymbol{u}^*(N-1)\}$。不过上述最优策略 $\boldsymbol{u}^*(k)$，$(k=0,1,\cdots,N-1)$一般为关于第 k 级状态的表达式。问题中 $\boldsymbol{x}(0)$已知，由此得 $\boldsymbol{u}^*(0)$，进而基于状态方程(5.8)得到最优状态 $\boldsymbol{x}^*(1)$、$\boldsymbol{u}^*(1)$，以此类推，最终得到 $\boldsymbol{x}^*(N-1)$和 $\boldsymbol{u}^*(N-1)$。综上，动态规划求解多级决策问题的最优策略时，第一次迭代是基于最优性原理(式(5.16))的逆向递推；当递推至 $J^*[\boldsymbol{x}(0),0]$时，再根据状态方程正向逐级求解，最终得到最优控制序列和最优轨线[8]。

例 5.3 已知某系统状态方程

$$x(k+1)=2x(k)+u(k)$$

初始状态 $x(0)=1$。系统性能指标为

$$J=x^2(3)+\sum_{k=0}^{2}[x^2(k)+u^2(k)]$$

式中状态容许空间和控制容许集均为开集，试求最优控制序列$\{u^*(0),u^*(1),u^*(2)\}$使得代价函数极小。

本例为性能指标含有末值项的 3 级最优决策问题，求解时基于式(5.16)自最后一级逆推求解。首先求解 $N=3$ 时的最优控制，对应 $k=N-1=2$，有

$$\begin{aligned}J^*[x(2),2]&=\min_{u(2)\in U}\{L[x(2),u(2),2]+J^*[x(3),3]\}\\&=\min_{u(2)\in U}\{x^2(2)+u^2(2)+J^*[x(3),3]\}\end{aligned}$$

式中

$$J^*[x(3),3]=x^2(3)=[2x(2)+u(2)]^2$$

故有

$$J^*[x(2),2]=\min_{u(2)\in U}\{L[x(2),u(2),2]+J^*[x(3),3]\}$$

$$=\min_{u(2)\in U}\{x^2(2)+u^2(2)+[2x(2)+u(2)]^2\}$$

控制容许集为开集时，最优控制应满足

$$\frac{\partial J^*[x(2),2]}{\partial u(2)}=2u(2)+2[2x(2)+u(2)]=0$$

即 $k=2$ 级的最优控制和最优代价分别为

$$u^*(2)=-x(2)$$

$$J^*[x(2),2]=3x^2(2)$$

继续求解 $k=1$ 级时最优策略，仍然利用逆推关系式，有

$$J^*[x(1),1]=\min_{u(1)\in U}\{x^2(1)+u^2(1)+J^*[x(2),2]\}$$

$$=\min_{u(1)\in U}\{x^2(1)+u^2(1)+3x^2(2)\}$$

$$=\min_{u(1)\in U}\{x^2(1)+u^2(1)+3[2x(1)+u(1)]^2\}$$

对 $u(1)$ 求导得到

$$u^*(1)=-\frac{3}{2}x(1)$$

$$J^*[x(1),1]=4x^2(1)$$

类似地，求解 $k=0$ 级时系统代价为

$$J^*[x(0),0]=\min_{u(0)\in U}\{x^2(0)+u^2(0)+J^*[x(1),1]\}$$

$$=\min_{u(0)\in U}\{x^2(0)+u^2(0)+4[2x(0)+u(0)]^2\}$$

对应最优策略和最优代价为

$$u^*(0)=-\frac{8}{5}x(0)$$

$$J^*[x(0),0]=\frac{21}{5}x(0)$$

系统初态 $x(0)$ 为已知，将 $x(0)=1$ 代入上式，然后对 $k=0,1,2$ 逐级正向代入求解，解算得到最优控制、最优状态和最优代价：

$$u^*(0)=-\frac{8}{5},\quad x^*(1)=2x(0)+u^*(0)=\frac{2}{5},\quad J^*[x(0),0]=\frac{21}{5}$$

$$u^*(1)=-\frac{3}{5},\quad x^*(2)=2x(1)+u^*(1)=\frac{1}{5},\quad J^*[x(1),1]=\frac{16}{25}$$

$$u^*(2)=-\frac{1}{5},\quad x^*(3)=2x(2)+u^*(2)=\frac{1}{5},\quad J^*[x(2),2]=\frac{3}{25}$$

整理得到最优序列、最优轨线和最优代价：

$$u^* = \left\{ -\frac{8}{5}, -\frac{3}{5}, -\frac{1}{5} \right\}$$

$$x^* = \left\{ 1, \frac{2}{5}, \frac{1}{5}, \frac{1}{5} \right\}$$

$$J^* = J^*[x(0), 0] = \frac{21}{5}$$

观察上例，会发现求解最优控制序列和最优代价时，对于此 3 级决策问题首先从 $k=N-1=2$ 开始，逐级逆推得 $k=2,1,0$ 时各级对应的最优控制表达式，此时最优决策是关于各级状态的表达式。初始状态 $x(0)$ 已知，代入 $k=0$ 级最优策略表达式得到 $u^*(0)$，然后基于状态方程正向递推，直至求得所有阶段的最优策略、最优状态和最优代价。因此，利用动态规划方法求解多级决策问题最优控制时，涉及到两次递推，第一次是基于最优性原理从末段逐级逆向求解，第二次是从初态开始基于状态方程正向递推。实际上，式(5.16)可进一步展开为

$$J^*[x(k), k] = \min_{\boldsymbol{u}(k) \in U} \{ L|_k + \min_{\boldsymbol{u}(k+1) \in U} [L|_{k+1} + \cdots + \min_{\boldsymbol{u}(N-1) \in U} L|_{N-1}] \} \tag{5.19}$$

式中 $L|_k = L[\boldsymbol{x}(k), \boldsymbol{u}(k), k]$，$(k=0,1,\cdots,N-1)$。显然，正常求解时式(5.19)中含有各级性能指标，最优性原理将始于 $\boldsymbol{x}(0)$ 的最优控制问题嵌套进 $\boldsymbol{x}(k)$ 为初态的问题中，从 $k=N-1$ 级逆向求解时每次只考虑一级(或称一个阶段)，从而简化了问题的求解。

练习 5.2 查找文献，尝试分析 Bellman 提出最优性原理的关键思想和步骤。

练习 5.3 假设某系统状态方程为

$$x(k+1) = x(k) + u(k)$$

式中控制变量可取 $u(k)=\{-1,0,+1\}$，初末状态分别为 $x(0)=0$ 和 $x(4)=1$，性能指标为

$$J = \sum_{k=0}^{3} [x^2(k) + u^2(k)]$$

求最优控制序列 $\{u^*(0), u^*(1), u^*(2), u^*(3)\}$ 以及最优轨线，使得 J 取得极小值。

5.2 Hamilton-Jacobi-Bellman 方程

最优性原理和动态规划为多级决策问题的最优解处理提供了强有力的方法和工具。变分法和极小值原理处理的连续系统最优控制问题看起来与本章问题是有区别的，那么，动态规划能够处理连续系统最优控制问题吗？若同样适用，对连续系统有何要求？本节将尝试回答这些问题。Hamilton-Jacobi-Bellman(哈密顿-雅可比-贝尔曼)方程是由三位学者冠名的，有时简称 HJB 方程，Hamilton 是本书

雅可比
(1804—1851)

3.2 节单独介绍的 Hamilton 规范方程组的创造者。19 世纪 30 年代，Hamilton 尝试将规范方程组(式(3.21))转化为关于最优性能指标的偏微分方程组[9]。德国数学家 Jacobi① 后来发现了 Hamilton 提法中的问题并加以修正，指出 Hamilton 方程组在处理最优性能指标时应化为一个一阶非线性偏微分方程，后世将此方程称为 Hamilton-Jacobi 方程。基于最优性原理，Bellman 使得 Hamilton-Jacobi 方程进一步拓展至含有控制变量的最优控制问题，由此得名 HJB 方程。

19 世纪 30—40 年代，Hamilton 和 Jacobi 等人处理的主要是基本变分问题，如例 1.4 形式，现将其重新整理为关于 $\boldsymbol{x}(t)$ 和 t 的表述。要求解二次可微状态变量 $\boldsymbol{x}(t)$，使得性能泛函

$$J(\boldsymbol{x};\boldsymbol{x}_0,t_0)=\int_{t_0}^{t_f} L[\boldsymbol{x}(t),\dot{\boldsymbol{x}}(t),t]\mathrm{d}t \tag{5.20}$$

取得极值，其中 $\boldsymbol{x}(t_0)=\boldsymbol{x}_0$。基于变分法求解该泛函极值问题时，是对泛函求变分并取驻值为零，关注的是极值条件，而未真正求解性能指标 $J(\boldsymbol{x};\boldsymbol{x}_0,t_0)$ 的值。Hamilton-Jacobi 方程则是直接关注性能指标的取值，引入了“**值函数**”(value function)的概念，动态规划中 Bellman 递推求解的“最优代价”有异曲同工之妙。作为近期研究热点的强化学习(reinforcement learning)[10]，值函数更是核心概念之一。

定义基本变分问题的值函数为 $V(\boldsymbol{x}_0,t_0)$，是以 t_0 为初始时刻、$\boldsymbol{x}_0$ 为初始状态，在$[t_0,t_f]$内性能泛函的极小值，即

$$V(\boldsymbol{x}_0,t_0)\triangleq J^*(\boldsymbol{x};\boldsymbol{x}_0,t_0)=\min_{\boldsymbol{x}} J(\boldsymbol{x};\boldsymbol{x}_0,t_0) \tag{5.21}$$

系统 Hamilton 函数与式(3.20)一致，定义为 $H(\boldsymbol{x},\dot{\boldsymbol{x}},\boldsymbol{\lambda},t)=\boldsymbol{\lambda}^{\mathrm{T}}\dot{\boldsymbol{x}}-L(\boldsymbol{x},\dot{\boldsymbol{x}},t)$，则基于 Hamilton-Jacobi 方程可得值函数满足如下方程：

$$-\frac{\partial V(\boldsymbol{x}_0,t_0)}{\partial t}=H\left(\boldsymbol{x},\dot{\boldsymbol{x}},\frac{\partial V}{\partial \boldsymbol{x}},t\right) \tag{5.22}$$

沿用上述基于“值函数”的求解思想，利用动态规划方法求解连续时间系统的最优控制问题。对于连续时间系统，若初始时刻 t_0 处状态 $\boldsymbol{x}(t_0)$ 给定，假设性能指标在 $t\in[t_0,t_f]$取极值时的最优控制和最优轨线分别为 $\boldsymbol{u}^*(t)$ 与 $\boldsymbol{x}^*(t)$。那么，对于 $t_1\in[t_0,t_f]$且 $t_1>t_0$ 的系统状态 $\boldsymbol{x}(t_1)$ 而言，系统的最优控制和最优轨线应为 $\boldsymbol{u}^*(t)$ 与 $\boldsymbol{x}^*(t)$，$\forall t\in[t_1,t_f]$。

---

① 卡尔·雅可比(Carl Gustav Jacob Jacobi，1804—1851)，德国数学家，数学史上最勤奋的学者之一。Dirichlet 称他为 Lagrange 以来德国科学院成员中最卓越的数学家。

例 5.4 设连续时间系统状态方程

$$\dot{\boldsymbol{x}}(t)=\boldsymbol{f}[\boldsymbol{x}(t),\boldsymbol{u}(t),t] \tag{5.23}$$

式中,状态 $\boldsymbol{x}(t)\in\mathbb{R}^n$ 且初态满足 $\boldsymbol{x}(t_0)=\boldsymbol{x}_0$,控制变量 $\boldsymbol{u}(t)\in U\subset\mathbb{R}^m$,函数 $\boldsymbol{f}(\cdot)\in\mathbb{R}^n$ 连续可微。试求最优控制 $\boldsymbol{u}^*(t)$,使得性能指标

$$J[\boldsymbol{x}(t_0),t_0]=\varphi[\boldsymbol{x}(t_f),t_f]+\int_{t_0}^{t_f}L[\boldsymbol{x}(t),\boldsymbol{u}(t),t]\mathrm{d}t \tag{5.24}$$

达到极小。指标 $J[\boldsymbol{x}(t_0),t_0]$连续,且对 $\boldsymbol{x}(t)$和 t 具有连续二阶偏导数。

基于最优性原理求解例 5.4 问题时,将 $J[\boldsymbol{x}(t_0),t_0]$嵌套进 $J[\boldsymbol{x}(t),t]$的问题中,从而构造递推关系式。一旦确定了最优性能指标 $J^*[\boldsymbol{x}(t),t]$及其对应的最优控制,那么例 5.4 中始于 $t=t_0$ 的最优控制问题也就随之而解了。定义性能指标

$$J[\boldsymbol{x}(t),t]=\varphi[\boldsymbol{x}(t_f),t_f]+\int_{t}^{t_f}L[\boldsymbol{x}(\tau),\boldsymbol{u}(\tau),\tau]\mathrm{d}\tau \tag{5.25}$$

表示 $\tau\in[t,t_f]$区间的性能指标。类似多级决策问题,现将$[t,t_f]$分为$[t,t+\Delta t]$和$[t+\Delta t,t_f]$两个区间,式(5.25)可改写为

$$\begin{aligned}J[\boldsymbol{x}(t),t]&=\int_{t}^{t+\Delta t}L[\boldsymbol{x}(\tau),\boldsymbol{u}(\tau),\tau]\mathrm{d}\tau+\\&\qquad\varphi[\boldsymbol{x}(t_f),t_f]+\int_{t+\Delta t}^{t_f}L[\boldsymbol{x}(\tau),\boldsymbol{u}(\tau),\tau]\mathrm{d}\tau\\&=\int_{t}^{t+\Delta t}L[\boldsymbol{x}(\tau),\boldsymbol{u}(\tau),\tau]\mathrm{d}\tau+J[\boldsymbol{x}(t+\Delta t),t+\Delta t]\end{aligned} \tag{5.26}$$

由最优性原理,有

$$J^*[\boldsymbol{x}(t),t]=\min_{\boldsymbol{u}(t,t+\Delta t)\in U}\left\{\int_{t}^{t+\Delta t}L[\boldsymbol{x}(\tau),\boldsymbol{u}(\tau),\tau]\mathrm{d}\tau+J^*[\boldsymbol{x}(t+\Delta t),t+\Delta t]\right\} \tag{5.27}$$

式中右端第一项根据积分中值定理化简得

$$\int_{t}^{t+\Delta t}L[\boldsymbol{x}(\tau),\boldsymbol{u}(\tau),\tau]\mathrm{d}\tau=L[\boldsymbol{x}(t+\alpha\Delta t),\boldsymbol{u}(t+\alpha\Delta t),t+\alpha\Delta t]\Delta t \tag{5.28}$$

其中常值 $0<\alpha<1$。由于 $J[\boldsymbol{x}(t),t]$连续,式(5.27)右端第二项可在$[\boldsymbol{x}(t),t]$处 Taylor 展开:

$$J^*[\boldsymbol{x}(t+\Delta t),t+\Delta t]=J^*[\boldsymbol{x}(t),t]+\frac{\partial J^*}{\partial\boldsymbol{x}}\frac{\mathrm{d}\boldsymbol{x}}{\mathrm{d}t}\Delta t+\frac{\partial J^*}{\partial t}\Delta t+o(\Delta^2 t) \tag{5.29}$$

式(5.29)右端最后一项为关于 Δt 的高阶小量。将式(5.28)和式(5.29)代入递推关系式(5.27),并将$\dot{\boldsymbol{x}}=\mathrm{d}\boldsymbol{x}/\mathrm{d}t=\boldsymbol{f}(\boldsymbol{x},\boldsymbol{u},t)$代入,整理后得

$$-\frac{\partial J^*[\boldsymbol{x}(t),t]}{\partial t}=\min_{\boldsymbol{u}(t,t+\Delta t)\in U}\left\{\begin{aligned}&L[\boldsymbol{x}(t+\alpha\Delta t),\boldsymbol{u}(t+\alpha\Delta t),t+\alpha\Delta t]+\\&\frac{\partial J^*}{\partial\boldsymbol{x}}\boldsymbol{f}[\boldsymbol{x}(t),\boldsymbol{u}(t),t]+\frac{o(\Delta^2 t)}{\Delta t}\end{aligned}\right\}$$

令 $\Delta t\to 0$ 并取极限,最终得到连续系统动态规划最优解关系式:

$$-\frac{\partial J^*[\boldsymbol{x}(t),t]}{\partial t}=\min_{\boldsymbol{u}(t)\in U}\left\{L[\boldsymbol{x}(t),\boldsymbol{u}(t),t]+\frac{\partial J^*}{\partial \boldsymbol{x}}\boldsymbol{f}[\boldsymbol{x}(t),\boldsymbol{u}(t),t]\right\} \tag{5.30}$$

上式便是著名的 **Hamilton-Jacobi-Bellman 方程**，有时也简称 Hamilton-Jacobi 方程，不过其与式(5.22)的含义已不同。为了唯一确定 $J^*[\boldsymbol{x}(t),t]$，还需要上式的边值条件。由性能指标(5.25)，令 $t=t_f$ 得

$$J[\boldsymbol{x}(t_f),t_f]=\varphi[\boldsymbol{x}(t_f),t_f] \tag{5.31}$$

上式对任意的 $\boldsymbol{u}(t)$ 均成立，故必有边值条件

$$J^*[\boldsymbol{x}(t_f),t_f]=\varphi[\boldsymbol{x}(t_f),t_f] \tag{5.32}$$

细心的读者可能已经注意到，若取 Lagrange 乘子

$$\boldsymbol{\lambda}(t)=\frac{\partial J^*[\boldsymbol{x}(t),t]}{\partial \boldsymbol{x}} \tag{5.33}$$

则式(5.30)等号右侧大括号内恰好为 Hamilton 函数

$$\begin{aligned}H(\boldsymbol{x},\boldsymbol{u},\boldsymbol{\lambda},t)&=L(\boldsymbol{x},\boldsymbol{u},t)+\boldsymbol{\lambda}^{\mathrm{T}}(t)\boldsymbol{f}(\boldsymbol{x},\boldsymbol{u},t)\\&=L(\boldsymbol{x},\boldsymbol{u},t)+\frac{\partial J^*}{\partial \boldsymbol{x}}\boldsymbol{f}(\boldsymbol{x},\boldsymbol{u},t)\end{aligned} \tag{5.34}$$

由此，HJB 方程(5.30)可简写为

$$-\frac{\partial J^*[\boldsymbol{x}(t),t]}{\partial t}=\min_{\boldsymbol{u}(t)\in U}H\left[\boldsymbol{x}(t),\boldsymbol{u}(t),\frac{\partial J^*[\boldsymbol{x}(t),t]}{\partial \boldsymbol{x}},t\right] \tag{5.35}$$

或者

$$\frac{\partial J^*[\boldsymbol{x}(t),t]}{\partial t}+H\left[\boldsymbol{x}(t),\boldsymbol{u}^*(t),\frac{\partial J^*}{\partial \boldsymbol{x}},t\right]=0 \tag{5.36}$$

结合以上分析，下面给出例 5.4 的求解步骤：

(1) 由 Hamilton 函数取极值

$$H\left[\boldsymbol{x}(t),\boldsymbol{u}^*(t),\frac{\partial J^*}{\partial \boldsymbol{x}},t\right]=\min_{\boldsymbol{u}(t)\in U}H\left[\boldsymbol{x}(t),\boldsymbol{u}(t),\frac{\partial J^*[\boldsymbol{x}(t),t]}{\partial \boldsymbol{x}},t\right] \tag{5.37}$$

得到最优控制 $\boldsymbol{u}^*(t)$ 隐式解。特别地，若控制容许集为开集，$\boldsymbol{u}^*(t)$ 可由驻值条件

$$\frac{\partial H}{\partial \boldsymbol{u}}=\frac{\partial L}{\partial \boldsymbol{u}}+\frac{\partial \boldsymbol{f}^{\mathrm{T}}}{\partial \boldsymbol{u}}\cdot\frac{\partial J^*}{\partial \boldsymbol{x}}=\boldsymbol{0}$$

求得，式中考虑了各函数和变量的维数，其中 $\partial L/\partial \boldsymbol{u}\in\mathbb{R}^m$ 为 m 维列向量，$\partial J^*/\partial \boldsymbol{x}\in\mathbb{R}^n$ 为 n 维列向量，而 $\partial \boldsymbol{f}^{\mathrm{T}}/\partial \boldsymbol{u}$ 则是 $m\times n$ 维 Jacobi 矩阵，具体表达式为

$$\frac{\partial \boldsymbol{f}^{\mathrm{T}}}{\partial \boldsymbol{u}}=\begin{bmatrix}\frac{\partial f_1}{\partial u_1} & \frac{\partial f_2}{\partial u_1} & \cdots & \frac{\partial f_n}{\partial u_1}\\ \frac{\partial f_1}{\partial u_2} & \frac{\partial f_2}{\partial u_2} & \cdots & \frac{\partial f_n}{\partial u_2}\\ \vdots & \vdots & & \vdots\\ \frac{\partial f_1}{\partial u_m} & \frac{\partial f_2}{\partial u_m} & \cdots & \frac{\partial f_n}{\partial u_m}\end{bmatrix}$$

隐式解表达式为

$$\boldsymbol{u}^* = \boldsymbol{u}^* \left[\boldsymbol{x}(t), \frac{\partial J^*}{\partial \boldsymbol{x}}, t\right] \tag{5.38}$$

(2) 求最优性能指标 $J^*[\boldsymbol{x}(t),t]$。将隐式解(5.38)代入 HJB 方程(5.36),得到

$$\frac{\partial J^*}{\partial t} + H\left\{\boldsymbol{x}(t), \boldsymbol{u}^* \left[\boldsymbol{x}(t), \frac{\partial J^*}{\partial \boldsymbol{x}}, t\right], \frac{\partial J^*}{\partial \boldsymbol{x}}, t\right\} = 0 \tag{5.39}$$

在上式中基于隐式解(5.38)消去 $\boldsymbol{u}^*$,得化简形式为

$$\frac{\partial J^*}{\partial t} + H\left[\boldsymbol{x}(t), \frac{\partial J^*}{\partial \boldsymbol{x}}, t\right] = 0 \tag{5.40}$$

再结合边界条件(5.32)可以解出最优性能指标 $J^*[\boldsymbol{x}(t),t]$。

(3) 求解最优控制 $\boldsymbol{u}^*$ 和最优轨线 $\boldsymbol{x}^*(t)$。将第(2)步所得 $J^*[\boldsymbol{x}(t),t]$代入式(5.38)得最优控制显式解 $\boldsymbol{u}^*[\boldsymbol{x}(t),t]$。再将 $\boldsymbol{u}^*[\boldsymbol{x}(t),t]$代入式(5.23),得最优轨线 $\boldsymbol{x}^*(t)$。

由以上例 5.4 的求解步骤可以看出,动态规划方法求解连续时间最优控制问题时并无明显优势,其核心是求解一阶偏微分方程(5.40)。对于一般优化问题而言,该方程的求解是非常困难的。对于一类特殊的优化问题——线性二次型最优控制问题,HJB 方程的求解比较简单,而且最优解是最优性能指标的充分必要条件。

此外需要做三点说明:①对于例 5.4 类优化问题,若能求解出 J^* 和 $\boldsymbol{u}^*$ 满足 HJB 方程,则二者必为该问题的最优指标和最优控制;但是,如果未能确定出 J^* 和 $\boldsymbol{u}^*$,并不能说明例 5.4 无最优解。②若函数 $\boldsymbol{f}(\boldsymbol{x},\boldsymbol{u},t)$和 $L(\boldsymbol{x},\boldsymbol{u},t)$不满足连续可微条件,那么 $J^*[\boldsymbol{x}(t+\Delta t),t+\Delta t]$无法在$[\boldsymbol{x}(t),t]$处 Taylor 展开,此时便不能应用 HJB 方程来求解连续系统的最优控制问题了。③现代计算中常以大量离散采样点逼近连续控制问题。对于状态变量和控制变量均为高维的系统而言,精细的离散对应大量的计算和存储代价,导致递推 HJB 方程时面临计算困难,Bellman 称其**“维数灾难”**(curse of dimensionality)[1]。下面以一个简单的算例结束本节的讨论。

例 5.5 已知定常系统状态方程

$$\dot{x}(t) = u(t)$$

初态 $x(0)=x_0$,终端时刻 t_f 自由,控制容许集为开集。求最优控制 $u^*(t)$使得性能指标

$$J = \int_0^{t_f} \left(x^2 + u^2 + \frac{x^4}{4}\right) \mathrm{d}t$$

取得极小值。

本例为 Lagrange 型性能指标,终端无约束,终端时刻自由的连续系统最优控制问题。应用动态规划方程求解时,Lagrange 乘子为$\partial J^*/\partial x$,构造系统 Hamilton 函数

$$H=x^2+u^2+\frac{x^4}{4}+\frac{\partial J^*}{\partial x}u$$

由驻值条件$\partial H/\partial u=0$可得 $u^*(t)$隐式解

$$u^*(t)=-\frac{1}{2}\frac{\partial J^*}{\partial x}$$

将其代入 HJB 方程(5.39),有

$$\frac{\partial J^*}{\partial t}+x^2+\frac{x^4}{4}-\frac{1}{4}\left(\frac{\partial J^*}{\partial x}\right)^2=0$$

对于 t_f 自由的定常系统而言,该问题中值函数与时间 t 无关,即$\partial J^*/\partial t=0$,代入上式求解,略去负根可得

$$\frac{\partial J^*}{\partial x}=\sqrt{4x^2+x^4}$$

从而得系统最优控制为

$$u^*(t)=-\frac{1}{2}\frac{\partial J^*}{\partial x}=-\frac{\sqrt{4x^2+x^4}}{2}$$

练习 5.4　应用变分法求解例 5.5 中最优控制。

5.3　与极小值原理及变分法的比较

经过 5.2 节的讨论,可以看到多级决策问题和最优控制问题密切关联,不过在 20 世纪 50—60 年代人们尚未认识至此。在动态规划方法提出的最初几年,包括 Bellman 在内的众多学者并未意识到动态规划于最优控制问题的重要价值。本节从形式上推证动态规划与极小值原理、动态规划与变分法间的关系(注:变分法与极小值原理的关系参见第 4 章),以期读者对上述方法的认识更加深入[4,8]。

实际上,最优控制的经典内容至此基本已齐,第 6 章中要讨论的离散系统和线性二次型最优控制,均可看作前面几章最优控制方法在特定系统的应用。变分法、极小值原理和动态规划,无疑可视作最优控制理论的"基因组",共同构成了最优控制发展的核心基石。变分法通过 Euler 方程和横截条件处理控制无约束的优化问题;极小值原理基于 Hamilton 函数极值条件求解有约束的系统极值(包括控制约束和常微分方程状态约束等);动态规划基于最优性原理的递推方程处理多级决策问题,同时应用 HJB 方程可求解性能指标连续可微的连续系统最优解。

5.3.1　动态规划与极小值原理

考虑连续时间系统最优控制问题。假设系统状态方程为

$$\dot{\boldsymbol{x}}(t)=\boldsymbol{f}[\boldsymbol{x}(t),\boldsymbol{u}(t),t] \tag{5.41}$$

初态 $\boldsymbol{x}(t_0)=\boldsymbol{x}_0$,$\boldsymbol{x}(t)\in\mathbb{R}^n$,$\boldsymbol{u}(t)\in\mathbb{R}^m$。求最优控制 $\boldsymbol{u}^*(t)\in U$,使得性能指标

$$J=\varphi[\boldsymbol{x}(t_{\mathrm{f}}),t_{\mathrm{f}}]+\int_{t_0}^{t_{\mathrm{f}}}L(\boldsymbol{x},\boldsymbol{u},t)\mathrm{d}t \tag{5.42}$$

取极小值。系统终端状态 $\boldsymbol{x}(t_{\mathrm{f}})$ 自由,终端时刻 t_{f} 给定。

本节以该最优控制问题为例,讨论动态规划与极小值原理间关系。式(5.41)和式(5.42)对应 Bolza 型指标、终端时刻固定、终端状态自由的时变系统最优控制问题,当引入 Hamilton 函数

$$H(\boldsymbol{x},\boldsymbol{u},\boldsymbol{\lambda},t)=L(\boldsymbol{x},\boldsymbol{u},t)+\boldsymbol{\lambda}^{\mathrm{T}}(t)\boldsymbol{f}(\boldsymbol{x},\boldsymbol{u},t)$$

时,基于极小值原理可推得问题极值必要条件,包括:

规范方程:$\dot{\boldsymbol{x}}(t)=\dfrac{\partial H}{\partial \boldsymbol{\lambda}}$;$\dot{\boldsymbol{\lambda}}(t)=-\dfrac{\partial H}{\partial \boldsymbol{x}}$

极值条件:$H^*(\boldsymbol{x},\boldsymbol{u}^*,\boldsymbol{\lambda},t)=\min\limits_{\boldsymbol{u}(t)\in U}H(\boldsymbol{x},\boldsymbol{u},\boldsymbol{\lambda},t)$

边界条件:$\boldsymbol{x}(t_0)=\boldsymbol{x}_0,\boldsymbol{\lambda}(t_{\mathrm{f}})=\dfrac{\partial\varphi[\boldsymbol{x}(t_{\mathrm{f}}),t_{\mathrm{f}}]}{\partial \boldsymbol{x}(t_{\mathrm{f}})}$

下面应用 HJB 方程尝试推导上述条件。假定该问题的最优性能指标 $J^*[\boldsymbol{x}(t),t]$存在且连续可微,HJB 方程给出一阶偏微分方程

$$\frac{\partial J^*}{\partial t}+H^*\left(\boldsymbol{x},\frac{\partial J^*}{\partial \boldsymbol{x}},t\right)=0 \tag{5.43}$$

对应边界条件为

$$J^*[\boldsymbol{x}(t_{\mathrm{f}}),t_{\mathrm{f}}]=\varphi[\boldsymbol{x}(t_{\mathrm{f}}),t_{\mathrm{f}}] \tag{5.44}$$

式(5.43)中 Hamilton 函数为最优控制 $\boldsymbol{u}^*(t)$时取值,有

$$H^*\left(\boldsymbol{x},\frac{\partial J^*}{\partial \boldsymbol{x}},t\right)=\min_{\boldsymbol{u}(t)\in U}H\left(\boldsymbol{x},\boldsymbol{u},\frac{\partial J^*}{\partial \boldsymbol{x}},t\right) \tag{5.45}$$

由 HJB 方程(5.30)定义 Hamilton 函数为

$$H\left(\boldsymbol{x},\boldsymbol{u},\frac{\partial J^*}{\partial \boldsymbol{x}},t\right)=L(\boldsymbol{x},\boldsymbol{u},t)+\frac{\partial J^*}{\partial \boldsymbol{x}}\cdot \boldsymbol{f}(\boldsymbol{x},\boldsymbol{u},t) \tag{5.46}$$

上式表达为规范形式时,$\partial J^*/\partial \boldsymbol{x}$ 项应有转置,以便完成矢量求积。若取乘子

$$\boldsymbol{\lambda}(t)=\frac{\partial J^*[\boldsymbol{x}(t),t]}{\partial \boldsymbol{x}} \tag{5.47}$$

可得满足系统要求的状态方程

$$\dot{\boldsymbol{x}}(t)=\frac{\partial H}{\partial \boldsymbol{\lambda}}=\boldsymbol{f}(\boldsymbol{x},\boldsymbol{u},t) \tag{5.48}$$

以及极值条件

$$H^*(\boldsymbol{x},\boldsymbol{u}^*,\boldsymbol{\lambda},t)=\min_{\boldsymbol{u}(t)\in U}H(\boldsymbol{x},\boldsymbol{u},\boldsymbol{\lambda},t) \tag{5.49}$$

接下来推导协态方程。将式(5.47)对 t 取全导数,有

$$\dot{\boldsymbol{\lambda}}(t)=\frac{\mathrm{d}}{\mathrm{d}t}\left[\frac{\partial J^*(\boldsymbol{x},t)}{\partial \boldsymbol{x}}\right]=\frac{\partial^2 J^*}{\partial \boldsymbol{x}\partial t}+\frac{\partial^2 J^*}{\partial \boldsymbol{x}^2}\dot{\boldsymbol{x}}$$

$$= \frac{\partial}{\partial \boldsymbol{x}}\left[\frac{\partial J^*(\boldsymbol{x},t)}{\partial t}\right] + \frac{\partial^2 J^*}{\partial \boldsymbol{x}^2}\boldsymbol{f}(\boldsymbol{x},\boldsymbol{u},t)$$

$$= -\frac{\partial}{\partial \boldsymbol{x}}\left[H^*\left(\boldsymbol{x},\frac{\partial J^*}{\partial \boldsymbol{x}},t\right)\right] + \frac{\partial^2 J^*}{\partial \boldsymbol{x}^2}\boldsymbol{f}(\boldsymbol{x},\boldsymbol{u},t)$$

上式中最后一个等号利用了方程(5.43)。进一步,将式(5.45)和式(5.46)代入上式,得

$$\begin{aligned}
\dot{\boldsymbol{\lambda}}(t) &= -\frac{\partial}{\partial \boldsymbol{x}}\left[L(\boldsymbol{x},\boldsymbol{u}^*,t) + \frac{\partial J^*}{\partial \boldsymbol{x}}\boldsymbol{f}(\boldsymbol{x},\boldsymbol{u}^*,t)\right] + \frac{\partial^2 J^*}{\partial \boldsymbol{x}^2}\boldsymbol{f}(\boldsymbol{x},\boldsymbol{u},t) \\
&= -\frac{\partial L(\boldsymbol{x},\boldsymbol{u}^*,t)}{\partial \boldsymbol{x}} - \frac{\partial^2 J^*}{\partial \boldsymbol{x}^2}\boldsymbol{f}(\boldsymbol{x},\boldsymbol{u},t) - \frac{\partial J^*}{\partial \boldsymbol{x}}\frac{\partial \boldsymbol{f}(\boldsymbol{x},\boldsymbol{u}^*,t)}{\partial \boldsymbol{x}} + \frac{\partial^2 J^*}{\partial \boldsymbol{x}^2}\boldsymbol{f}(\boldsymbol{x},\boldsymbol{u},t) \\
&= -\left[\frac{\partial L(\boldsymbol{x},\boldsymbol{u}^*,t)}{\partial \boldsymbol{x}} + \frac{\partial J^*}{\partial \boldsymbol{x}}\frac{\partial \boldsymbol{f}(\boldsymbol{x},\boldsymbol{u}^*,t)}{\partial \boldsymbol{x}}\right] \\
&= -\left[\frac{\partial L(\boldsymbol{x},\boldsymbol{u}^*,t)}{\partial \boldsymbol{x}} + \boldsymbol{\lambda}^{\mathrm{T}}(t)\frac{\partial \boldsymbol{f}(\boldsymbol{x},\boldsymbol{u}^*,t)}{\partial \boldsymbol{x}}\right] = -\frac{\partial H(\boldsymbol{x},\boldsymbol{u},\boldsymbol{\lambda},t)}{\partial \boldsymbol{x}}
\end{aligned} \tag{5.50}$$

上式最终表达式即为协态方程。最后推导边界条件中的横截条件,将 $t=t_{\mathrm{f}}$ 代入式(5.47),有

$$\lambda(t_{\mathrm{f}}) = \frac{\partial J^*[\boldsymbol{x}(t_{\mathrm{f}}),t_{\mathrm{f}}]}{\partial \boldsymbol{x}} = \frac{\partial \varphi[\boldsymbol{x}(t_{\mathrm{f}}),t_{\mathrm{f}}]}{\partial \boldsymbol{x}(t_{\mathrm{f}})} \tag{5.51}$$

其中第二个等号利用了式(5.44)。至此,在 $J^*[\boldsymbol{x}(t),t]$连续可微的前提下,基于 HJB 方程(5.43)及其边界条件(5.44),推得了连续系统最优控制问题在极小值原理时的全部必要条件。

练习 5.5 针对本节问题,当系统终端时刻自由时,基于 Hamilton-Jacobi-Bellman 方程及其边界条件推导极值必要条件。

5.3.2 动态规划与变分法

本节以例 1.4 中边值条件固定的 Lagrange 问题为例,探讨动态规划方程与变分法的异同,以此揭示两种方法间更深刻的联系。变分法的问题比较简单,是确定最优轨线 $\boldsymbol{x}^*(t)$,使得性能泛函

$$J = \int_{t_0}^{t_{\mathrm{f}}} L(\boldsymbol{x},\dot{\boldsymbol{x}},t)\mathrm{d}t \tag{5.52}$$

取极值。对于例 1.4 问题而言,有 $\boldsymbol{x}(t_0)=\boldsymbol{x}_0$ 和 $\boldsymbol{x}(t_{\mathrm{f}})=\boldsymbol{x}_{\mathrm{f}}$,$\boldsymbol{x}(t)$为连续可微的向量函数。

为了建立与动态规划求解的最优控制问题间联系,不妨令

$$\dot{\boldsymbol{x}}(t) = \boldsymbol{u}(t) \tag{5.53}$$

则基本变分问题在控制变量 $\boldsymbol{u}(t)$作用下,可重新表达如下:求解最优控制 $\boldsymbol{u}^*(t)$,使得系统性能指标

$$J = \int_{t_0}^{t_f} L(\boldsymbol{x}, \boldsymbol{u}, t)\mathrm{d}t \tag{5.54}$$

取得极值，其中 $\boldsymbol{u}(t)$ 无约束。下面将利用 HJB 方程推导 Euler-Lagrange 方程。假定此时动态规划需要的连续性等条件成立，由 HJB 方程(5.30)，有

$$-\frac{\partial J^*[\boldsymbol{x}(t), t]}{\partial t} = \min_{\boldsymbol{u}(t)\in U}\left\{L[\boldsymbol{x}(t), \boldsymbol{u}(t), t] + \frac{\partial J^*}{\partial \boldsymbol{x}}\boldsymbol{u}(t)\right\} \tag{5.55}$$

定义 Hamilton 函数

$$H = L(\boldsymbol{x}, \boldsymbol{u}, t) + \frac{\partial J^*}{\partial \boldsymbol{x}}\boldsymbol{u} \tag{5.56}$$

则式(5.55)可重写为

$$\min_{\boldsymbol{u}(t)}\left[H + \frac{\partial J^*}{\partial t}\right] = 0 \tag{5.57}$$

又 $\boldsymbol{u}(t)$ 无约束，由驻值条件可得

$$\frac{\partial H}{\partial \boldsymbol{u}} = \frac{\partial L}{\partial \boldsymbol{u}} + \frac{\partial J^*}{\partial \boldsymbol{x}} = \boldsymbol{0} \tag{5.58}$$

上式对 t 取偏导数，有

$$\frac{\partial^2 L}{\partial \boldsymbol{u}\partial t} + \frac{\partial^2 J^*}{\partial \boldsymbol{x}\partial t} = \boldsymbol{0} \tag{5.59}$$

由式(5.58)和式(5.59)解得

$$\begin{aligned} \frac{\partial J^*}{\partial \boldsymbol{x}} &= -\frac{\partial L}{\partial \boldsymbol{u}} \\ \frac{\partial^2 J^*}{\partial \boldsymbol{x}\partial t} &= -\frac{\partial^2 L}{\partial \boldsymbol{u}\partial t} \end{aligned} \tag{5.60}$$

将式(5.58)中解得的最优控制 $\boldsymbol{u}^*(t)$ 代入式(5.55)并整理得

$$L(\boldsymbol{x}, \boldsymbol{u}^*, t) + \frac{\partial J^*}{\partial \boldsymbol{x}}\boldsymbol{u}^* + \frac{\partial J^*}{\partial t} = 0 \tag{5.61}$$

上式对 $\boldsymbol{x}(t)$ 求偏导，得

$$\frac{\partial L}{\partial \boldsymbol{x}} + \frac{\partial}{\partial \boldsymbol{x}}\left[\frac{\partial J^*}{\partial \boldsymbol{x}}\boldsymbol{u}^*\right] + \frac{\partial^2 J^*}{\partial \boldsymbol{x}\partial t} = \boldsymbol{0} \tag{5.62}$$

将式(5.60)结果代入上式，有

$$\frac{\partial L}{\partial \boldsymbol{x}} + \frac{\partial}{\partial \boldsymbol{x}}\left[-\frac{\partial L}{\partial \boldsymbol{u}}\boldsymbol{u}^*\right] - \frac{\partial^2 L}{\partial \boldsymbol{u}\partial t} = \boldsymbol{0}$$

最优控制 $\boldsymbol{u}^*(t)$ 对应最优轨线 $\boldsymbol{x}^*(t)$，必满足状态方程(5.53)，以 $\dot{\boldsymbol{x}}^*$ 代替 $\boldsymbol{u}^*(t)$，得

$$\frac{\partial L}{\partial \boldsymbol{x}} - \frac{\partial}{\partial \boldsymbol{x}}\left[\frac{\partial L}{\partial \dot{\boldsymbol{x}}^*}\dot{\boldsymbol{x}}^*\right] - \frac{\partial^2 L}{\partial \dot{\boldsymbol{x}}^*\partial t} = 0 \tag{5.63}$$

观察微分等式

$$\frac{\mathrm{d}}{\mathrm{d}t}\left(\frac{\partial L}{\partial \dot{\boldsymbol{x}}}\right) = \frac{\partial^2 L}{\partial \boldsymbol{x}\partial \dot{\boldsymbol{x}}}\dot{\boldsymbol{x}} + \frac{\partial^2 L}{\partial \dot{\boldsymbol{x}}\partial t}$$

将上式代入式(5.63)即得所求 Euler-Lagrange 方程：

$$\frac{\partial L}{\partial \boldsymbol{x}}-\frac{\mathrm{d}}{\mathrm{d}t}\left(\frac{\partial L}{\partial \dot{\boldsymbol{x}}}\right)=0 \tag{5.64}$$

综合本节分析，动态规划方法在性能指标连续可微时可以导出极小值原理的所有结论，不过 HJB 方程是一个偏微分方程，通常难以求解。对于多级决策问题，动态规划方法具有独特优势，相比于极小值原理求解边值问题，逆向逐级递推简化了问题单步求解难度，且适合于数值计算。一般而言，变分法的结论是极小值原理结论的特例，即控制无约束情况下可由极小值原理推得变分法结论。极小值原理则能够处理控制约束为闭集、且 Hamilton 函数对控制不存在连续偏导数的情形。三类方法均未给出解的存在性和唯一性结论，在求解时需根据实际问题的物理特性等进一步考察。

练习 5.6　应用动态规划方法求解例 1.2 的最速降线问题。

5.4　小结

动态规划方法是求解最优控制问题的一类重要方法，是最优控制发展中的一个里程碑。动态规划方法的核心是最优性原理，将原始问题嵌套进一个更大类问题，通过逐级递推求解最优控制。该方法自 20 世纪 50 年代起由 Bellman 等逐步创立，在多级决策问题最优控制中具有独特优势。本章从多级决策问题入手，论述了 Bellman 最优性原理，阐明了动态规划的核心思想，由此推证了动态规划基本递推方程，以简单例题展示了递推方程的应用。

针对连续系统最优控制问题，基于动态规划递推思想，从值函数的角度推导了 Hamilton-Jacobi-Bellman 方程(HJB 方程)，为性能指标连续可微的最优控制问题提供了新的求解方法。至此，最优控制中的基础核心知识已全部整理完毕。本章最后以 Bolza 型指标最优控制问题为例，基于 HJB 方程及其边界条件推证了极小值原理的所有结论；又以边值条件固定的 Lagrange 问题为例，从 HJB 方程出发推导出 Euler-Lagrange 方程；更加深入地阐释了动态规划方法与极小值原理及变分法间的关系。

思考题与习题

5.1　考虑一阶积分系统

$$\dot{x}(t)=u(t),\quad x(t_0)=x_0$$

及其性能指标

$$J=\frac{1}{2}ax^2(t_\mathrm{f})+\frac{1}{2}\int_{t_0}^{t_\mathrm{f}}u^2\mathrm{d}t,\quad a>0$$

式中 t_f 固定，控制 $u(t)$无约束，求最优控制 $u^*(t)$使 J 达到极小。

5.2　由 A 至 E 的交通网络如图 5.7 所示，图中箭头表示单向通行，各字母可理解为重要站点，箭头线段旁数字表示两站点间路程距离。

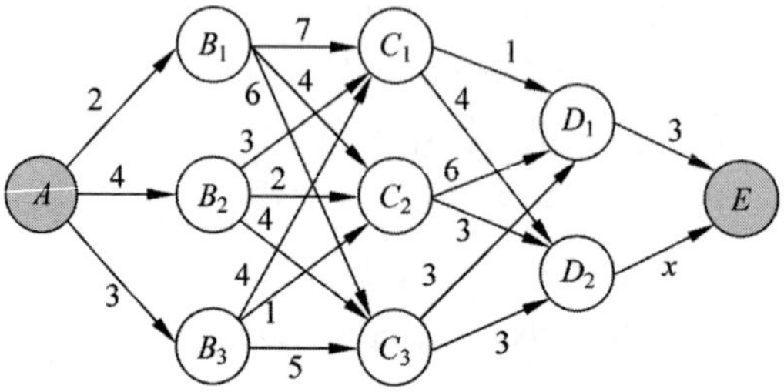

图 5.7　交通网络图

(1) D_2E 间距离取 $x=4$，请分别用枚举法和动态规划方法求解 $A\to E$ 的最短路线，并加以比较；

(2) 试分析 x 的取值与 $A\to E$ 最短路线的关系。

5.3　已知系统状态方程为

$$\dot{x}(t)=u(t),\quad x(t_0)=x_0$$

和性能指标

$$J=x^2(t_f)+\int_{t_0}^{t_f}[x^2(t)+u^2(t)]\mathrm{d}t$$

式中，控制 $u(t)$无约束。试分别以变分法和动态规划方法求最优控制 $u^*(t)$和最优性能指标 J^*。

5.4　已知

$$\dot{x}(t)=-10x(t)+u(t)$$

和性能指标

$$J=\frac{1}{2}x^2(t_f)+\frac{1}{2}\int_0^{t_f}\left[\frac{x^2(t)}{2}+u^2(t)\right]\mathrm{d}t$$

式中终端时刻给定为 $t_f=0.04$，试用连续动态规划求解最优控制 $u^*(t)$。

5.5　假设系统方程为

$$\dot{\boldsymbol{x}}(t)=\boldsymbol{A}\boldsymbol{x}(t)+\boldsymbol{u}(t)$$

式中 $\boldsymbol{x}(t)\in\mathbb{R}^n$，$\boldsymbol{u}(t)\in\mathbb{R}^n$，$\boldsymbol{A}$ 为常值矩阵且满足

$$\boldsymbol{A}^{\mathrm{T}}+\boldsymbol{A}=\boldsymbol{0}$$

控制约束 $\|\boldsymbol{u}(t)\|\leqslant 1$，性能指标

$$J=\int_0^{t_f}\mathrm{d}t$$

试证明：系统 HJB 方程的解为

$$J(\boldsymbol{x})=\|\boldsymbol{x}(t)\|$$

并给出最优控制 $\boldsymbol{u}^*(t)\in\mathbb{R}^n$ 的具体形式。

5.6 受动态规划方法的启发，多级决策问题是否能正向递推呢？若可以，尝试给出正向递推公式，并比较和思考其与动态规划逆向递推的异同。

参考文献

[1] BELLMAN R E, LEE E S. History and development of dynamic programming[J]. IEEE Control Systems Magazine, 1984, 4(4): 24-28.

[2] BELLMAN R E. Dynamic Programming [M]. Princeton, NJ: Princeton University Press, 1957.

[3] BELLMAN R E. On the Theory of Dynamic Programming[J]. Proceedings of the National Academy of Sciences, 1952, 38(8), 716-719.

[4] 胡寿松，王执铨，胡维礼. 最优控制理论与系统[M]. 3版. 北京：科学出版社，2017.

[5] 吴季. 深空探测的现状、展望与建议[J]. 科技导报，2021, 39(3): 80-87.

[6] LI Z W, ZENG X Y, WANG S Q. Hopping trajectory planning for asteroid surface exploration accounting for terrain roughness[J]. Transactions of the Japan Society for Aeronautical and Space Sciences, 2021, 64(4): 205-214.

[7] 钟宜生. 最优控制[M]. 北京：清华大学出版社，2015.

[8] 李传江，马广富. 最优控制[M]. 北京：科学出版社，2011.

[9] 张杰，王飞跃. 最优控制——数学理论与智能方法(上册)[M]. 北京：清华大学出版社，2017.

[10] JIANG J X, ZENG X Y, GUZZETTI D, et al. Path planning for asteroid hopping rovers with pre-trained deep reinforcement learning architectures[J]. Acta Astronautica, 2020, 171: 265-279.

第6章 典型系统的最优控制问题

操千曲而后晓声，观千剑而后识器。

——刘勰《文心雕龙·知音》

内容提要

控制系统可分为线性系统与非线性系统，同时线性/非线性系统又都包含连续系统与离散系统，本章重点关注线性系统和离散系统的最优控制问题。具有二次型性能指标的线性系统最优控制问题是一类经典问题，称为线性二次型问题(LQ 问题)，本章主要应用极小值原理和动态规划方法求解 LQ 问题。线性/非线性连续系统离散化后得到离散控制系统，或者问题本身为离散系统，本章将依次给出离散系统 Euler 方程、极小值原理和动态规划方法。作为前几章最优控制方法的应用章节，本章最后以一个学术前沿问题展示最优控制问题建模、极小值原理求解过程及其数值仿真结果，以期加深读者对最优控制方法的理解和未来发展的思考。

线性系统(linear system)是相对非线性系统(nonlinear system)而言的，其基本特征是系统方程满足叠加原理。作为最简单和最基本的一类动态系统，线性系统的控制理论是研究最为充分和最为广泛的一个分支，由此产生的很多概念和方法，为非线性系统理论、最优控制理论和鲁棒控制理论等诸多分支的研究提供了重要参考。以傅里叶变换和拉普拉斯变换为基础的经典线性系统理论难以有效处理多输入多输出线性系统，且难以揭示系统内部结构更为深刻的特性。第二次世界大战结束后航天探测的发展推动了经典理论到现代控制理论的过渡，该过渡的重要标志性成果，便是卡尔曼(Rudolf E. Kálmán，1930—2016)将状态空间描述引入线性系统控制理论中。20 世纪 50—60 年代，卡尔曼对具有二次型指标的线性系统最优控制问题开展了大量研究，得到了具有解析表达式的线性反馈控制器，引起了控制工程界的极大关注并得到了广泛应用。

卡尔曼
(1930—2016)

实际物理系统运行时系统输出状态(或其导数)在各种扰动作用下难免会偏离平衡状态，人们希望施加控制作用使其回到平衡状态，这便是调节器问题。当施加的控制作用 $u(t)$ 与系统状态 $x(t)$ 为线性比例关系时，构成线性调节器。在经典线性系统理论中，极点配置法(pole-placement method)可视作调节器的一种，通过引入状态反馈可以实现极点的任意配置，克服了根轨迹法中极点只能沿根轨迹曲线移动的不足，不过极点如何配置往往与设计人员的经验有很大关系，大多通过试凑来获得可接受的稳定裕度等。伴随高维系统高精度控制的发展需求，线性二次型控制器(linear quadratic regulator，LQR)应运而生，通过程式化分析得到工程人员容易建模求解的通用反馈控制器，实现了系统性能指标最优情况下的极点配置。此外，线性二次型最优控制问题与鲁棒控制理论、H_2 和 H_∞ 控制理论等有着密切联系，是重要的研究对象。由此观之，线性二次型问题(有时简称 LQ 问题)是连接经典控制理论、最优控制理论和鲁棒控制的重要纽带，本章将首先讨论此类问题。

除了广泛关注的线性二次型问题外，本书在第 5 章动态规划中曾涉及离散系统但未深入讨论。在最优控制理论发展过程中，连续时间最优控制问题和离散最优控制问题是同时发展的，比如 1960 年 IFAC① 大会上卡尔曼的报告论文 *On the general theory of control systems* 中就详细分析了离散系统的控制问题[1]。离散系统通常有两种来源，①系统本身就是离散的，比如第 5 章中给出的 Bellman-Lee 的最优投弹问题[2]；②在工程实践中或计算仿真中，将连续系统离散化，即对 $[t_0, t_f]$ 运行区间进行 N 次采样，由这些采样点来描述和分析原来的连续系统。本章将离散系统作为一类典型系统加以深入讨论，一来可以对系统本身有个深入分析，二来可以对比变分法、极小值原理和动态规划方法在处理离散最优控制时的异同，以期加深读者对离散系统以及各类控制方法的理解。

本章最后以目前深空探测领域广泛关注的连续推力航天器轨迹优化问题为例，应用极小值原理求解前沿学术问题。从实际优化问题的提出、最优控制问题的描述、极小值原理的应用，以及最优控制结果的分析等方面加以讨论，力求对本书各章节内容有一个系统的应用介绍。上述两类典型系统(线性二次型问题和离散系统)和一个学术前沿问题的讨论，主要是变分法、极小值原理和动态规划等在实际系统的应用。

---

① International Federation of Automatic Control，国际自动控制联合会。

6.1 线性二次型问题

6.1.1 问题描述

假设线性时变系统的状态方程为

$$\begin{cases}\dot{\boldsymbol{x}}(t)=\boldsymbol{A}(t)\boldsymbol{x}(t)+\boldsymbol{B}(t)\boldsymbol{u}(t)\\ \boldsymbol{y}(t)=\boldsymbol{C}(t)\boldsymbol{x}(t)\end{cases} \tag{6.1}$$

初态 $\boldsymbol{x}(t_0)=\boldsymbol{x}_0$，其中 $\boldsymbol{x}(t)\in\mathbb{R}^n$ 为状态变量，$\boldsymbol{u}(t)\in\mathbb{R}^m$ 为控制变量，$\boldsymbol{y}(t)\in\mathbb{R}^l$ 为输出变量；$\boldsymbol{A}(t)$、$\boldsymbol{B}(t)$、$\boldsymbol{C}(t)$ 为维数适当的时变矩阵，矩阵各元素分段连续且有界。控制 $\boldsymbol{u}(t)$ 无约束，且满足 $0<l\leqslant m\leqslant n$。

式(6.1)中，$\boldsymbol{y}(t)$ 为线性系统实际输出向量，工程中一般有一个期望输出 $\overline{\boldsymbol{y}}(t)\in\mathbb{R}^l$，定义

$$\boldsymbol{e}(t)=\overline{\boldsymbol{y}}(t)-\boldsymbol{y}(t) \tag{6.2}$$

为误差向量。那么，在控制中总是希望系统能够达到期望的输出状态，即误差向量为零，故待优化的性能指标为

$$J_{\mathrm{e}}=\frac{1}{2}\int_{t_0}^{t_{\mathrm{f}}}L_{\mathrm{e}}\mathrm{d}t=\frac{1}{2}\int_{t_0}^{t_{\mathrm{f}}}\boldsymbol{e}^{\mathrm{T}}(t)\boldsymbol{Q}(t)\boldsymbol{e}(t)\mathrm{d}t \tag{6.3}$$

式中 $\boldsymbol{Q}(t)\in\mathbb{R}^{l\times l}$ 为非负定时变矩阵，系数 1/2 则方便后续求导运算。对于 $q_i(t)\geqslant 0(i=1,2,\cdots,l)$，若取

$$\boldsymbol{Q}(t)\triangleq\mathrm{diag}\{q_1(t),q_2(t),\cdots,q_l(t)\}$$

则性能指标被积函数为

$$L_{\mathrm{e}}=\frac{1}{2}\boldsymbol{e}^{\mathrm{T}}(t)\boldsymbol{Q}(t)\boldsymbol{e}(t)=\frac{1}{2}\sum_{i=1}^{l}q_i(t)e_i^2(t)\geqslant 0$$

上式表明，该指标是对系统动态跟踪误差加权平方和的积分要求，是系统整个控制过程中动态跟踪误差的总度量，直接反映了系统的控制效果。

现代控制理论与经典控制理论的一个极大不同之处，在于达成控制目标过程中关注系统的控制消耗。第 4 章曾单独讨论过燃料最优控制问题，基于极小值原理求得 Bang-Bang 控制律，对于高维系统求解较为复杂。因为施加控制的大小通常正比于输入作用力或作用力矩，为了获得统一形式，二次型控制中一般最小化如下性能指标：

$$J_{\mathrm{u}}=\frac{1}{2}\int_{t_0}^{t_{\mathrm{f}}}\boldsymbol{u}^{\mathrm{T}}(t)\boldsymbol{R}(t)\boldsymbol{u}(t)\mathrm{d}t \tag{6.4}$$

式中 $\boldsymbol{R}(t)\in\mathbb{R}^{m\times m}$ 为正定矩阵，可以调节各维控制量的权重。式(6.4)反映了系统控制过程中能量消耗的总度量，属于一类能量最优的性能指标。

式(6.3)和式(6.4)均为 Lagrange 型性能指标，在实际系统控制时还会涉及

Bolza 型指标,即对系统末值项有控制要求,不妨记为 J_f,有

$$J_f=\varphi[\boldsymbol{e}(t_f)]=\frac{1}{2}\boldsymbol{e}^{\mathrm{T}}(t_f)\boldsymbol{F}\boldsymbol{e}(t_f) \tag{6.5}$$

式中 $\boldsymbol{F}\in\mathbb{R}^{l\times l}$ 为非负定常值矩阵,反映了各末值项在优化时的权重。上式末值项表示控制结束时,系统末态跟踪误差与期望零向量之间的加权平方和。实际上,在有限的时间 t_f 内,控制系统一般难以实现 $\boldsymbol{e}(t_f)=\boldsymbol{0}$,因此最小化 J_f 使得末态误差位于零值附近小邻域内,是符合工程实际且又可控制实现的折中选择。

综上所述,线性二次型最优控制实际是一类折中的最优控制问题,通过 $\boldsymbol{F}$、$\boldsymbol{Q}(t)$、$\boldsymbol{R}(t)$ 加权矩阵的选择,使得系统在满足误差控制要求的情况下实现能量最优。这实际上是控制过程中动态误差项 J_e、系统稳态误差项 J_f 与能量消耗项 J_u 的综合最优[3],即系统 Bolza 型指标为

$$J=J_f+J_e+J_u$$

展开后具体形式为

$$J=\frac{1}{2}\boldsymbol{e}^{\mathrm{T}}(t_f)\boldsymbol{F}\boldsymbol{e}(t_f)+\frac{1}{2}\int_{t_0}^{t_f}[\boldsymbol{e}^{\mathrm{T}}(t)\boldsymbol{Q}(t)\boldsymbol{e}(t)+\boldsymbol{u}^{\mathrm{T}}(t)\boldsymbol{R}(t)\boldsymbol{u}(t)]\mathrm{d}t \tag{6.6}$$

实际控制系统中加权矩阵 $\boldsymbol{F}$、$\boldsymbol{Q}(t)$、$\boldsymbol{R}(t)$ 一般选择为对角阵,基于控制效果不断迭代来确定矩阵各元素大小。同时,加权矩阵中各元素的相对值大小才是有意义的,各元素比较后较大的元素对应的变量受到更多的限制和关注。关于加权矩阵及其元素的选择问题,至今尚无通用的理论方法,有待进一步深入研究。

在二次型最优控制问题发展中,逐渐形成了如下几种特殊情形:跟踪系统(tracking system)问题、输出调节器问题(output regulator)和状态调节器问题(state regulator)。跟踪系统问题是一般情况,指系统(6.1)在最小化性能指标(6.6)情况下满足期望输出式(6.2)。输出调节器问题则是式(6.2)中 $\bar{\boldsymbol{y}}(t)=\boldsymbol{0}$,从而使得系统受控输出 $\boldsymbol{y}(t)$ 始终保持在零平衡状态附近。状态调节器是本书关注的重点。当系统状态方程(6.1)中 $\boldsymbol{C}(t)$ 取为单位阵,期望输出(6.2)中 $\bar{\boldsymbol{y}}(t)=\boldsymbol{0}$,对应系统跟踪误差为 $\boldsymbol{e}(t)=-\boldsymbol{y}(t)=-\boldsymbol{x}(t)$,则性能指标(6.6)演变为

$$J=\frac{1}{2}\boldsymbol{x}^{\mathrm{T}}(t_f)\boldsymbol{F}\boldsymbol{x}(t_f)+\frac{1}{2}\int_{t_0}^{t_f}[\boldsymbol{x}^{\mathrm{T}}(t)\boldsymbol{Q}(t)\boldsymbol{x}(t)+\boldsymbol{u}^{\mathrm{T}}(t)\boldsymbol{R}(t)\boldsymbol{u}(t)]\mathrm{d}t \tag{6.7}$$

上式表示,当系统受扰偏离原零平衡状态时,要求系统产生控制向量使得状态 $\boldsymbol{x}(t)$ 保持在零平衡态附近,同时使得指标(6.7)最小。此类线性二次型最优控制问题,称为状态调节器问题。

6.1.2 状态调节器问题

到目前为止,性能指标(6.7)中的终端时刻 t_f 均假定为一个有限值,此类二次型问题称为"线性二次型有限时间最优状态调节器问题"。对应的,当 $t_f\to\infty$ 时,系统优化性能指标一般记为

$$J=\frac{1}{2}\int_{t_0}^{\infty}[\boldsymbol{x}^{\mathrm{T}}(t)\boldsymbol{Q}(t)\boldsymbol{x}(t)+\boldsymbol{u}^{\mathrm{T}}(t)\boldsymbol{R}(t)\boldsymbol{u}(t)]\mathrm{d}t \tag{6.8}$$

此类问题称为“线性二次型无限时间最优状态调节器问题”，其指标通常没有末值项，主要原因有二：一是期望 $t_f\to\infty$ 时系统稳态误差为零，故不再需要末值项；二是工程实施中考察的仍是有限时间内的响应，因而 $t_f\to\infty$ 时的末值项指标对工程实际没有意义。更多有关无限时间状态调节器问题，请参阅其他文献或教材[3-5]，下面将重点讨论有限时间调节器问题。

例 6.1 设线性时变系统状态方程为

$$\dot{\boldsymbol{x}}(t)=\boldsymbol{A}(t)\boldsymbol{x}(t)+\boldsymbol{B}(t)\boldsymbol{u}(t),\quad \boldsymbol{x}(t_0)=\boldsymbol{x}_0 \tag{6.9}$$

式中 $\boldsymbol{x}(t)\in\mathbb{R}^n$，$\boldsymbol{u}(t)\in\mathbb{R}^m$ 且无约束；$\boldsymbol{A}(t)$、$\boldsymbol{B}(t)$ 为维数适当的时变矩阵，矩阵各元素连续有界。假设终端时刻 t_f 固定且为有限制，要求最优控制 $\boldsymbol{u}(t)$，使得二次型性能指标

$$J=\frac{1}{2}\boldsymbol{x}^{\mathrm{T}}(t_f)\boldsymbol{F}\boldsymbol{x}(t_f)+\frac{1}{2}\int_{t_0}^{t_f}[\boldsymbol{x}^{\mathrm{T}}(t)\boldsymbol{Q}(t)\boldsymbol{x}(t)+\boldsymbol{u}^{\mathrm{T}}(t)\boldsymbol{R}(t)\boldsymbol{u}(t)]\mathrm{d}t \tag{6.10}$$

取得极小值，式中非负定矩阵 $\boldsymbol{F}=\boldsymbol{F}^{\mathrm{T}}$ 和 $\boldsymbol{Q}(t)=\boldsymbol{Q}^{\mathrm{T}}(t)$、正定矩阵 $\boldsymbol{R}(t)=\boldsymbol{R}^{\mathrm{T}}(t)$ 的各元素均连续有界。

上例的最优控制 $\boldsymbol{u}(t)$，由定理 6.1 给出：

定理 6.1 对于例 6.1 线性二次型有限时间状态调节器问题，最优控制的充分必要条件为

$$\boldsymbol{u}(t)=-\boldsymbol{R}^{-1}(t)\boldsymbol{B}^{\mathrm{T}}(t)\boldsymbol{P}(t)\boldsymbol{x}(t) \tag{6.11}$$

式中非负矩阵 $\boldsymbol{P}(t)\in\mathbb{R}^{n\times n}$ 满足 Riccati 方程（矩阵微分方程）

$$-\dot{\boldsymbol{P}}(t)=\boldsymbol{P}(t)\boldsymbol{A}(t)+\boldsymbol{A}^{\mathrm{T}}(t)\boldsymbol{P}(t)-\boldsymbol{P}(t)\boldsymbol{B}(t)\boldsymbol{R}^{-1}(t)\boldsymbol{B}^{\mathrm{T}}(t)\boldsymbol{P}(t)+\boldsymbol{Q}(t) \tag{6.12}$$

其边界条件为

$$\boldsymbol{P}(t_f)=\boldsymbol{F} \tag{6.13}$$

证明

必要性证明。若能证明式(6.11)中最优控制 $\boldsymbol{u}(t)$满足极小值原理，即得证必要性。引入 Lagrange 乘子向量$\boldsymbol{\lambda}(t)\in\mathbb{R}^n$，定义系统 Hamilton 函数

$$H=\frac{1}{2}[\boldsymbol{x}^{\mathrm{T}}(t)\boldsymbol{Q}(t)\boldsymbol{x}(t)+\boldsymbol{u}^{\mathrm{T}}(t)\boldsymbol{R}(t)\boldsymbol{u}(t)]+\boldsymbol{\lambda}^{\mathrm{T}}(t)\cdot[\boldsymbol{A}(t)\boldsymbol{x}(t)+\boldsymbol{B}(t)\boldsymbol{u}(t)] \tag{6.14}$$

控制 $\boldsymbol{u}(t)$无约束，由极值条件$\partial H/\partial\boldsymbol{u}=\boldsymbol{0}$，得

$$\boldsymbol{u}(t)=-\boldsymbol{R}^{-1}(t)\boldsymbol{B}^{\mathrm{T}}(t)\boldsymbol{\lambda}(t) \tag{6.15}$$

二次型问题容易得$\partial^2H/\partial\boldsymbol{u}^2=\boldsymbol{R}(t)>0$，故上式是使 Hamilton 函数极小的最优控制。要真正求解 $\boldsymbol{u}(t)$，接下来需要求解$\boldsymbol{\lambda}(t)$。由规范方程可得

$$\dot{\boldsymbol{x}}(t)=\frac{\partial H}{\partial \boldsymbol{\lambda}}=\boldsymbol{A}(t)\boldsymbol{x}(t)-\boldsymbol{B}(t)\boldsymbol{R}^{-1}(t)\boldsymbol{B}^{\mathrm{T}}(t)\boldsymbol{\lambda}(t)$$

$$\dot{\boldsymbol{\lambda}}(t)=-\frac{\partial H}{\partial \boldsymbol{x}}=-\boldsymbol{Q}(t)\boldsymbol{x}(t)-\boldsymbol{A}^{\mathrm{T}}(t)\boldsymbol{\lambda}(t) \tag{6.16}$$

由横截条件有

$$\boldsymbol{\lambda}(t_{\mathrm{f}})=\frac{\partial}{\partial \boldsymbol{x}(t_{\mathrm{f}})}\left[\frac{1}{2}\boldsymbol{x}^{\mathrm{T}}(t_{\mathrm{f}})\boldsymbol{F}\boldsymbol{x}(t_{\mathrm{f}})\right]=\boldsymbol{F}\boldsymbol{x}(t_{\mathrm{f}}) \tag{6.17}$$

在以上各式的求导中可以看到性能指标中 1/2 的作用：使得表达式更简洁。将式(6.16)写成矩阵形式

$$\begin{bmatrix}\dot{\boldsymbol{x}}(t)\\ \dot{\boldsymbol{\lambda}}(t)\end{bmatrix}=\begin{bmatrix}\boldsymbol{A}(t) & -\boldsymbol{B}(t)\boldsymbol{R}^{-1}(t)\boldsymbol{B}^{\mathrm{T}}(t)\\ -\boldsymbol{Q}(t) & -\boldsymbol{A}^{\mathrm{T}}(t)\end{bmatrix}\begin{bmatrix}\boldsymbol{x}(t)\\ \boldsymbol{\lambda}(t)\end{bmatrix} \tag{6.18}$$

对于上式中的线性齐次常微分方程组,可得其解为

$$\begin{bmatrix}\boldsymbol{x}(t)\\ \boldsymbol{\lambda}(t)\end{bmatrix}=\boldsymbol{\phi}(t,t_0)\begin{bmatrix}\boldsymbol{x}(t_0)\\ \boldsymbol{\lambda}(t_0)\end{bmatrix} \tag{6.19}$$

状态初值 $\boldsymbol{x}(t_0)=\boldsymbol{x}_0$ 已知,但协态变量初值$\boldsymbol{\lambda}(t_0)$未知。横截条件(6.17)给出了协态变量和状态变量在终端时刻的关系,加权矩阵 $\boldsymbol{F}$ 为给定常值矩阵,为此,尝试从式(6.19)中建立$\boldsymbol{\lambda}(t_{\mathrm{f}})$与 $\boldsymbol{x}(t_{\mathrm{f}})$之间的关系,进而得到$\boldsymbol{\lambda}(t)$。为建立终端时刻状态与协态的关系,将式(6.19)改写为向终端时刻转移形式

$$\begin{bmatrix}\boldsymbol{x}(t_{\mathrm{f}})\\ \boldsymbol{\lambda}(t_{\mathrm{f}})\end{bmatrix}=\boldsymbol{\phi}(t_{\mathrm{f}},t)\begin{bmatrix}\boldsymbol{x}(t)\\ \boldsymbol{\lambda}(t)\end{bmatrix}=\begin{bmatrix}\boldsymbol{\phi}_{11} & \boldsymbol{\phi}_{12}\\ \boldsymbol{\phi}_{21} & \boldsymbol{\phi}_{22}\end{bmatrix}\begin{bmatrix}\boldsymbol{x}(t)\\ \boldsymbol{\lambda}(t)\end{bmatrix} \tag{6.20}$$

式中$\boldsymbol{\phi}_{11}=\boldsymbol{\phi}_{11}(t_{\mathrm{f}},t)$表示 $t\to t_{\mathrm{f}}$ 状态转移矩阵的分块矩阵。将上式分量代入式(6.17),并整理有

$$\boldsymbol{\lambda}(t)=(\boldsymbol{F}\boldsymbol{\phi}_{12}-\boldsymbol{\phi}_{22})^{-1}(\boldsymbol{\phi}_{21}-\boldsymbol{F}\boldsymbol{\phi}_{11})\boldsymbol{x}(t) \tag{6.21}$$

现引入新的辅助矩阵

$$\boldsymbol{P}(t)=(\boldsymbol{F}\boldsymbol{\phi}_{12}-\boldsymbol{\phi}_{22})^{-1}(\boldsymbol{\phi}_{21}-\boldsymbol{F}\boldsymbol{\phi}_{11}) \tag{6.22}$$

则协态变量和状态变量可表示为线性关系式

$$\boldsymbol{\lambda}(t)=\boldsymbol{P}(t)\boldsymbol{x}(t),\quad \forall t\in[t_0,t_{\mathrm{f}}] \tag{6.23}$$

由式(6.17)和式(6.23),显然有

$$\boldsymbol{P}(t_{\mathrm{f}})=\boldsymbol{F} \tag{6.24}$$

至此,定理 6.1 中式(6.11)和式(6.13)均得证。接下来证明 Raccati 矩阵微分方程(6.12),为了找到 $\dot{\boldsymbol{P}}(t)$与其他矩阵的关系等式,对式(6.23)求导,有

$$\dot{\boldsymbol{\lambda}}(t)=\dot{\boldsymbol{P}}(t)\boldsymbol{x}(t)+\boldsymbol{P}(t)\dot{\boldsymbol{x}}(t) \tag{6.25}$$

将状态微分方程(6.16)代入上式,得

$$\begin{aligned}\dot{\boldsymbol{\lambda}}(t)&=\dot{\boldsymbol{P}}(t)\boldsymbol{x}(t)+\boldsymbol{P}(t)[\boldsymbol{A}(t)\boldsymbol{x}(t)-\boldsymbol{B}(t)\boldsymbol{R}^{-1}(t)\boldsymbol{B}^{\mathrm{T}}(t)\boldsymbol{P}(t)\boldsymbol{x}(t)]\\ &=[\dot{\boldsymbol{P}}(t)+\boldsymbol{P}(t)\boldsymbol{A}(t)-\boldsymbol{P}(t)\boldsymbol{B}(t)\boldsymbol{R}^{-1}(t)\boldsymbol{B}^{\mathrm{T}}(t)\boldsymbol{P}(t)]\boldsymbol{x}(t)\end{aligned} \tag{6.26}$$

上式应用了式(6.23)。同样地,将式(6.23)中$\boldsymbol{\lambda}(t)=\boldsymbol{P}(t)\boldsymbol{x}(t)$代入式(6.16)中协态方程有

$$\dot{\boldsymbol{\lambda}}(t)=[-\boldsymbol{Q}(t)-\boldsymbol{A}^{\mathrm{T}}(t)\boldsymbol{P}(t)]\boldsymbol{x}(t) \tag{6.27}$$

对于例 6.1 中问题,协态微分表达式应相等,联立式(6.26)和式(6.27),可得

$$-\dot{\boldsymbol{P}}(t)=\boldsymbol{P}(t)\boldsymbol{A}(t)+\boldsymbol{A}^{\mathrm{T}}(t)\boldsymbol{P}(t)-\boldsymbol{P}(t)\boldsymbol{B}(t)\boldsymbol{R}^{-1}(t)\boldsymbol{B}^{\mathrm{T}}(t)\boldsymbol{P}(t)+\boldsymbol{Q}(t) \tag{6.28}$$

上式正是 Riccati 矩阵微分方程,简称 Riccati 方程,式(6.12)得证。

充分性证明。假设式(6.11)成立,$\boldsymbol{P}(t)$满足 Raccati 方程(6.12)及其边界条件(6.13)。由连续动态规划知,若式(6.11)满足 Hamilton-Jacobi-Bellman 方法,则充分性成立。

令

$$L(\boldsymbol{x},\boldsymbol{u},t)=\frac{1}{2}[\boldsymbol{x}^{\mathrm{T}}(t)\boldsymbol{Q}(t)\boldsymbol{x}(t)+\boldsymbol{u}^{\mathrm{T}}(t)\boldsymbol{R}(t)\boldsymbol{u}(t)]$$

$$\boldsymbol{f}(\boldsymbol{x},\boldsymbol{u},t)=\boldsymbol{A}(t)\boldsymbol{x}(t)+\boldsymbol{B}(t)\boldsymbol{u}(t)$$

则 Hamilton 函数为

$$\begin{aligned} H&=L(\boldsymbol{x},\boldsymbol{u},t)+\left(\frac{\partial J^*}{\partial \boldsymbol{x}}\right)^{\mathrm{T}}\boldsymbol{f}(\boldsymbol{x},\boldsymbol{u},t) \\ &=\frac{1}{2}[\boldsymbol{x}^{\mathrm{T}}(t)\boldsymbol{Q}(t)\boldsymbol{x}(t)+\boldsymbol{u}^{\mathrm{T}}(t)\boldsymbol{R}(t)\boldsymbol{u}(t)]+\left(\frac{\partial J^*}{\partial \boldsymbol{x}}\right)^{\mathrm{T}}[\boldsymbol{A}(t)\boldsymbol{x}(t)+\boldsymbol{B}(t)\boldsymbol{u}(t)] \end{aligned} \tag{6.29}$$

由此得 HJB 方程

$$\frac{\partial J^*(\boldsymbol{x},t)}{\partial t}+\min_{\boldsymbol{u}(t)} H(\boldsymbol{x},\boldsymbol{u},\partial J^*/\partial \boldsymbol{x},t)=0 \tag{6.30}$$

控制 $\boldsymbol{u}(t)$无约束,由

$$\frac{\partial H}{\partial \boldsymbol{u}}=\boldsymbol{R}(t)\boldsymbol{u}(t)+\boldsymbol{B}^{\mathrm{T}}(t)\frac{\partial J^*(\boldsymbol{x},t)}{\partial \boldsymbol{x}}=\boldsymbol{0}$$

得到最小化 Hamilton 函数的控制

$$\boldsymbol{u}(t)=-\boldsymbol{R}(t)^{-1}\boldsymbol{B}^{\mathrm{T}}(t)\frac{\partial J^*(\boldsymbol{x},t)}{\partial \boldsymbol{x}} \tag{6.31}$$

此时已知系统最优控制表达式为(6.11),对比式(6.13)可知最优性能指标应为

$$J^*(\boldsymbol{x},t)=\frac{1}{2}\boldsymbol{x}^{\mathrm{T}}(t)\boldsymbol{P}(t)\boldsymbol{x}(t) \tag{6.32}$$

由权重矩阵 $\boldsymbol{F}$、$\boldsymbol{Q}(t)$非负定,以及 $\boldsymbol{R}(t)$正定,知系统二次型性能指标(6.10)对于$\forall \boldsymbol{x}(t), t\in[t_0,t_f]$非负,故显然有 $J^*(\boldsymbol{x},t)$非负,由此推知 $\boldsymbol{P}(t)$非负。注意,$\boldsymbol{x}$和 t 均是式(6.32)中值函数 $J^*(\boldsymbol{x},t)$的独立变量,分别求导得

$$\frac{\partial J^*(\boldsymbol{x},t)}{\partial t}=\frac{1}{2}\boldsymbol{x}^{\mathrm{T}}(t)\dot{\boldsymbol{P}}(t)\boldsymbol{x}(t)$$

$$\frac{\partial J^*(\boldsymbol{x},t)}{\partial \boldsymbol{x}}=\boldsymbol{P}(t)\boldsymbol{x}(t) \tag{6.33}$$

将式(6.31)和式(6.33)代入 HJB 方程(6.30)，整理可得

$$\begin{aligned}&\frac{1}{2}\boldsymbol{x}^{\mathrm{T}}(t)[\dot{\boldsymbol{P}}(t)+\boldsymbol{P}(t)\boldsymbol{A}(t)+\boldsymbol{A}^{\mathrm{T}}(t)\boldsymbol{P}(t)-\\&\boldsymbol{P}(t)\boldsymbol{B}(t)\boldsymbol{R}^{-1}(t)\boldsymbol{B}^{\mathrm{T}}(t)\boldsymbol{P}(t)+\boldsymbol{Q}(t)]\boldsymbol{x}(t)=0\end{aligned} \tag{6.34}$$

式中括号内恰为 Raccati 方程，故式(6.34)在最优控制时恒为零，表明最优控制(6.11)满足 HJB 方程。

在式(6.32)中令 $t=t_{\mathrm{f}}$，得最优性能指标的边界条件

$$\begin{aligned}J^*[\boldsymbol{x}(t_{\mathrm{f}}),t_{\mathrm{f}}]&=\frac{1}{2}\boldsymbol{x}^{\mathrm{T}}(t_{\mathrm{f}})\boldsymbol{P}(t_{\mathrm{f}})\boldsymbol{x}(t_{\mathrm{f}})\\&=\frac{1}{2}\boldsymbol{x}^{\mathrm{T}}(t_{\mathrm{f}})\boldsymbol{F}\boldsymbol{x}(t_{\mathrm{f}})\end{aligned} \tag{6.35}$$

上式第二个等号由 Raccati 边界条件(6.13)得出，这显然是性能指标的末值项，充分性得证。 ■

下面对线性二次型最优控制做进一步的说明。将最优控制表达式中系数矩阵定义为

$$\boldsymbol{K}(t)=\boldsymbol{R}^{-1}(t)\boldsymbol{B}^{\mathrm{T}}(t)\boldsymbol{P}(t)$$

则最优控制化简为关于当前状态的线性表达式

$$\boldsymbol{u}(t)=-\boldsymbol{K}(t)\boldsymbol{x}(t) \tag{6.36}$$

显然 $\boldsymbol{K}(t)$ 就是熟知的反馈增益矩阵。只不过此时的 $\boldsymbol{K}(t)$ 是基于极小值原理并通过最小化性能指标得到的，而不再如极点配置方法时依赖于设计人员的经验。由于设计矩阵 $\boldsymbol{R}(t)$ 和系统 $\boldsymbol{B}(t)$ 已知，故闭环系统的性能取决于 Raccati 方程的解矩阵 $\boldsymbol{P}(t)$。各类文献中给出了大量关于 $\boldsymbol{P}(t)$ 的良好性质，包括 $\boldsymbol{P}(t)$ 是唯一的、对称的且非负的。

练习 6.1　证明例 6.1 有限时间线性二次型最优控制问题的性能指标最优值为

$$J^*=J^*[\boldsymbol{x}(t_0),t_0]=\frac{1}{2}\boldsymbol{x}^{\mathrm{T}}(t_0)\boldsymbol{P}(t_0)\boldsymbol{x}(t_0)$$

例 6.2　设一阶系统状态方程

$$\dot{x}(t)=ax(t)+u(t),\quad x(0)=x_0$$

性能指标

$$J=\frac{f}{2}x^2(t_{\mathrm{f}})+\frac{1}{2}\int_0^{t_{\mathrm{f}}}[qx^2(t)+ru^2(t)]\mathrm{d}t$$

式中 $f\geqslant 0$、$q\geqslant 0$、$r>0$，终端时刻 t_{f} 为一有限值。试求最优控制 $u^*(t)$，并分析 $a=-1$、$f=0$、$t_{\mathrm{f}}=x_0=q=1$ 情况下控制权重 r 对结果的影响。

这是一个有限时间状态调节器问题，最优控制

$$u^*(t) = -\frac{1}{r}p(t)x(t)$$

式中 $p(t)$满足 Raccati 方程

$$\dot{p}(t) = -2ap(t) + \frac{1}{r}p^2(t) - q, \quad p(t_f) = f$$

积分上式得

$$p(t) = r\frac{\beta + a + (\beta - a)\gamma e^{2\beta(t-t_f)}}{1 - \gamma e^{2\beta(t-t_f)}}$$

式中

$$\beta = \sqrt{\frac{q}{r} + a^2}; \quad \gamma = \frac{f/r - a - \beta}{f/r - a + \beta}$$

将最优控制 $u^*(t)$代入状态方程并积分,得最优轨线

$$x^*(t) = x_0 e^{\Omega}, \quad \Omega = \int_0^t \left[a - \frac{p(\tau)}{r}\right] d\tau$$

当系统参数给定,即 $a=-1$、$f=0$、$t_f=x_0=q=1$ 时,分别取控制权重 $r=\{0.01, 0.05, 0.1, 0.5\}$观察其对最优控制结果的影响。图 6.1 为系统最优轨线、最优

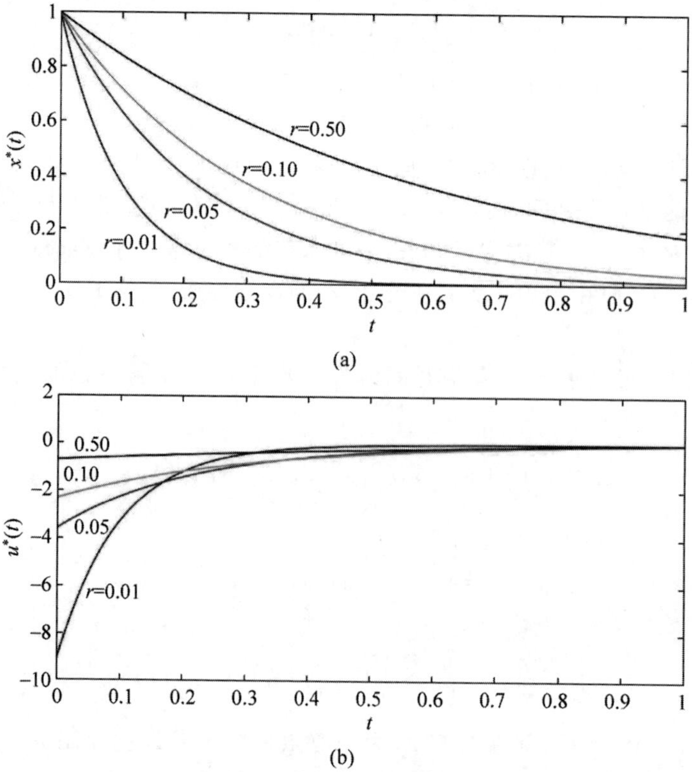

图 6.1 线性二次型系统各参量随控制权重 r 的变化情况

(a) 最优轨线随 r 的变化;(b) 最优控制随 r 的变化;(c) Racatti 方程解矩阵 $p(t)$随 r 的变化

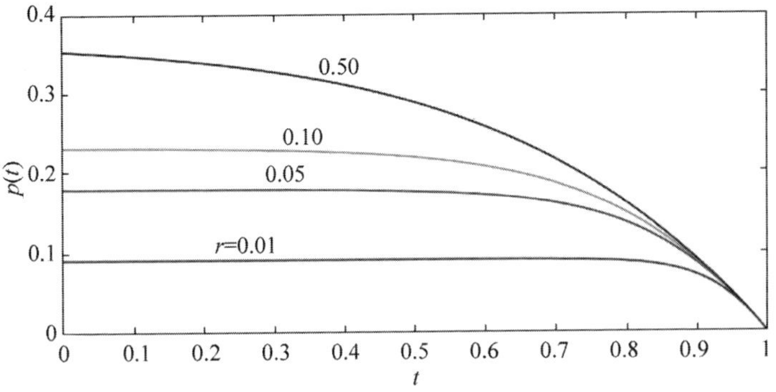

(c)

图 6.1 (续)

控制以及对应解矩阵 $p(t)$随 r 值的变化情况。可以看到,控制权重 r 越小对应的系统控制输入越大,系统越快趋于零值;随着 r 的不断增大,系统控制输入最大幅值不断减小,使得系统趋于零值的时间也越长。为此,在实际控制系统中选择 f、q 和 r 时,要根据实际情况不断调整各权重比值,达到期望的控制效果。

练习 6.2 取控制权重 $r=\{0.5,1,5,10\}$,数值仿真例 6.2 中最优轨线、最优控制和 Racatti 方程解矩阵 $p(t)$的变化情况。在此基础上,取控制权重 $r=1$,仿真 $t_f=\{10,50,100\}$时系统各参量的变化情况。

例 6.3 有限时间控制系统状态变量 $x(t)\in\mathbb{R}$ 和控制变量 $u(t)\in\mathbb{R}$ 均连续可微,且控制无约束,系统状态方程

$$\dot{x}(t)=x(t)+u(t)$$

在 $t\in[0,10]$区间上最小化二次型性能指标

$$J(u)=\frac{1}{2}x^2(t_f)+\int_0^{10}\frac{1}{2}u^2(t)\mathrm{d}t$$

其中初始时刻状态满足 $x(0)=1$。

本例中各矩阵退化为标量实数,可以解析求解。对比例 6.1 中公式,可知

$$A=1,\quad B=1,$$
$$F=1,\quad Q=0,\quad R=1$$

引入协态变量 $\lambda(t)\in\mathbb{R}$,套用公式(6.18),可得 Hamilton 规范方程

$$\begin{bmatrix}\dot{x}(t)\\ \dot{\lambda}(t)\end{bmatrix}=\begin{bmatrix}A(t) & -B(t)R^{-1}(t)B^{\mathrm{T}}(t)\\ -Q(t) & -A^{\mathrm{T}}(t)\end{bmatrix}\begin{bmatrix}x(t)\\ \lambda(t)\end{bmatrix}=\begin{bmatrix}1 & -2\\ 0 & -1\end{bmatrix}\begin{bmatrix}x(t)\\ \lambda(t)\end{bmatrix}$$

记矩阵

$$\boldsymbol{\Lambda}=\begin{bmatrix}1 & -2\\ 0 & -1\end{bmatrix}$$

求解 Hamilton 规范方程向终端时刻转移的解,有

$$\begin{bmatrix} x(t_f) \\ \lambda(t_f) \end{bmatrix} = e^{\boldsymbol{\Lambda}(t_f-t)} \begin{bmatrix} x(t) \\ \lambda(t) \end{bmatrix} = \begin{bmatrix} e^{t_f-t} & (e^{t-t_f} - e^{t_f-t})/2 \\ 0 & e^{t-t_f} \end{bmatrix} \begin{bmatrix} x(t) \\ \lambda(t) \end{bmatrix}$$

式中状态转移矩阵可记为

$$\boldsymbol{\phi}(t_f, t) = \begin{bmatrix} \phi_{11} & \phi_{12} \\ \phi_{21} & \phi_{22} \end{bmatrix} = \begin{bmatrix} e^{t_f-t} & (e^{t-t_f} - e^{t_f-t})/2 \\ 0 & e^{t-t_f} \end{bmatrix}$$

再根据式(6.21)得到

$$\begin{aligned} \lambda(t) &= (F\phi_{12} - \phi_{22})^{-1}(\phi_{21} - F\phi_{11})x(t) \\ &= [(e^{t-t_f} - e^{t_f-t})/2 - e^{t-t_f}]^{-1}(-e^{t_f-t})x(t) \\ &= \frac{2e^{t_f-t}}{e^{t_f-t} + e^{t-t_f}} x(t) \end{aligned}$$

控制无约束，由式(6.15)得最优控制为

$$u^*(t) = -\frac{2e^{t_f-t}}{e^{t_f-t} + e^{t-t_f}} x(t)$$

对初值 $x(0)=1$ 情况，将最优控制代入状态方程，解得最优轨线为

$$x^*(t) = e^{-t}$$

绘制最优轨线和最优控制于图 6.2 中，在 $u^*(t)$ 作用下于 $t_f=10$ 时将系统状态由 $x(0)=1$ 成功转移至 $x(10)=0$。本例是应用极小值原理求解最优控制，并解析得到闭环最优控制的一个示例。

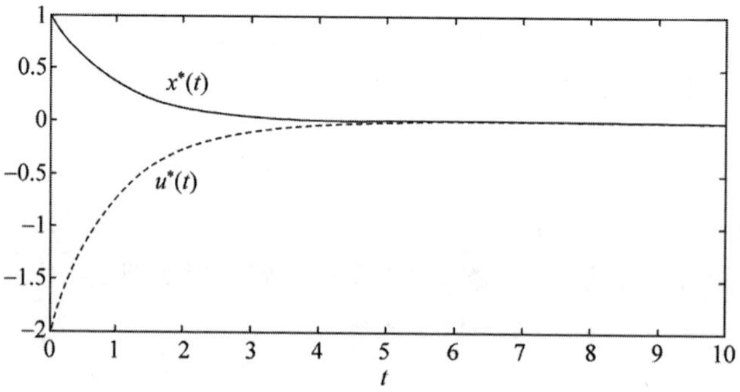

图 6.2　例 6.3 的最优轨线和最优控制

6.2　离散系统最优控制问题

离散系统(discrete system)最优控制问题是实际生活生产中一类重要的控制问题，包括诸如 Bellman-Lee 最优投弹问题、最优广告投放策略问题、最优消费问题等。一般的连续时间最优控制问题，也可通过采样实现离散化处理，如对 $t \in$

$[t_0, t_f]$区间最优控制问题进行 N 次采样，并标记采样点为 $k=0,1,\cdots,N-1$，其中 $t(k=0)=t_0$、$t(k=N-1)=t_f$。或者取足够大的 N，使得采样区间$[t_k, t_{k+1})$记作阶段 $k(0 \leqslant k \leqslant N-1)$，其中 $t_N=t_f$，如图 6.3 所示。

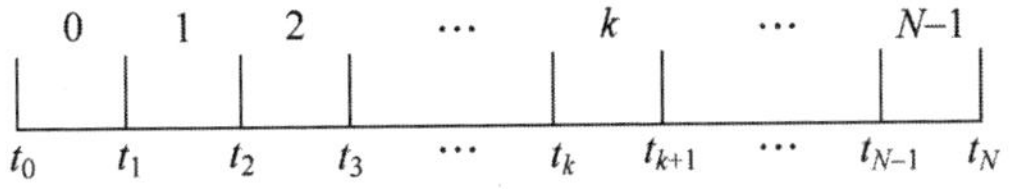

图 6.3　等时间间隔采样离散示意图

在此基础上，离散化连续系统状态方程

$$\dot{x}(t)=f[x(t), u(t), t], \quad t \in [t_0, t_f] \tag{6.37}$$

按照采样时间可将上式近似表达为

$$\frac{x(t_{k+1})-x(t_k)}{\Delta t_k} \approx f[x(t_k), u(t_k), t_k]$$

写成递推形式

$$x(t_{k+1})=x(t_k)+f[x(t_k), u(t_k), t_k]\Delta t_k$$

为区别于连续系统动态方程(6.37)，将离散系统动态方程记为

$$\begin{aligned} &x(k+1)=f_D[x(k), u(k), k] \\ &f_D[x(k), u(k), k]=x(t_k)+f[x(t_k), u(t_k), t_k]\Delta t_k \end{aligned} \tag{6.38}$$

式中状态变量 $x(k)$的自变量 k 即为采样时刻或足够小的采样区间。

沿此思路，进一步将性能指标改写为离散形式。已知连续系统待优化性能指标为

$$J(u)=\varphi[x(t_f), t_f]+\int_{t_0}^{t_f} L[x(t), u(t), t]\mathrm{d}t \tag{6.39}$$

不妨按照图 6.3 方式离散连续时间区间$[t_0, t_f]$，则上式中积分指标可转化为各离散区间积分之和，即

$$J(u)=\varphi[x(t_N), t_N]+\sum_{k=0}^{N-1}\int_{t_k}^{t_{k+1}} L[x(t), u(t), t]\mathrm{d}t$$

定义

$$\begin{aligned} &\varphi_D[x(N), N]=\varphi[x(t_N), t_N] \\ &L_D[x(k), u(k), k]=\int_{t_k}^{t_{k+1}} L[x(t), u(t), t]\mathrm{d}t \end{aligned}$$

便可得到连续时间最优控制离散化的性能指标

$$J(u)=\varphi_D[x(N), N]+\sum_{k=0}^{N-1} L_D[x(k), u(k), k] \tag{6.40}$$

显然，上述连续系统离散化的方式不唯一，离散化的动态方程和性能指标相对原连续系统只是一种近似，随着离散区间 N 的不断增大，离散系统能够很好地逼近原连续系统。需要指出的是，离散时间最优控制问题与之前讨论的连续情况同样重要，对应着不同的实际问题，并非由连续系统最优控制问题离散化而得到。不

过随着数值仿真的大量运用和计算机的发展，计算机控制系统的增多使得离散最优控制问题越来越受到重视。适用于连续系统的变分法、极小值原理和动态规划方法均可求解相应的离散最优控制问题，本节即为上述方法的深入和在离散系统中的应用。

6.2.1 离散 Euler 方程

设离散系统状态差分方程(difference equation，简称状态方程)为

$$\boldsymbol{x}(k+1)=\boldsymbol{f}[\boldsymbol{x}(k),\boldsymbol{u}(k),k],\quad k=0,1,\cdots,N-1 \tag{6.41}$$

式中 $\boldsymbol{x}(k)\in\mathbb{R}^n$ 为状态变量，$\boldsymbol{u}(k)\in\mathbb{R}^m$ 为控制变量且假设无约束。求解最优控制$\{\boldsymbol{u}^*(0),\boldsymbol{u}^*(1),\cdots,\boldsymbol{u}^*(N-1)\}$，最小化如下性能指标：

$$J=\sum_{k=0}^{N-1}L[\boldsymbol{x}(k),\boldsymbol{u}(k),\boldsymbol{x}(k+1),k]=\sum_{k=0}^{N-1}L_k \tag{6.42}$$

式中 $L_k=L[\boldsymbol{x}(k),\boldsymbol{u}(k),\boldsymbol{x}(k+1),k]$表示第 k 阶段的性能指标增量。

上例为控制无约束的离散最优控制问题，不妨假设 $k=0,1,\cdots,N-1$ 时的最优控制和最优轨线分别为 $\boldsymbol{u}^*(k)$和 $\boldsymbol{x}^*(k)$。参考连续最优控制变分法，极值解附近的容许轨线和容许控制可表示为

$$\begin{cases}\boldsymbol{x}(k)=\boldsymbol{x}^*(k)+\delta\boldsymbol{x}(k)\\ \boldsymbol{u}(k)=\boldsymbol{u}^*(k)+\delta\boldsymbol{u}(k)\\ \boldsymbol{x}(k+1)=\boldsymbol{x}^*(k+1)+\delta\boldsymbol{x}(k+1)\end{cases} \tag{6.43}$$

式中右端第二项分别为对应变量的变分，且 $\delta\boldsymbol{x}(k)$和 $\delta\boldsymbol{u}(k)$是任意的。将式(6.43)代入式(6.42)得此时性能泛函

$$J=\sum_{k=0}^{N-1}L[\boldsymbol{x}^*(k)+\delta\boldsymbol{x}(k),\boldsymbol{u}^*(k)+\delta\boldsymbol{u}(k),\boldsymbol{x}^*(k+1)+\delta\boldsymbol{x}(k+1),k] \tag{6.44}$$

状态差分方程(6.41)是一个等式约束，在求解最优控制问题时需引入 Lagrange 乘子。此处为讨论离散 Lagrange 问题极值解，暂不考虑(6.41)的等式约束，同时令式(6.42)中 $\boldsymbol{u}(k)=\boldsymbol{0}$，$k=0,1,\cdots,N-1$，得离散泛函极值问题：求解最优控制序列 $\boldsymbol{x}^*(k)$，使得如下离散泛函达到极值

$$J[\boldsymbol{x}(k)]=\sum_{k=0}^{N-1}L[\boldsymbol{x}(k),\boldsymbol{x}(k+1),k] \tag{6.45}$$

直接对式(6.45)取一次变分，有

$$\delta J=\sum_{k=0}^{N-1}\left[\frac{\partial L_k}{\partial\boldsymbol{x}(k)}\delta\boldsymbol{x}(k)+\frac{\partial L_k}{\partial\boldsymbol{x}(k+1)}\delta\boldsymbol{x}(k+1)\right] \tag{6.46}$$

注意，为书写方便，上式中在与 $\delta\boldsymbol{x}(k)$点乘时$\partial L_k/\partial\boldsymbol{x}(k)$省去了转置符号，或推导中认定状态变量为标量。已知变分 $\delta\boldsymbol{x}(k)$是任意的，应用离散分部积分将 $\delta\boldsymbol{x}(k+1)$项转化为关于 $\delta\boldsymbol{x}(k)$的表达式。为此，取 $k=s-1$，对式(6.46)右端第二项进行

变量置换：

$$\sum_{k=0}^{N-1}\left[\frac{\partial L_k}{\partial \boldsymbol{x}(k+1)}\delta\boldsymbol{x}(k+1)\right]=\sum_{k=0}^{N-1}\left[\frac{\partial L\left[\boldsymbol{x}(k),\boldsymbol{x}(k+1),k\right]}{\partial \boldsymbol{x}(k+1)}\delta\boldsymbol{x}(k+1)\right]$$

$$=\sum_{s=1}^{N}\left[\frac{\partial L\left[\boldsymbol{x}(s-1),\boldsymbol{x}(s),s-1\right]}{\partial \boldsymbol{x}(s)}\delta\boldsymbol{x}(s)\right]$$

$$=\sum_{s=0}^{N-1}\left[\frac{\partial L\left[\boldsymbol{x}(s-1),\boldsymbol{x}(s),s-1\right]}{\partial \boldsymbol{x}(s)}\delta\boldsymbol{x}(s)\right]+\delta\boldsymbol{x}(s)\left.\frac{\partial L\left[\boldsymbol{x}(s-1),\boldsymbol{x}(s),s-1\right]}{\partial \boldsymbol{x}(s)}\right|_{s=0}^{s=N}$$

再令 $s=k$，整理上式有

$$\sum_{k=0}^{N-1}\left[\frac{\partial L_k}{\partial \boldsymbol{x}(k+1)}\delta\boldsymbol{x}(k+1)\right]=\sum_{k=0}^{N-1}\left[\frac{\partial L\left[\boldsymbol{x}(k-1),\boldsymbol{x}(k),k-1\right]}{\partial \boldsymbol{x}(k)}\delta\boldsymbol{x}(k)\right]+\delta\boldsymbol{x}(k)\left.\frac{\partial L\left[\boldsymbol{x}(k-1),\boldsymbol{x}(k),k-1\right]}{\partial \boldsymbol{x}(k)}\right|_{k=0}^{k=N}\tag{6.47}$$

由 $L_k=L[\boldsymbol{x}(k),\boldsymbol{u}(k),\boldsymbol{x}(k+1),k]$定义 $L_{k-1}=L[\boldsymbol{x}(k-1),\boldsymbol{u}(k-1),\boldsymbol{x}(k),k-1]$，将式(6.47)代入式(6.46)，化简可得

$$\delta J=\sum_{k=0}^{N-1}\left\{\left[\frac{\partial L_k}{\partial \boldsymbol{x}(k)}+\frac{\partial L_{k-1}}{\partial \boldsymbol{x}(k)}\right]\delta\boldsymbol{x}(k)\right\}+\delta\boldsymbol{x}(k)\left.\frac{\partial L_{k-1}}{\partial \boldsymbol{x}(k)}\right|_{k=0}^{k=N}\tag{6.48}$$

由 $\delta J=0$ 得离散泛函极值必要条件

$$\frac{\partial L[\boldsymbol{x}(k),\boldsymbol{x}(k+1),k]}{\partial \boldsymbol{x}(k)}+\frac{\partial L[\boldsymbol{x}(k-1),\boldsymbol{x}(k),k-1]}{\partial \boldsymbol{x}(k)}=\boldsymbol{0}\tag{6.49}$$

以及横截条件

$$\frac{\partial L[\boldsymbol{x}(N-1),\boldsymbol{x}(N),N-1]}{\partial \boldsymbol{x}(N)}\delta\boldsymbol{x}(N)-\frac{\partial L[\boldsymbol{x}(0)]}{\partial \boldsymbol{x}(0)}\delta\boldsymbol{x}(0)=0\tag{6.50}$$

式(6.49)常称为**离散 Euler 方程**。感兴趣的读者不妨将以上推导与本书 3.2.1 节 Euler 直接变分法对比学习，类似最速降线问题两端固定时，有 $\delta\boldsymbol{x}(N)=\delta\boldsymbol{x}(0)=\boldsymbol{0}$，不再需要横截条件(6.50)，只需求解 Euler 方程(6.49)便可得到最优控制序列。

6.2.2　离散极小值原理

Pontryagin 等提出极小值原理(最初称极大值原理)针对的是连续系统最优控制问题，若将连续系统极小值原理直接推广至离散系统，除采样周期足够小情况外，目前看并不可行[5]。在上节离散 Euler 方程讨论的基础上，本节给出离散极小值原理。

例 6.4　离散系统状态方程

$$\boldsymbol{x}(k+1)=\boldsymbol{f}[\boldsymbol{x}(k),\boldsymbol{u}(k),k],\quad k=0,1,\cdots,N-1\tag{6.51}$$

初始状态满足 $\boldsymbol{x}(0)=\boldsymbol{x}_0$，终端时刻和终端状态满足等式约束

$$\boldsymbol{\phi}[\boldsymbol{x}(N),N]=\boldsymbol{0}\tag{6.52}$$

在容许控制集 Ω 中确定最优控制序列 $\{\boldsymbol{u}^*(0),\boldsymbol{u}^*(1),\cdots,\boldsymbol{u}^*(N-1)\}\in\Omega$，使得离散系统性能指标

$$J=\varphi[\boldsymbol{x}(N),N]+\sum_{k=0}^{N-1}L[\boldsymbol{x}(k),\boldsymbol{u}(k),k] \tag{6.53}$$

取得极小值。该问题最优解由定理 6.2 给出。

定理 6.2 问题

$$\begin{cases}\min\limits_{\boldsymbol{u}(k)\in\Omega} J=\varphi[\boldsymbol{x}(N),N]+\sum\limits_{k=0}^{N-1}L[\boldsymbol{x}(k),\boldsymbol{u}(k),k]\\ \text{s.t. } \boldsymbol{f}[\boldsymbol{x}(k),\boldsymbol{u}(k),k]-\boldsymbol{x}(k+1)=\boldsymbol{0}\\ \quad\ \boldsymbol{x}(0)=\boldsymbol{x}_0\\ \quad\ \boldsymbol{\phi}[\boldsymbol{x}(N),N]=\boldsymbol{0}\end{cases} \tag{6.54}$$

实现最优控制的必要条件，是存在 Lagrange 乘子 $\boldsymbol{\lambda}(k)$ 和与式(6.52)约束等维的乘子 $\boldsymbol{\gamma}$，满足：

(1) 规范方程

$$\begin{cases}\boldsymbol{x}(k+1)=\dfrac{\partial H(k)}{\partial\boldsymbol{\lambda}(k+1)}=\boldsymbol{f}[\boldsymbol{x}(k),\boldsymbol{u}(k),k]\\ \boldsymbol{\lambda}(k)=\dfrac{\partial H[\boldsymbol{x}(k),\boldsymbol{u}(k),\boldsymbol{\lambda}(k+1),k]}{\partial\boldsymbol{x}(k)}\end{cases} \tag{6.55}$$

式中离散 Hamilton 函数定义为

$$\begin{aligned}H(k)&=H[\boldsymbol{x}(k),\boldsymbol{u}(k),\boldsymbol{\lambda}(k+1),k]\\ &=L[\boldsymbol{x}(k),\boldsymbol{u}(k),k]+\boldsymbol{\lambda}^{\mathrm{T}}(k+1)\boldsymbol{f}[\boldsymbol{x}(k),\boldsymbol{u}(k),k]\end{aligned} \tag{6.56}$$

(2) 边值条件

$$\begin{cases}\boldsymbol{x}(0)-\boldsymbol{x}_0=\boldsymbol{0}\\ \boldsymbol{\phi}[\boldsymbol{x}(N),N]=\boldsymbol{0}\\ \boldsymbol{\lambda}(N)=\dfrac{\partial\varphi[\boldsymbol{x}(N),N]}{\partial\boldsymbol{x}(N)}+\dfrac{\partial\boldsymbol{\phi}[\boldsymbol{x}(N),N]}{\partial\boldsymbol{x}(N)}\boldsymbol{\gamma}\end{cases} \tag{6.57}$$

(3) 极值条件

$$H[\boldsymbol{x}(k),\boldsymbol{u}^*(k),\boldsymbol{\lambda}(k+1),k]=\min_{\boldsymbol{u}(k)\in\Omega}H[\boldsymbol{x}(k),\boldsymbol{u}(k),\boldsymbol{\lambda}(k+1),k] \tag{6.58}$$

当容许控制集为开集，即控制无约束时，上式极值条件化为梯度式

$$\frac{\partial H[\boldsymbol{x}(k),\boldsymbol{u}(k),\boldsymbol{\lambda}(k+1),k]}{\partial\boldsymbol{u}(k)}=\boldsymbol{0} \tag{6.59}$$

离散极小值原理的证明比较复杂，感兴趣的读者可参阅其他教材或专著。此处仅就控制无约束情况给出简单推导，而后不加证明地推广至控制序列受约束的情形。对于状态方程和终端时刻等式约束，引入 Lagrange 乘子 $\boldsymbol{\lambda}(k+1)$ 和 $\boldsymbol{\gamma}$，将有约束的离散泛函极值问题转化为无约束极值问题，构造增广离散泛函

$$\tilde{J}=\varphi[\boldsymbol{x}(N),N]+\boldsymbol{\gamma}^{\mathrm{T}}\boldsymbol{\phi}[\boldsymbol{x}(N),N]+$$

$$\sum_{k=0}^{N-1}\{L[\boldsymbol{x}(k),\boldsymbol{u}(k),k]+\boldsymbol{\lambda}(k+1)[\boldsymbol{f}(\boldsymbol{x},\boldsymbol{u},k)-\boldsymbol{x}(k+1)]\} \tag{6.60}$$

取离散 Hamilton 函数为式(6.56)，则上式可重写为

$$\widetilde{J}=\varphi[\boldsymbol{x}(N),N]+\boldsymbol{\gamma}^{\mathrm{T}}\boldsymbol{\phi}[\boldsymbol{x}(N),N]+\sum_{k=0}^{N-1}\{H(k)-\boldsymbol{\lambda}^{\mathrm{T}}(k+1)\boldsymbol{x}(k+1)\} \tag{6.61}$$

参考离散 Euler 方程推导中的分部积分，对上式 $\boldsymbol{x}(k+1)$项进行离散分部积分，有

$$\begin{aligned}\widetilde{J}=&\varphi[\boldsymbol{x}(N),N]+\boldsymbol{\gamma}^{\mathrm{T}}\boldsymbol{\phi}[\boldsymbol{x}(N),N]+\\&\sum_{k=0}^{N-1}\{H(k)-\boldsymbol{\lambda}^{\mathrm{T}}(k)\boldsymbol{x}(k)\}-[\boldsymbol{\lambda}^{\mathrm{T}}(k)\boldsymbol{x}(k)]\Big|_{k=0}^{k=N}\end{aligned}$$

对上式求变分，由 $\delta\boldsymbol{x}(0)=\boldsymbol{0}$ 可得

$$\begin{aligned}\delta\widetilde{J}=&\left\{\frac{\partial\varphi[\boldsymbol{x}(N),N]}{\partial\boldsymbol{x}(N)}+\frac{\partial\boldsymbol{\phi}[\boldsymbol{x}(N),N]}{\partial\boldsymbol{x}(N)}\boldsymbol{\gamma}-\boldsymbol{\lambda}(N)\right\}\delta\boldsymbol{x}(N)+\\&\sum_{k=0}^{N-1}\left\{\left[\frac{\partial H(k)}{\partial\boldsymbol{x}(k)}-\boldsymbol{\lambda}(k)\right]\delta\boldsymbol{x}(k)+\frac{\partial H(k)}{\partial\boldsymbol{u}(k)}\delta\boldsymbol{u}(k)\right\}\end{aligned}$$

令 $\delta\widetilde{J}=0$，由变分 $\delta\boldsymbol{x}(k)$和 $\delta\boldsymbol{x}(N)$的任意性，由离散 Euler 方程及横截条件得

$$\boldsymbol{\lambda}(k)=\frac{\partial H(k)}{\partial\boldsymbol{x}(k)}$$

$$\boldsymbol{\lambda}(N)=\frac{\partial\varphi[\boldsymbol{x}(N),N]}{\partial\boldsymbol{x}(N)}+\frac{\partial\boldsymbol{\phi}[\boldsymbol{x}(N),N]}{\partial\boldsymbol{x}(N)}\boldsymbol{\gamma}$$

对于

$$\sum_{k=0}^{N-1}\left\{\frac{\partial H(k)}{\partial\boldsymbol{u}(k)}\delta\boldsymbol{u}(k)\right\}=0$$

当控制 $\boldsymbol{u}(k)$无约束时 $\delta\boldsymbol{u}(k)$是任意的，故必有

$$\frac{\partial H(k)}{\partial\boldsymbol{u}(k)}=\boldsymbol{0}$$

当 $\boldsymbol{u}(k)\in\Omega$ 存在闭集约束时，上式中的极值条件改变为离散 Hamilton 函数取极值，即

$$H[\boldsymbol{x}(k),\boldsymbol{u}^*(k),\boldsymbol{\lambda}(k+1),k]=\min_{\boldsymbol{u}(k)\in\Omega}H[\boldsymbol{x}(k),\boldsymbol{u}(k),\boldsymbol{\lambda}(k+1),k]$$

式中 $\boldsymbol{u}^*(k)\in\Omega,k=0,1,\cdots,N-1$ 为最优控制序列。

练习 6.3　请给出例 6.4 中终端状态 $\boldsymbol{x}(N)$自由时的离散泛函取得极小值的必要条件。

上述离散极小值原理求解由差分状态方程约束的两点边值问题，能够得到离散问题的最优控制；同理，第 4 章中连续极小值原理能够求解连续系统两点边值问题的最优解。不过将连续两点边值问题离散化求解，所得控制序列和状态轨线，是不能使连续问题严格最优的，同时也不能使连续问题的离散模型严格最优[3]。

即便如此，当某些连续系统两点边值问题难以求解时，对其离散后数值求解是可行方式之一。若连续系统最优轨线足够光滑，只要采样周期合适(足够小且兼顾求解效率)，离散化的边值问题可以高效求解且能够得到近似最优解。更多离散极小值和连续极小值原理的推证比较，可参见文献[5]。

练习 6.4 应用离散极小值原理求解终端时刻有限的离散状态调节器问题。设离散时变系统状态方程

$$\boldsymbol{x}(k+1)=\boldsymbol{A}(k)\boldsymbol{x}(k)+\boldsymbol{B}(k)\boldsymbol{u}(k),\quad k=0,1,\cdots,N-1$$

式中 $\boldsymbol{x}(k)\in\mathbb{R}^n$，控制 $\boldsymbol{u}(k)\in\mathbb{R}^m$ 且无约束，$\boldsymbol{A}(k)$ 和 $\boldsymbol{B}(k)$ 为合适维数矩阵。试求最优控制序列 $\boldsymbol{u}^*(k), k=0,1,\cdots,N-1$，使得如下二次型性能指标

$$J=\frac{1}{2}\boldsymbol{x}^{\mathrm{T}}(N)\boldsymbol{Q}_{\mathrm{N}}\boldsymbol{x}(N)+\frac{1}{2}\sum_{k=0}^{N-1}[\boldsymbol{x}^{\mathrm{T}}(k)\boldsymbol{Q}(k)\boldsymbol{x}(k)+\boldsymbol{u}^{\mathrm{T}}(k)\boldsymbol{R}(k)\boldsymbol{u}(k)]$$

达到极小，式中矩阵 $\boldsymbol{Q}_{\mathrm{N}}=\boldsymbol{Q}_{\mathrm{N}}^{\mathrm{T}}\geqslant\boldsymbol{0}$、$\boldsymbol{Q}(k)=\boldsymbol{Q}^{\mathrm{T}}(k)\geqslant\boldsymbol{0}$、$\boldsymbol{R}(k)=\boldsymbol{R}^{\mathrm{T}}(k)>\boldsymbol{0}$。

提示：该问题最优控制序列 $\boldsymbol{u}^*(k), k=0,1,\cdots,N-1$ 为

$$\boldsymbol{u}^*(k)=-[\boldsymbol{R}(k)+\boldsymbol{B}^{\mathrm{T}}(k)\boldsymbol{P}(k+1)\boldsymbol{B}(k)]^{-1}\boldsymbol{B}^{\mathrm{T}}(k)\boldsymbol{P}(k+1)\boldsymbol{A}(k)\boldsymbol{x}(k)$$

其中 $\boldsymbol{P}(k)=\boldsymbol{P}^{\mathrm{T}}(k)>\boldsymbol{0}$ 满足矩阵差分 Racatti 方程

$$\begin{cases}\boldsymbol{P}(k)=\boldsymbol{Q}(k)+\boldsymbol{A}^{\mathrm{T}}(k)\boldsymbol{S}(k)\boldsymbol{A}(k)\\ \boldsymbol{S}(k)=\boldsymbol{P}(k+1)[\boldsymbol{I}+\boldsymbol{B}(k)\boldsymbol{R}^{-1}(k)\boldsymbol{B}^{\mathrm{T}}(k)\boldsymbol{P}(k+1)]^{-1}\\ \boldsymbol{P}(N)=\boldsymbol{Q}_{\mathrm{N}}\end{cases}$$

例 6.5 已知离散系统

$$x(k+1)=x(k)+u(k)$$

初始时刻 $x(0)=1$。求最优控制 $u^*(k)$，使得离散性能指标

$$J=\sum_{k=0}^{2}[x^2(k)+u^2(k)]$$

达到极小。

根据本例性能指标知 $N=3$，且终端状态 $x(3)$ 自由。引入 Lagrange 乘子 $\lambda(k)$，定义离散 Hamilton 函数

$$H(k)=x^2(k)+u^2(k)+\lambda(k+1)[x(k)+u(k)]$$

由离散极小值原理极值必要条件，得

$$\lambda(k)=\frac{\partial H(k)}{\partial x(k)}=2x(k)+\lambda(k+1)$$

$$\frac{\partial H(k)}{\partial u(k)}=2u(k)+\lambda(k+1)=0$$

$$\lambda(3)=\frac{\partial\varphi[x(N),N]}{x(N)}=0$$

整理可得

$$u^*(k)=-\frac{1}{2}\lambda(k+1)$$

$$\lambda(k)=2x(k)+\lambda(k+1)$$

展开有

$$\begin{cases}u(0)=-\dfrac{\lambda(1)}{2}\\ u(1)=-\dfrac{\lambda(2)}{2}\\ u(2)=-\dfrac{\lambda(3)}{2}=0\end{cases}$$

和

$$\begin{cases}\lambda(2)=2x(2)+\lambda(3)=2x(2)\\ \lambda(1)=2x(1)+\lambda(2)=2[x(1)+x(2)]\\ \lambda(0)=2x(0)+\lambda(1)=2[x(0)+x(1)+x(2)]\end{cases}$$

将上式代入$\{u(0),u(1),u(2)\}$表达式，有

$$\begin{cases}u(0)=-x(1)-x(2)\\ u(1)=-x(2)\\ u(2)=0\end{cases}$$

再结合状态差分方程 $x(k+1)=x(k)+u(k)$，可得

$$\begin{cases}x^*(1)=\dfrac{2}{5}x(0);\\ x^*(2)=\dfrac{1}{5}x(0);\\ x^*(3)=\dfrac{1}{5}x(0);\end{cases}\quad \begin{cases}u^*(0)=-\dfrac{3}{5}x(0)\\ u^*(1)=-\dfrac{1}{5}x(0)\\ u^*(2)=0\end{cases}$$

已知 $x(0)=1$，代入上式得最优控制序列为$\{u^*(0),u^*(1),u^*(2)\}=\{-3/5,-1/5,0\}$。

6.2.3 离散动态规划

对于线性离散系统，除采用极小值原理求解最优控制，显然还可采用动态规划方法，详细推导和例题可参见本书第 5 章。对于非线性离散系统或非二次型指标问题，一般难以推导最优控制解析表达式，采用动态规划逐级递推是较为理想的方法，特别是系统离散阶段少且维数较低的问题。

例 6.4(续)　考虑非线性离散系统

$$\boldsymbol{x}(k+1)=\boldsymbol{f}[\boldsymbol{x}(k),\boldsymbol{u}(k),k],\quad k=0,1,\cdots,N-1 \tag{6.62}$$

式中状态 $\boldsymbol{x}(k)\in X\subset\mathbb{R}^n$，控制变量 $\boldsymbol{u}(k)\in\Omega\subset\mathbb{R}^m$。求使得如下性能指标

$$J_N[\boldsymbol{x}(0)]=\varphi[\boldsymbol{x}(N),N]+\sum_{k=0}^{N-1}L[\boldsymbol{x}(k),\boldsymbol{u}(k),k] \tag{6.63}$$

最小的最优控制序列 $\boldsymbol{u}^*(k)$，$k=0,1,\cdots,N-1$。

本例中去掉了例 6.4 中关于终端状态等式约束，实际上有约束时通过引入 Lagrange 乘子便可以化为式(6.63)形式。为书写方便，定义性能指标中求和项

$$L(k) \triangleq L[\boldsymbol{x}(k), \boldsymbol{u}(k), k]$$

当采用动态规划方法求解最优控制序列时，主要基于递推方程从第 N 级开始逐级递推，求解过程如表 6.1 所示。离散最优控制中的每一级与多级决策问题中的一个个阶段相对应，求解时先沿表 6.1 中$\{N \to N-1 \to \cdots \to k+1 \to \cdots \to 2 \to 1\}$的序列逆向递推，分别得到每一级最优控制和最优指标，均是该阶段最优状态的函数。例如第 $k+1$ 级的最优控制 $\boldsymbol{u}^*(k)$和最优指标 $J^*_{N-k}[\boldsymbol{x}(k)]$，均是这一级最优状态 $\boldsymbol{x}(k)$的函数。当逆推至第 1 级时得到 $\boldsymbol{u}^*[\boldsymbol{x}(0)]$和 $J^*_N[\boldsymbol{x}(0)]$，均为 $\boldsymbol{x}(0)$的函数，而初态 $\boldsymbol{x}(0)$已知，代入之后再从第 1 级递推至第 N 级，得到最优控制序列。

表 6.1　动态规划方法求解离散最优控制的步骤

阶　段	递推方程	最优控制
↓　N	$J^*_1[\boldsymbol{x}(N-1)] = \min\limits_{\boldsymbol{u}(N-1)\in\Omega}\{L(N-1)+J^*_0[\boldsymbol{x}(N)]\}$	$\boldsymbol{u}^*[\boldsymbol{x}(N-1)]$ $J^*_1[\boldsymbol{x}(N-1)]$
↓　$N-1$	$J^*_2[\boldsymbol{x}(N-2)] = \min\limits_{\boldsymbol{u}(N-2)\in\Omega}\{L(N-2)+J^*_1[\boldsymbol{x}(N-1)]\}$	$\boldsymbol{u}^*[\boldsymbol{x}(N-2)]$ $J^*_2[\boldsymbol{x}(N-2)]$ ↑
↓　⋮	⋮	⋮ ↑
↓　$k+1$	$J^*_{N-k}[\boldsymbol{x}(k)] = \min\limits_{\boldsymbol{u}(k)\in\Omega}\{L(k)+J^*_{N-(k+1)}[\boldsymbol{x}(k+1)]\}$	$\boldsymbol{u}^*[\boldsymbol{x}(k)]$ $J^*_{N-k}[\boldsymbol{x}(k)]$ ↑
↓　⋮	⋮	⋮ ↑
↓　2	$J^*_{N-1}[\boldsymbol{x}(1)] = \min\limits_{\boldsymbol{u}(1)\in\Omega}\{L(1)+J^*_{N-2}[\boldsymbol{x}(2)]\}$	$\boldsymbol{u}^*[\boldsymbol{x}(1)]$ $J^*_{N-1}[\boldsymbol{x}(1)]$ ↑
1	$J^*_N[\boldsymbol{x}(0)] = \min\limits_{\boldsymbol{u}(0)\in\Omega}\{L(0)+J^*_{N-1}[\boldsymbol{x}(1)]\}$	$\boldsymbol{u}^*[\boldsymbol{x}(0)]$ $J^*_N[\boldsymbol{x}(0)]$ ↑

例 6.5(续)　应用动态规划求解例 6.5 中最优控制序列。问题中 $N=3$、终端状态自由且性能指标中没有末值项，控制无约束。采用动态规划方法逐级递推。

第 3 级：

$$J^*_1[x(2)] = \min_{u(2)}[x^2(2)+u^2(2)]$$

$$\frac{\partial J^*_1}{\partial u(2)} = 0 \Rightarrow \begin{cases} u^*(2) = 0 \\ J^*_1[x(2)] = x^2(2) \end{cases}$$

第 2 级：由状态方程有 $x(2)=x(1)+u(1)$，得

$$J_2^*[x(1)]=\min_{u(1)}[x^2(1)+u^2(1)+J_1^*[x(2)]]$$

$$\frac{\partial J_2^*}{\partial u(1)}=0\Rightarrow\begin{cases}u^*(1)=-\dfrac{1}{2}x(1)\\[2ex] J_2^*[x(1)]=\dfrac{3}{2}x^2(1)\end{cases}$$

第 1 级：考虑状态方程 $x(1)=x(0)+u(0)$，得

$$J_3^*[x(0)]=\min_{u(0)}[x^2(0)+u^2(0)+J_2^*[x(1)]]$$

$$\frac{\partial J_3^*}{\partial u(0)}=0\Rightarrow\begin{cases}u^*(0)=-\dfrac{3}{5}x(0)\\[2ex] J_3^*[x(0)]=\dfrac{8}{5}x^2(0)\end{cases}$$

将 $x(0)=1$ 代入，可得最优控制序列和对应最优轨线，与例 6.5 结果相同。同时，采用动态规划方法还获得了最优性能指标(值函数)为 8/5。

练习 6.5　已知离散系统状态差分方程

$$x(k+1)=x(k)+u(k)$$

控制变量 $u(k)\in\Omega=\{-1,0,1\}$ 存在闭集约束。初末时刻状态分别为 $x(0)=0$ 和 $x(4)=1$。试求最优控制序列 $u^*(k)$，$k=0,1,2,3$，使得性能指标

$$J=\sum_{k=0}^{3}[x^2(k)+u^2(k)]$$

取得极小值。

练习 6.6(例 6.3 续)　应用动态规划求解离散线性二次型最优控制。已知离散系统状态方程

$$x(k+1)=x(k)+[x(k)+u(k)]\Delta t$$

式中 $\Delta t=(t_f-t_0)/N$。对于 $k=0,1,\cdots,N-1$ 的状态变量 $x(k)\in\mathbb{R}$ 和控制变量 $u(k)\in\mathbb{R}$，在 $t_0=0$、$t_f=10$ 和 $N=10$ 时，求解最优控制 $u^*(k)$，最小化性能指标

$$J(u)=\frac{1}{2}x^2(N)+\sum_{k=0}^{N-1}\left[\frac{1}{2}u^2(k)\Delta t\right]$$

式中终端状态 $x(N)$ 自由。

最后针对离散动态规划作一简单说明。诸如例 6.5 一样的简单问题或者二次型指标的离散线性系统，可以通过逐级驻值为零或求解离散 Racatti 方程得到最优解。当遇到高维非线性系统且非二次型指标时，动态规划的计算量会随着 $\{x(k),u(k)\}$ 维数的增加而急剧增长[5]。以 $\boldsymbol{x}(k)\in\mathbb{R}^n$ 和 $\boldsymbol{u}(k)\in\mathbb{R}^m$ 为例，系统离散为 N 段时，若状态变量 $x_i(k)$，$i=1,2,\cdots,n$ 每个元素可取 p 个值，控制变量 $u_j(k)$，$j=1,2,\cdots,m$ 每个元素可取 q 个值，那么递推过程中计算性能指标的次数为 Np^nq^m，即“维数灾难”。

为了克服“维数灾难”问题，控制领域发展了自适应动态规划(adaptive/

approximate dynamic problem,ADP)等一系列方法[6-8],且至今仍是研究热点之一。随着工业巨系统、现代计算机和网络通讯技术的迅猛发展,现代控制逐渐发展至智能控制时代[9],控制系统变得更加复杂,向着无模型、大数据和云计算[10]等方向发展,人工智能大规模兴起并在工业、农业、科学研究、交通运输等多个领域产生重要影响。正可谓"九层之台,起于垒土",最优控制将为控制领域发展不断注入新的活力!

6.3① 最优控制应用实例

本书讨论时间最短和燃料最省控制的 4.3 节,曾以太阳帆航天器(solar sail spacecraft)为例给出仿射非线性微分方程受控系统。太阳帆是一种能够反射太阳光子的空间薄膜型结构,超大型的太阳帆能够以很高的速度完成深空飞行或恒星际飞行[11],感兴趣的读者可参阅清华大学李俊峰教授课题组的研究工作[12-13]。现有一探测任务,要求利用太阳帆向内太阳系飞行去探测金星(Venus),设计合适的控制律,使太阳帆以最短的时间飞抵金星完成交会,即航天器在终端时刻与金星的轨道位置和速度达到一致。在任务初期轨道优化设计中,对问题作一定简化,忽略航天器自地球发射阶段,假设初始时刻 t_0 时金星和地球位于太阳同一侧且三者位于一条直线上,地球运行在距离太阳为 1 AU(1 AU $\approx 1.496\times10^{11}$ m,称为 1 个天文单位)的圆轨道,位置为 $\boldsymbol{r}_{地}(t_0)\in\mathbb{R}^3$、轨道速度为 $\boldsymbol{v}_{地}(t_0)\in\mathbb{R}^3$;金星绕日运行在半径为 0.72 AU 的圆轨道,位置和速度矢量分别为 $\boldsymbol{r}_{金}(t_0)\in\mathbb{R}^3$ 和 $\boldsymbol{v}_{金}(t_0)\in\mathbb{R}^3$。不考虑地球和金星轨道倾角,即地球和金星运行在同一个轨道平面上。太阳帆航天器初始时刻与地球位置速度相同,为了获得最短飞行时间,需要寻找合适的初始转移时刻 t_1,在 t_1 时刻太阳帆自地球轨道出发(认为此时太阳帆才提供控制力),最终 t_f 时刻交会金星,如图 6.4(左)所示。

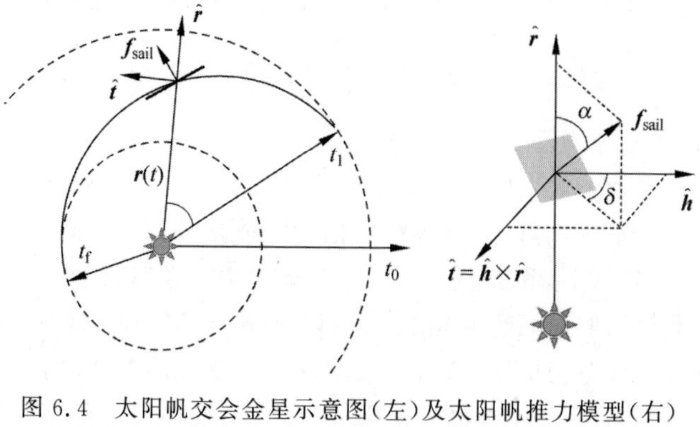

图 6.4 太阳帆交会金星示意图(左)及太阳帆推力模型(右)

① 本节为极小值原理的前沿应用,供选修或大作业练习之用。

为分析问题方便，需建立航天器转移轨道坐标系 $s\text{-}\hat{\boldsymbol{r}}\hat{\boldsymbol{t}}\hat{\boldsymbol{h}}$，其中坐标原点 s 位于圆轨道中心太阳处，$\hat{\boldsymbol{r}}$ 为 $t\in[t_1,t_f]$时刻航天器位置矢量的单位矢量，与太阳入射光方向相同。假设 t 时刻太阳帆航天器状态量为$[\boldsymbol{r}(t),\boldsymbol{v}(t)]^{\mathrm{T}}$，那么其轨道角动量方向的单位矢量为 $\hat{\boldsymbol{h}}=\boldsymbol{r}(t)\times\boldsymbol{v}(t)/\|\boldsymbol{r}(t)\times\boldsymbol{v}(t)\|$，再由右手定则可得轨道坐标系另外一轴方向为 $\hat{\boldsymbol{t}}=\hat{\boldsymbol{h}}\times\hat{\boldsymbol{r}}$，显然 $s\text{-}\hat{\boldsymbol{r}}\hat{\boldsymbol{t}}\hat{\boldsymbol{h}}$ 坐标系是时变的。理想太阳帆模型为镜面反射，其推进力沿帆面法线方向 $\hat{\boldsymbol{n}}$ 且背离太阳一侧，其中 $\hat{\boldsymbol{n}}$ 可由图 6.4(右)的两个姿态角描述

$$\hat{\boldsymbol{n}}=\cos\alpha\hat{\boldsymbol{r}}+\sin\alpha\sin\delta\hat{\boldsymbol{t}}+\sin\alpha\cos\delta\hat{\boldsymbol{h}} \tag{6.64}$$

其中帆面姿态角范围 $\alpha\in[0,\pi/2]$、$\delta\in[0,2\pi)$，则此模型下太阳帆光压加速度 $\boldsymbol{f}_{\mathrm{sail}}$ 定义为

$$\boldsymbol{f}_{\mathrm{sail}}=\beta\frac{GM_{日}}{r^2}\cos^2\alpha\hat{\boldsymbol{n}} \tag{6.65}$$

式中光压因子 β 表征着太阳帆的推进能力，G 为引力常数，$M_{日}$ 表示太阳质量，$r=\|\boldsymbol{r}\|$ 为太阳帆位置矢量幅值。当太阳帆姿态角 $\alpha=0$ 时帆面法向与入射光平行，若光压因子 $\beta=1$，式(6.65)中加速度为 $GM_{日}/r^2$，恰好为 r 处的太阳引力加速度，在 1 AU 处约为 5.93 $\mathrm{mm/s^2}$。在太阳帆航天器轨道转移过程中，忽略其他天体的引力摄动作用，仅考虑太阳引力和太阳帆推力，太阳帆姿态调整瞬时完成。基于航天动力学理论可建立其轨道动力学方程，即连续时间控制系统状态方程

$$\begin{cases}\dot{\boldsymbol{r}}(t)=\boldsymbol{v}(t)\\ \dot{\boldsymbol{v}}(t)=-\dfrac{GM_{日}}{\|\boldsymbol{r}(t)\|^3}\boldsymbol{r}(t)+\boldsymbol{f}_{\mathrm{sail}}\end{cases} \tag{6.66}$$

更多轨道动力学理论和太阳帆相关研究，可参阅文献[13]。

例 6.6　建立上述太阳帆航天器自地球轨道出发交会金星的时间最短控制问题模型，并求解最优轨迹和最短转移时间。

参考 1.4 节最优控制问题描述，针对太阳帆航天器交会金星问题首先**建立时间最优控制问题模型**。本例为连续时间受控系统，系统**状态方程**为式(6.66)。系统**边界条件**满足出发时刻 t_1 处太阳帆航天器与地球状态一致，即

$$\boldsymbol{\phi}(t_1)=\begin{bmatrix}\boldsymbol{r}(t_1)-\boldsymbol{r}_{地}(t_1)\\ \boldsymbol{v}(t_1)-\boldsymbol{v}_{地}(t_1)\end{bmatrix}=\boldsymbol{0} \tag{6.67}$$

终端时刻 t_f 时航天器交会金星，满足

$$\boldsymbol{\phi}(t_f)=\begin{bmatrix}\boldsymbol{r}(t_f)-\boldsymbol{r}_{金}(t_f)\\ \boldsymbol{v}(t_f)-\boldsymbol{v}_{金}(t_f)\end{bmatrix}=\boldsymbol{0} \tag{6.68}$$

上式即为目标集。

太阳帆受到帆面推进能力和帆面姿态的约束，推进力是有约束的。为此，**容许控制集**要求太阳帆推进满足式(6.65)和(6.64)约束，其中太阳帆光压因子 β 由帆

膜结构等决定，本例分析中取为某一正值常量。问题的**性能指标**非常明确，最小化轨道转移时间

$$J(\boldsymbol{f}_{\text{sail}})=\int_{t_1}^{t_f}\mathrm{d}t \tag{6.69}$$

式中出发时刻 t_1 和终端交会时刻 t_f 均为待求解的自由变量。

综上，例 6.6 是连续时间受控系统(6.66)在边界条件(6.67)和(6.68)情况下，求解满足控制约束(6.65)和(6.64)的最优控制 $\boldsymbol{f}_{\text{sail}}^*(t)$，$t\in[t_1,t_f]$，使得系统性能指标(6.69)达到最小，所得转移轨迹即为最优轨线 $\boldsymbol{r}^*(t)$。简洁形式为

$$\begin{cases}\min J(\boldsymbol{f}_{\text{sail}})=\int_{t_1}^{t_f}\mathrm{d}t\\ \text{s.t.}\begin{cases}\dot{\boldsymbol{r}}(t)=\boldsymbol{v}(t)\\ \dot{\boldsymbol{v}}(t)=-\dfrac{GM_{日}}{\boldsymbol{r}^3}\boldsymbol{r}(t)+\boldsymbol{f}_{\text{sail}}\end{cases}\\ \boldsymbol{\phi}(t_1)=\boldsymbol{0};\quad \boldsymbol{\phi}(t_f)=\boldsymbol{0}\\ \boldsymbol{f}_{\text{sail}}=\beta\dfrac{GM_{日}}{\boldsymbol{r}^2}\cos^2\alpha\hat{\boldsymbol{n}}\\ \hat{\boldsymbol{n}}=\cos\alpha\hat{\boldsymbol{r}}+\sin\alpha\sin\delta\hat{\boldsymbol{t}}+\sin\alpha\cos\delta\hat{\boldsymbol{h}}\\ \alpha\in[0,\pi/2],\quad \delta\in[0,2\pi)\end{cases} \tag{6.70}$$

接下来应用极小值原理**求解最优轨迹**。从以上推导可以看出，即便对于简化的航天器时间最优控制问题，相比此前书中有解析解的例题要复杂了许多。推导方便起见，将状态方程(6.66)作归一化处理。取长度单位为 AU，时间单位为 1 年，从而使得地球绕太阳运行一周为 2π，归一化后 $GM_{日}=1$，对应状态方程改写为

$$\begin{cases}\dot{\boldsymbol{R}}(t)=\boldsymbol{V}(t)\\ \dot{\boldsymbol{V}}(t)=-\dfrac{1}{R^3}\boldsymbol{R}(t)+\boldsymbol{F}_{\text{sail}}\end{cases} \tag{6.71}$$

式中归一化后的太阳帆控制力为 $\boldsymbol{F}_{\text{sail}}=\beta\cos^2\alpha\hat{\boldsymbol{n}}/R^2$，$R=\|\boldsymbol{R}(t)\|$。

本例为终端时刻自由、Lagrange 型性能指标的最优控制问题，针对状态方程**等式约束**和终端时刻状态约束，引入对应维数的 **Lagrange 乘子**$[\boldsymbol{\lambda}_{\mathbf{R}},\boldsymbol{\lambda}_{\mathbf{V}},\boldsymbol{\gamma}(t_1),\boldsymbol{\gamma}(t_f)]^{\mathrm{T}}$，定义增广性能指标

$$\tilde{J}(\boldsymbol{F}_{\text{sail}})=\boldsymbol{\gamma}^{\mathrm{T}}(t_1)\boldsymbol{\phi}(t_1)+\boldsymbol{\gamma}^{\mathrm{T}}(t_f)\boldsymbol{\phi}(t_f)+\int_{t_1}^{t_f}[H-\boldsymbol{\lambda}_{\boldsymbol{R}}^{\mathrm{T}}\dot{\boldsymbol{R}}-\lambda_{\boldsymbol{V}}^{\mathrm{T}}\dot{\mathbf{V}}]\mathrm{d}t \tag{6.72}$$

式中对应的系统 Hamilton 函数

$$H=1+\boldsymbol{\lambda}_{\boldsymbol{R}}^{\mathrm{T}}\cdot\boldsymbol{V}+\boldsymbol{\lambda}_{\boldsymbol{V}}^{\mathrm{T}}\left(-\frac{\boldsymbol{R}}{R^3}+\boldsymbol{F}_{\text{sail}}\right) \tag{6.73}$$

得协态微分方程

$$\begin{cases}\dot{\boldsymbol{\lambda}}_{\boldsymbol{R}}=-\dfrac{\partial H}{\partial \boldsymbol{R}}=\dfrac{\boldsymbol{\lambda}_{\boldsymbol{V}}}{R^{3}}-\dfrac{3\boldsymbol{R}}{R^{5}}(\boldsymbol{R}\cdot\boldsymbol{\lambda}_{\boldsymbol{V}})-2\beta\dfrac{1}{R^{3}}\cos\alpha(\boldsymbol{\lambda}_{\boldsymbol{V}}^{\mathrm{T}}\cdot\hat{\boldsymbol{n}})\left(\hat{\boldsymbol{n}}-2\cos\alpha\dfrac{\boldsymbol{R}}{R}\right)\\ \dot{\boldsymbol{\lambda}}_{\boldsymbol{V}}=-\dfrac{\partial H}{\partial \boldsymbol{V}}=-\boldsymbol{\lambda}_{\boldsymbol{R}}\end{cases} \tag{6.74}$$

式(6.74)与状态方程(6.71)共同构成 Hamilton **规范方程**。

问题的**边值条件**包括出发时刻状态约束(6.67),以及终端时刻状态约束(6.68),注意求解时上述两式约束也需采用归一化量纲。系统横截条件为

$$\begin{cases}\boldsymbol{\lambda}_{\boldsymbol{R}}(t_1)=-\boldsymbol{\gamma}_{\boldsymbol{R}}^{\mathrm{T}}(t_1)\dfrac{\partial\boldsymbol{\phi}(t_1)}{\partial\boldsymbol{R}(t_1)}=-\boldsymbol{\gamma}_{\boldsymbol{R}}(t_1)\\ \boldsymbol{\lambda}_{\boldsymbol{V}}(t_1)=-\boldsymbol{\gamma}_{\boldsymbol{V}}^{\mathrm{T}}(t_1)\dfrac{\partial\boldsymbol{\phi}(t_1)}{\partial\boldsymbol{V}(t_1)}=-\boldsymbol{\gamma}_{\boldsymbol{V}}(t_1)\\ \boldsymbol{\lambda}_{\boldsymbol{R}}(t_{\mathrm{f}})=\boldsymbol{\gamma}_{\boldsymbol{R}}^{\mathrm{T}}(t_{\mathrm{f}})\dfrac{\partial\boldsymbol{\phi}(t_{\mathrm{f}})}{\partial\boldsymbol{R}(t_{\mathrm{f}})}=\boldsymbol{\gamma}_{\boldsymbol{R}}(t_{\mathrm{f}})\\ \boldsymbol{\lambda}_{\boldsymbol{V}}(t_{\mathrm{f}})=\boldsymbol{\gamma}_{\boldsymbol{V}}^{\mathrm{T}}(t_{\mathrm{f}})\dfrac{\partial\boldsymbol{\phi}(t_{\mathrm{f}})}{\partial\boldsymbol{V}(t_{\mathrm{f}})}=\boldsymbol{\gamma}_{\boldsymbol{V}}(t_{\mathrm{f}})\end{cases} \tag{6.75}$$

式中$\boldsymbol{\gamma}(t_1)=[\boldsymbol{\gamma}_{\boldsymbol{R}}(t_1),\boldsymbol{\gamma}_{\boldsymbol{V}}(t_1)]^{\mathrm{T}}$、$\boldsymbol{\gamma}(t_{\mathrm{f}})=[\boldsymbol{\gamma}_{\boldsymbol{R}}(t_{\mathrm{f}}),\boldsymbol{\gamma}_{\boldsymbol{V}}(t_{\mathrm{f}})]^{\mathrm{T}}$ 分别为 t_1 和 t_{f} 时刻状态约束对应的乘子向量。太阳帆控制力存在约束,故系统**极值条件**为 Hamilton 函数(6.73)取得极小值,即

$$H(\boldsymbol{F}_{\mathrm{sail}}^{*})=\arg\min_{\boldsymbol{F}_{\mathrm{sail}}\in\Omega}\left\{1+\boldsymbol{\lambda}_{\boldsymbol{R}}^{\mathrm{T}}\cdot\boldsymbol{V}+\boldsymbol{\lambda}_{\boldsymbol{V}}^{\mathrm{T}}\left(-\frac{\boldsymbol{R}}{R^{3}}+\boldsymbol{F}_{\mathrm{sail}}\right)\right\} \tag{6.76}$$

式中 $\Omega\subset\mathbb{R}^3$ 表示容许控制集,由此可求得控制过程中每一时刻太阳帆帆面法向量 $\hat{\boldsymbol{n}}$ 的最优指向[14]。最后,还需要**静态条件**,由于 t_1 和 t_{f} 均自由,故有

$$H(t_1)=\boldsymbol{\gamma}_{\boldsymbol{R}}^{\mathrm{T}}(t_1)\frac{\partial\boldsymbol{\phi}(t_1)}{\partial t_1}+\boldsymbol{\gamma}_{\boldsymbol{V}}^{\mathrm{T}}(t_1)\frac{\partial\boldsymbol{\phi}(t_1)}{\partial t_1}$$

$$H(t_{\mathrm{f}})=-\boldsymbol{\gamma}_{\boldsymbol{R}}^{\mathrm{T}}(t_{\mathrm{f}})\frac{\partial\boldsymbol{\phi}(t_{\mathrm{f}})}{\partial t_{\mathrm{f}}}-\boldsymbol{\gamma}_{\boldsymbol{V}}^{\mathrm{T}}(t_{\mathrm{f}})\frac{\partial\boldsymbol{\phi}(t_{\mathrm{f}})}{\partial t_{\mathrm{f}}}$$

将式(6.67)、(6.68)和(6.75)代入上式,整理后得静态条件

$$\begin{cases}H(t_1)=\boldsymbol{\lambda}_{\boldsymbol{R}}^{\mathrm{T}}(t_1)\boldsymbol{V}_{地}(t_1)+\boldsymbol{\lambda}_{\boldsymbol{V}}^{\mathrm{T}}(t_1)\left[-\dfrac{\boldsymbol{R}_{地}(t_1)}{\|\boldsymbol{R}_{地}(t_1)\|^{3}}\right]\\ H(t_{\mathrm{f}})=\boldsymbol{\lambda}_{\boldsymbol{R}}^{\mathrm{T}}(t_{\mathrm{f}})\boldsymbol{V}_{金}(t_{\mathrm{f}})+\boldsymbol{\lambda}_{\boldsymbol{V}}^{\mathrm{T}}(t_{\mathrm{f}})\left[-\dfrac{\boldsymbol{R}_{金}(t_{\mathrm{f}})}{\|\boldsymbol{R}_{金}(t_{\mathrm{f}})\|^{3}}\right]\end{cases} \tag{6.77}$$

至此,利用极小值原理已经成功将最优控制问题(6.70)转化为关于协态变量、飞行时间等的两点边值问题。待求解的变量为出发时刻 t_1、交会时刻 t_{f}、出发时刻协态变量$\boldsymbol{\lambda}_{\boldsymbol{R}}(t_1)$和$\boldsymbol{\lambda}_{\boldsymbol{V}}(t_1)$,合计 8 个未知量。本例无法给出最优控制解析表达式,采用打靶法数值求解,猜测这 8 个未知量,将 t_1 时刻太阳帆航天器的状态变量和

协态变量$[\boldsymbol{R}(t_1),\boldsymbol{V}(t_1),\boldsymbol{\lambda}_{\boldsymbol{R}}(t_1),\boldsymbol{\lambda}_{\boldsymbol{V}}(t_1)]^{\mathrm{T}}$代入 Hamilton 规范方程，共计 12 维微分方程组，积分至t_f时刻，计算检验所得状态和协态是否满足边值方程(6.68)和静态条件(6.77)，刚好也是 8 维。换句话说，最优控制问题(6.70)应用极小值原理求解后，转化为有 8 个待求变量和 8 个边值方程的两点边值问题。

针对例 6.6 问题和已推导的两点边值问题，下面给出一组数值仿真结果[15]。仿真中参数选取如下：太阳帆光压因子$\beta=0.1$，金星圆轨道半径为 0.72 AU，地球圆轨道半径为 1 AU。起始位置t_0时刻太阳帆与地球状态一致，位置$\boldsymbol{R}(t_0)=[1,0,0]^{\mathrm{T}}$和速度$\boldsymbol{V}(t_0)=[0,1/(2\pi),0]^{\mathrm{T}}$。打靶法数值求解两点边值问题，解得出发时刻$t_1=380.67$天，最优飞行时间为$t_f-t_1=249.78$天，时间最短转移轨迹如图 6.5 所示，图中实线表示太阳帆转移轨迹，实线上箭头表示该点处最优控制的方向(平均间隔约 5 天)。

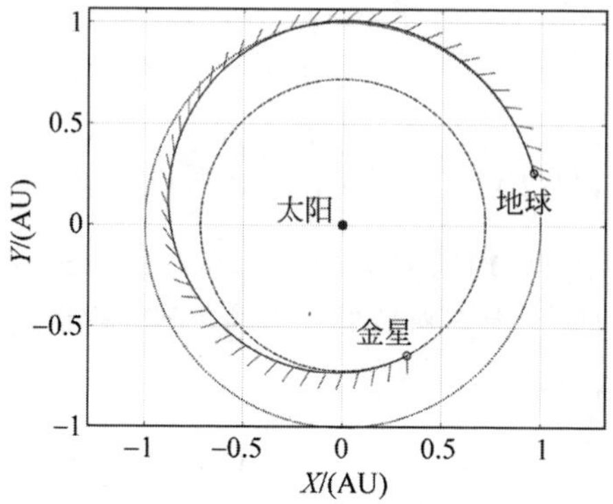

图 6.5 太阳帆航天器地球至金星最优转移轨迹

练习 6.7 若任务要求太阳帆航天器成功交会金星后，即刻返回并交会地球。试建立该任务的时间最短控制问题模型，并应用极小值原理建立其边值问题。

6.4 小结

线性二次型问题(LQ 问题)是具有二次型性能指标的线性系统优化问题，是一类广受关注且在工业生产中得到应用的问题。离散系统是与连续系统相对应的同样重要的一类系统，是由实际离散问题或连续系统离散而来。本章详细讨论了一类特殊的线性二次型问题——有限时间状态调节器问题，应用极小值原理和动态规划 Hamilton-Jacobi-Bellman 方程证明了其最优闭环控制形式及其 Racatti 方程。针对离散系统，推导了离散系统 Euler 方程、离散极小值原理以及离散动态规划方程，对最优控制中变分法、极小值原理和动态规划进行了更深入的讨论和应用。最后以航天探测中地球至金星的时间最优转移轨道设计问题为例，建立了问题最优控制模型，应用极小值原理求解得其两点边值问题，数值仿真给出最优轨迹，从学术前沿问题展示了最优控制经典内容的活力。最优控制，常习常新！

思考题与习题

6.1　已知一阶系统

$$\dot{x}(t)=u(t)$$

初值 $x(1)=3$，系统性能指标

$$J=x^2(5)+\int_1^5 \frac{1}{2}u^2(t)\mathrm{d}t$$

求解最优控制 $u^*(t)$ 和最优性能指标 J^*。

6.2　已知系统状态方程

$$\dot{x}(t)=2x(t)+u(t)$$

初值 $x(1)=5$，性能指标

$$J=\int_1^2[x^2(t)+2u^2(t)]\mathrm{d}t$$

求最优控制。

6.3　假设某二阶系统满足

$$\dot{x}_1(t)=x_2(t)$$

$$\dot{x}_2(t)=u(t)$$

求解最优控制，使得性能指标达到极小，性能指标表达式为

$$J=\frac{1}{2}[x_1^2(3)+2x_2^2(3)]+\frac{1}{2}\int_0^3\left[2x_1^2(t)+4x_2^2(t)+2x_1(t)x_2(t)+\frac{1}{2}u^2(t)\right]\mathrm{d}t$$

6.4　某二阶离散系统简化模型为

$$\boldsymbol{x}(k+1)=\begin{bmatrix}0 & -1\\ 1 & 1\end{bmatrix}\boldsymbol{x}(k)+\begin{bmatrix}0\\ 1\end{bmatrix}u(k)$$

初值 $\boldsymbol{x}(0)=[1,1]^{\mathrm{T}}$。性能指标

$$J=\sum_{k=0}^{2}[\,\|\boldsymbol{x}_1(k+1)\|^2+u^2(k)]$$

试求最优控制序列 $\{u^*(0),u^*(1),u^*(2)\}$ 和最优性能指标 J^*。

6.5　某特殊控制系统方程为

$$\dot{x}(t)=u_1(t)+u_2(t)$$

初始时刻 $x(0)=1$，欲使性能指标

$$J=\frac{1}{2}\int_0^1[x^2(t)+u_1^2(t)+u_2^2(t)]\mathrm{d}t$$

取极小值，求最优控制 $u_1^*(t)$ 和 $u_2^*(t)$。

6.6　对于连续时间控制系统

$$\dot{x}_1(t)=x_2(t),\quad x_1(0)=1$$

$$\dot{x}_2(t)=u(t),\quad x_2(0)=0$$

性能指标取

$$J=\frac{1}{2}\int_0^1 u^2(t)\mathrm{d}t$$

终端时刻系统回到原点，即 $t_f=1$ 时状态约束为

$$x_1(1)=x_2(1)=0$$

应用极小值原理求解最优控制和最优轨线。

6.7　已知与题6.6等价的离散系统

$$x_1(k+1)=x_1(k)+0.1x_2(k),\quad x_1(0)=1$$

$$x_2(k+1)=x_2(k)+0.1u(k),\quad x_2(0)=0$$

离散性能指标

$$J=0.05+\sum_{k=0}^{9}u^2(k)$$

末端约束为

$$x_1(10)=x_2(10)=0$$

试用离散极小值原理求解最优控制 $u^*(k)$和最优轨线 $\boldsymbol{x}^*(k)$，$k=0,1,\cdots,9$；并与题6.6连续系统时两点边值问题离散化结果进行比较。

6.8　考虑二阶离散时间线性系统

$$\boldsymbol{x}(k+1)=\begin{bmatrix}0 & 1\\ -1 & -1\end{bmatrix}\boldsymbol{x}(k)+\begin{bmatrix}1\\ 1\end{bmatrix}u(k),\quad \boldsymbol{x}(0)=\begin{bmatrix}0\\ 1\end{bmatrix}$$

求最优控制 $u^*(k)$，$k=0,1,2$，使得性能指标

$$J=\boldsymbol{x}_2^2(3)+\sum_{k=0}^{2}[\boldsymbol{x}_1^2(k)+2u^2(k)]$$

达到最小。

参考文献

[1] KALMAN R E. On the general theory of control systems[C]//IFAC Proceedings Volumes,1960,1(1)：491-502.

[2] BELLMAN R E,LEE E S. History and development of dynamic programming[J]. IEEE Control Systems Magazine,1984,4(4)：24-28.

[3] 李传江，马广富. 最优控制[M]. 北京：科学出版社，2011.

[4] 钟宜生. 最优控制[M]. 北京：清华大学出版社，2015.

[5] 胡寿松，王执铨，胡维礼. 最优控制理论与系统[M]. 3版. 北京：科学出版社，2017.

[6] 张化光，张欣，罗艳红，等. 自适应动态规划综述[J]. 自动化学报，2013，39(4)：303-311.

[7] 柴天佑，丁进良，王宏，等. 复杂工业过程运行的混合智能优化控制方法[J]. 自动化学报，2008，34(5)：505-515.

[8] 张杰，王飞跃. 最优控制——数学理论与智能方法(上册)[M]. 北京：清华大学出版社，2017.

[9] 柴天佑. 自动化科学与技术发展方向[J]. 自动化学报,2018,44(11): 1923-1930.
[10] 夏元清. 云控制系统及其面临的挑战[J]. 自动化学报,2016,42(1): 1-12.
[11] 曾祥远. 深空探测太阳帆航天器新型轨道设计[D]. 北京: 清华大学,2008.
[12] 龚胜平,李俊峰. 太阳帆航天器动力学与控制[M]. 北京: 清华大学出版社,2015.
[13] 李俊峰,宝音贺西,蒋方华. 深空探测动力学与控制[M]. 北京: 清华大学出版社,2014.
[14] 贺晶,龚胜平,李俊峰. 利用逃逸能量的太阳帆最快交会轨迹优化[J]. 深空探测学报,2014,1(1): 60-66.
[15] 曾祥远,龚胜平,高云峰,等. 非理想太阳帆航天器时间最优交会任务[J]. 清华大学学报,2014,54(9): 1240-1244,1254.

后　　记

亲爱的读者：

当你读到这封信时，我已经写完了全书，很高兴在此相遇。若开卷至此，希望你因为这封信而爱上此书，更因此书的学习而爱上最优控制，这便是本书的初心。

阁中帝子今何在，槛外长江空自流。书中自欧拉时代起，一代代科学巨匠皓首穷经，建起了这座最优控制精美的楼阁。他们随长江而逝，人去阁空，但后人不仅可以欣赏这精美的楼阁，还可借此阁远眺长江万里！写完这本书并不容易，最初的动机很简单：这是我撰写的第一本教材，也是我作为教师讲授的第一门课程，同时还是我在博士期间的研究课题。经过多年的学习、科研和授课，希望能够编写一本适合当前阶段学生基础和学习习惯的教材。这就需要以学生为中心来分析学生的特点，以教学目标为导向来筛选最优控制的内容，并在教学中不断改进，至有此书。

笔者的导师——国家级教学名师清华大学李俊峰教授曾言：一名青年教师的成长之路，要经历从打磨课堂教学形式、到不断钻研教学内容、再到领悟和传达知识背后蕴含的美妙思想的过程。导师的言传身教使我受益良多，让我对“教师”和“教书育人”有了更加深入的理解。撰写教材显然是一个难得的训练，除了作为教学的重要参考外，对个人的成长也大有裨益。

当然，教材内容选取、章节逻辑安排、写作特点的思考以及撰写成文，这些都需要耗费大量精力。没有整块的思考和撰写时间，是不敢轻易动笔启动这样一个不小的工程的。2020年新冠肺炎疫情的肆虐放缓了全球移动节奏，令我有更多办公室和居家时间，重新梳理最优控制的逻辑架构以及各部分内容的核心思想。本书力争体现的，是人类认识自然过程中不断进步的优化思想，以及在优化思想指引下发展的先进控制理论与方法。

生命是有限的，对科学真理的探索是无穷的。每个人成长道路各有不同，但有件美好的事情是一样的——相遇！很高兴因最优控制与你相遇，也期待在未来探索的路上与你重逢。初心不忘，奋斗不止！

作者于北京理工大学

2021年8月1日